Beauty Art Theory

미용학개론

구민사

저자 약력

김주섭 상지대학교 뷰티디자인학과 교수

김유정 여주대학교 의료약손미용과 교수

이재남 건국대학교 향장학과 교수

신동화 알엑스에이피코리아 연구원

최은영 (주)바크로 교육이사

이강미 숭실사이버대학교 뷰티미용학과 외래교수

배유경 연성대학교 뷰티스타일리스트과 교수

이옥규 테일러테일러헤어살롱 원장

미용학개론

초　판 인쇄　2011년 3월　1일
초　판 발행　2011년 3월　2일
개정1판 발행　2021년 1월 10일
개정1판 2쇄 발행　2023년 3월 15일

저　　자 | 김주섭·김유정·이재남·신동화·최은영·이강미·배유경·이옥규 공저
발 행 인 | 조규백
발 행 처 | 도서출판 구민사
(07293) 서울시 영등포구 문래북로 116, 604호(문래동 3가 46, 트리플렉스)
전　　화 | (02) 701-7421~2
팩　　스 | (02) 3273-9642
홈페이지 | www.kuhminsa.co.kr
신고번호 | 제2012-000055호(1980년 2월 4일)

I S B N | 979-11-5813-887-5(93590)
정　　가 | 25,000원

미용학개론

김주섭 · 김유정 · 이재남 · 신동화
최은영 · 이강미 · 배유경 · 이옥규 공저

Introduce 이 책을 펴내면서…

미용교육에 대한 인식 향상으로 미용고등학교, 대학 이상의 교육기관에서 피부미용에 관한 전문교육이 이루어지고 있는 현실에서 피부미용학에 입문하는 학생들을 위해 각 분야별로 기초적이고 꼭 알고 있어야 하는 내용을 쉽게 집필한 입문서이다.

본 저자들은 피부미용학의 지침서로 모발 생리, 커트, 염색, 두피관리, 퍼머넌트, 드라이, 아로마, 화장품학, 메이크업, 특수분장, 네일아트, 공중보건학, 피부관리, 피부 관리기기 등을 최대한 쉽고 자세하게 서술하여 누구나 손쉽게 이 책을 통해서 피부미용학에 대한 기본을 학습할 수 있도록 이 책을 집필하게 되었다.

이 책이 조금이나마 피부미용학을 공부하는 학생이나 현장에서 지금 일하고 있는 분들께 유용한 지침서가 되었으면 하는 것이 본 저자들의 바람이다. 끝으로 이 책이 출간하기까지 도움을 주시고 협조해 주신 도서출판 구민사 조규백 사장님과 임직원 여러분께 깊은 감사를 드린다.

공저자 일동

Contents 목차

BEAUTY
ART
THEORY

제1장

공중보건학

1 공중보건학의 개념

1) 공중보건학의 정의

조직된 지역사회의 노력을 통해서 모든 사람의 건강을 보호하며 공중을 위한 학문과 실천적 활동이다.

- Winslow의 정의(대표적인 학자) : "조직된 지역사회의 노력을 통하여 질병을 예방하고, 수명을 연장하며, 건강과 효율을 증진시키는 기술이며 과학이다."
- 대상 : 지역주민 단위
- 접근방법 : 조직화된 지역사회의 노력

2) 공중보건학의 범위

- 환경관리 분야 : 환경위생, 식품위생, 환경위생, 산업보건
- 질병관리 분야 : 감염병관리, 역학, 비전염성 질환관리, 기생충관리
- 보건관리 분야 : 보건행정, 보건교육, 모자보건, 의료보장제도, 보건영양, 인구보건, 보건통계, 가족계획, 영유아보건, 사고관리, 정신보건 등 이외에도 많은 분야가 공중보건의 범위에 포함될 것이다.

3) 공중보건학의 발전과정

(1) 고대기(기원전~500년)

개인의 위생이나 집단의 위생에 관한 기록은 잘 알려져 있지 않으나 인도문명에는 도시가 계획되어 건설되고 유적에서 목욕탕과 배수관이 나타났으며, 이집트인들은 개인의 청결 관념과 많은 약물처방 및 변소시설을 갖추었다.

기원전 1500년경의 Leviticus(구약의 레위기)에는 유대인들이 지켜야 할 개인위생과 보건위생에 관하여 기록되었고, Hippocrates의 장기설은 사람과 환경과의 부조화가 질병을 발생시키며, 인체는 혈액, 점액, 황담즙, 흑담즙을 가지고 있다는 4액체설을 주장하였다.

(2) 중세기(500년~1500년)-암흑기

로마의 종교적 경전사상에 의해 육체적 금욕을 행동의 규범으로 삼아 금욕주의가 팽배해짐에 따라 타인의 육체를 보는 것을 죄악시 하고 목욕을 기피하며 더러운 의복을 입었다. 6~7세기에 회교도의 종교적인 순례행사로 인하여 콜레라, 나병, 페스트 등의 감염병으로 사람에서 사람으로 질병이 전염될 수 있다는 접촉전염설이 등장하였고, 많은 감염병으로 참담한 경험을 거치면서 거기에 대처하려고 노력하여 1383년에 마르세이유에서 최초의 검역법이 통과되고 검역소가 설치되었다.

(3) 여명기(1500년~1850년)

생산수단의 도구가 기계로 대체되면서 산업혁명(1760~1830)이 서서히 일어났으며 방적기와 증기기관의 발명으로 대량생산이 가능하게 되어 인구가 집중되면서 근로조건이 심각한 보건문제로 대두되는 시기이다.

최초의 공중보건학 저서로 알려진 Frank의 전의사 경찰체계 12권이 출간되었으며 세균학과 면역학이 발달하여 예방의학의 기초를 다지게 되었다.

1798년에는 영국의 제너(E. Jenner)가 우두종두법을 개발하여 예방접종의 대중화가 가능하게 되었으며 그 결과로 천연두가 근절되는 계기가 되었다.

(4) 확립기(1850년~1900년)

질병의 발생에 대한 의학적 개념이 확립된 시기로 공중보건학의 제도적, 내용적 발전이 이루어진 시기이며, 1848년 영국에서 공중보건법이 제정되고 보건위원회가 조직되었다. 세균의 배양기술과 백신의 개발 등 감염의 발생기전을 규명하여 예방과 치료의 두 방향 모두 발전이 있었다.

(5) 발전기(20세기 이후)

영국과 미국을 중심으로 전문적인 분화와 체계적인 종합화를 이루기 시작하였으며, 탈 미생물학의 시대로 사회학적 및 경제학적 개념이 추가되었다.

보건소의 보급으로 지역사회의 보건사업과 모자보건 및 가족계획 사업이 발전되었으며 1992년 6월 브라질의 리우에서 환경정상회담이 개최되어 "리우환경선언"이 선포되었고, 행동강령인 "의제 21(Agenda 21)"을 채택하였다.

2 건강과 질병

1) 건강의 개념

과거의 건강은 육체적 상태를 말하였으나 점차적으로 정신적인 문제도 포함하는 개념으로 변화되었다. "건강한 정신은 건강한 육체에서(A sound mind in a sound body)"라는 말은 건강의 조건을 육체와 정신을 함께 묶어 생각하는 것이며 육체와 정신은 상호 연관성이 있음을 말한다.

세계보건기구(WHO, 1948년)의 정의에 의하면 "건강이란 질병이 없거나 허약하지 않을 뿐만 아니라 육체적, 정신적, 사회적 안녕이 완전한 상태이다." 즉 육체와 정신이 건강함은 물론 사회적인 면까지도 건강의 개념으로 보고 있다.

2) 질병의 발생과 예방

(1) 질병의 발생

질병은 신체의 전체 또는 일부에 장애가 생겨 정상적인 생리기능을 못하는 상태를 말한다.

인간이라는 숙주, 질병을 일으키는 병인, 인간이 살아가는 환경이 있다. 즉 이 세 가지 요인간의 부조화로 숙주에게 불리하게 영향을 미칠 때 질병은 발생한다.

숙주에 영향을 미치는 요인은 생물학적 요인(성별, 연령, 특성 등), 사회적·현대적 요인(종족, 직업, 경제력 등), 체질적 요인(선천적 인자, 면역성, 영양상태 등)이다.

병인에는 생물학적 요인(세균, 바이러스, 기생충 등), 물리화학적 요인(계절, 기상, 대기, 수질, 유해 중금속 등), 사회경제적 요인(정신질환 등)이다.

환경은 숙주와 병인과의 관계에서 지렛대 역할을 하며, 인간을 둘러싸고 있는 생물학적 환경(병원소, 기생충의 중간숙주 등), 물리적 환경(계절의 변화, 기후 등), 사회적, 경제적 환경(인구밀도, 직업, 사회풍습, 경제생활 등)을 모두 포함한다.

(2) 질병의 자연사와 예방

Leavell과 Clark는 질병으로 인한 자연사를 5단계로 나누었는데, 1단계는 비병원성기로 병에 걸리지 않고 건강이 유지되는 시기이며, 적극적인 예방을 하는 것으로 환경개선, 건강관리, 예방접종 등을 하는 것이다.

2단계는 초기 병원성기로서 질병에 걸리는 초기시기이며 소극적인 예방으로 조기검진, 건강검진, 예방 접종 및 치료를 이용한 예방법을 사용하는 것이다.

3단계는 불현성 감염되었으나 증상이 없는 초기 단계를 말하며, 조기 진단 및 치료를 통하여 병이 중증이 되지 않게 하는 것이다.

4단계는 발현성 질환기로서 병에 감염되어 증상이 나타나는 시기로 진단과 치료를 하는 것이다.

5단계는 회복기로서 질병에 걸린 후 회복되거나 사망 또는 정신적 육체적으로 일부의 기능이불구가 될 경우 남은 기능을 최대로 재활시켜 사회로 복귀할 수 있도록 무능력을 최소로 하는 것이다.

예전에는 진단과 치료에 역점을 두었으나 현대에는 적극적 예방과 재활에 이르기까지 각 수준별로 연계하여 총괄하는 의료이다.

(3) 세계보건기구 WHO(World Health Organization)

세계보건기구는 국제적 보건기구로 1946년 뉴욕에서 세계보건기구 헌장을 기초로 하여 서명하였으며, 1948년 4월 7일에 세계보건기구가 정식으로 출범하였다.

우리나라는 1949년 8월17일 65번째로 가입하고, 북한은 1973년 5월 19일에 138번째로 가입하였다. 세계보건기구의 본부는 스위스 제네바에 두고 세계를 6개 지역으로 나누어 운영하고 있으며 우리나라는 서태평양 지역에 소속되어 있다. 세계보건기구의 기능은 국제적인 보건 사업의 조정 및 지휘, 회원국에 대한 기술지원, 자료제공, 전문가를 파견하여 기술 자문활동 등을 한다.

(4) 보건지표

여러 단위의 인구 집단의 건강 상태뿐만 아니라 이에 관련되는 의료제도, 보건정책, 의료자원 등 여러 내용의 수준이나 구조 또는 특성을 설명할 수 있는 개념이다.

	건강지표	보건의료서비스	사회, 경제지표
보건지표	비례사망지수 평균수명 조사망률 등	의료 인력과 시설, 보건정책지표 등	인구증가율 국민소득 주거상태 등

건강지표는 지역 사회의 건강 수준을 직접적으로 나타내는 지표로 비례사망지수, 평균수명, 조사망률, 영아사망률, 질병이환율, 기생충 감염률 등이 있으며 가장 대표적인 지표는 모자보건, 환경위생, 영아수준과 밀접한 관계를 가지고 있는 영아사망률이다.

3 역학

1) 역학의 정의

인간 집단을 대상으로 질병의 원인과 유행의 지역분포를 집단적 현상으로 관찰하여 관리, 예방을 목적으로 하는 학문이다.

(1) 역학의 역할

① 질병 발생의 원인 및 요인 규명
② 질병 관리의 방법 및 결과 평가
③ 질병의 자연사 연구
④ 보건의료 서비스 평가
⑤ 임상연구의 활용

2) 질병발생 요인

질병을 발생시키는 원인으로는 균을 가지고 있는 병인이 있고, 병인이 침투하여 증식하고 병을 일으킬 수 있는 집과 같은 존재 즉, 숙주가 필요하다. 그렇지만 이 둘만 있다고 해서 질병이 발생하는 것이 아니고, 병인이 성장하고 증식할 수 있는 환경 또한 중요함으로 질병을 발생 시키려면 병인·숙주·환경의 밸런스가 깨져야 질병이 발생한다. 이들 중 어느 하나만으로는 질병발생은 어렵다. 여기에서 환경은 숙주와 병인 사이에서 밸런스를 잘 맞춰 균형을 유지시켜주면 질병발생은 어렵게 된다.

(1) 병인

질병을 발생시키는 데 없어서는 안 되는 인자이지만 숙주와 환경 사이에서 질병을 발생시킬 수 있는 조건이 맞아야만 질병을 일으킬 수 있지 병인만으로는 질병발생이 어렵다.

① **병인의 종류** : 물리적원인, 신체적원인, 유전적원인, 영양소, 정신적원인, 미생물 등
② **병인 요소** : 감염력, 독력, 병원체의 양, 발병력, 숙주외부에서의 생존력 등

(2) 숙주

체질 및 건강의 상태에 따라 감염력의 차이를 보인다. 즉, 면역, 성, 인종, 선천적 요소, 가족, 연령 등 건강상태 및 습성에 따라 감염의 정도가 달라진다.

(3) 환경

직·간접적으로 숙주와 병인의 영향을 미치는 모든 외적요소이다.

- 물리적 환경 : 공기, 기후, 물, 지리적·지질학적 요소 등
- 생물학적 환경 : 살아있는 모든 생물과 미생물, 병원체, 매개물, 기생충 등
- 사회경제적 환경 : 사회구조, 인구분포, 경제수준 등

4 감염병 관리

1) 병원체

병원미생물이 주종이며 감염병을 일으키고 생물학적으로는 바이러스, 세균, 진균, 원충 등으로 나누고, 세균에서도 클라미디어, 세균, 리케차 등으로 세분한다.

(1) 세균

육안으로는 볼 수 없으며 우리의 환경 어디나 존재한다. 콜레라, 장티푸스, 나병, 결핵, 디프테리아, 백일해 등이 있다.

(2) 바이러스

세균보다도 미세한 생물로서 숙주세포에 의존하여 증식한다. 홍역, 후천성면역 결핍증, 일본뇌염, 유행성 이하선염, 폴리오, 간염, 광견병 등이 있다.

(3) 진균

운동성이나 공합성이 없고 단단한 세포벽이 있다. 칸디다증, 백선 등이 있다.

(4) 기생충

원충, 연충류, 후생동물 같은 동물성 기생체이다. 말라리아, 사상충, 아메바성 이질, 무구조충증, 회충증, 간·폐흡충증 등이 있다.

(5) 클라미디아

세포 내 기생체로서 세포 내에서만 증식한다. 트라코마(앵무새병) 등이 있다.

(6) 리케차

세균보다 작고 세포 내어서만 기생한다. 발진티푸스, 록키산 홍반열, 발진열, 쯔쯔가무시병 등이 있다.

2) 감염병 생성요소

병인, 숙주, 환경이 상호작용하면 질병이 발생되므로 감염병의 생성과정을 보면 병원체 → 병원소 → 병원소로부터 병원체 탈출 → 병원체의 전파 → 새로운 숙주로의 침입 → 숙주의 감수성(숙주감염)으로 발생한다. 이러한 과정 중에서 어느 하나라도 차단할 수 있다면 감염병은 발생되지 않는다.

3) 감염병 관리대책

(1) 전파예방

① 외래감염병 관리

해외로부터 유입된 감염병으로써 경로를 차단하면 발생되지 않는 외래 감염병은 병원체의 유입을 차단하는 것이 가장 좋고, 적절한 방법은 검역법이다.

우리나라는 검역법에 의해서 검역을 실시하는 데 중요내용은 다음과 같다.

- 검역 감염병 및 감시시간 : 콜레라 120시간, 황열 144시간, 페스트 144시간

② 병원소 관리

인수(인축) 공통감염병은 동물을 제거함으로 감염병을 예방할 수 있다(페스트, 광견병, 탄저 등).

③ 전파과정을 단절(환경위생 관리)

환경을 개선함으로써 감염병을 예방할 수 있으나 인플루엔자, 홍역, 호흡기계 감염병은 효과를 볼 수 없는 것이다.

④ **중요 감염병 집중관리 : 법정감염병 관리**

감염병은 각 나라마다 중점적으로 관리하는 것이 다르다.
우리나라는 감염병의 종류를 정해서 법정감염병으로 관리한다.

- 제1급 감염병 : 생물테러감염병 또는 치명률이 높거나 집단 발생의 우려가 커서 발생 또는 유행 즉시 신고하여야 하고, 음압격리와 같은 높은 수준의 격리가 필요한 감염병으로서 다음 각 목의 감염병을 말한다. 다만, 갑작스러운 국내 유입 또는 유행이 예견되어 긴급한 예방 · 관리가 필요하여 보건복지부장관이 지정하는 감염병을 포함한다.
- 제2급 감염병 : 전파가능성을 고려하여 발생 또는 유행 시 24시간 이내에 신고하여야 하고, 격리가 필요한 다음 각 목의 감염병을 말한다. 다만, 갑작스러운 국내 유입 또는 유행이 예견되어 긴급한 예방 · 관리가 필요하여 보건복지부장관이 지정하는 감염병을 포함한다.
- 제3급 감염병 : 그 발생을 계속 감시할 필요가 있어 발생 또는 유행 시 24시간 이내에 신고하여야 하는 다음 각 목의 감염병을 말한다. 다만, 갑작스러운 국내 유입 또는 유행이 예견되어 긴급한 예방 · 관리가 필요하여 보건복지부장관이 지정하는 감염병을 포함한다.
- 제4급 감염병 : 제1급감염병부터 제3급감염병까지의 감염병 외에 유행 여부를 조사하기 위하여 표본감시 활동이 필요한 다음 각 목의 감염병을 말한다.

(2) 숙주의 면역증강

숙주의 면역력을 증강시키는 방법에는 인공능동면역이 있으며 임질, 결핵, 매독, 말라리아 등과 같이 항생제 투여나 화학약품을 사용하는 화학적 방법도 있다. 그러나 숙주의 면역을 높이는 방법으로는 균형 있는 영양관리와 적절한 운동, 적당한 휴식이 필요하다.

(3) 발병환자 관리

감염병이 발병한 환자임으로 격리, 진단시설 확충, 의료시설 확충, 정기진단 등 제도적인 관리에 중점을 두어야 한다.

[우리나라 법정감염병의 종류]

구분	격리 수준	질환	신고 시기
제1급 감염병	음압 격리 필요	에볼라바이러스병, 마버그열, 라싸열, 크리미안콩고출혈열, 남아메리카출혈열, 리프트밸리열, 두창, 페스트, 탄저, 보툴리눔독소증, 야토병, 신종감염병증후군, 중증급성호흡기증후군(SARS), 중동호흡기증후군(MERS), 동물인플루엔자 인체감염증, 신종인플루엔자, 디프테리아	발생 및 유행 즉시 신고
제2급 감염병	격리 필요	결핵(結核), 수두(水痘), 홍역(紅疫), 콜레라, 장티푸스, 파라티푸스, 세균성이질, 장출혈성대장균감염증, A형간염, 백일해(百日咳), 유행성이하선염(流行性耳下腺炎), 풍진(風疹), 폴리오, 수막구균 감염증, b형헤모필루스인플루엔자, 폐렴구균 감염증, 한센병, 성홍열, 반코마이신내성황색포도알균(VRSA) 감염증, 카바페넴내성장내세균속균종(CRE) 감염증, E형간염	24시간 이내 신고
제3급 감염병	계속 감시 필요	파상풍(破傷風), B형간염, 일본뇌염, C형간염, 말라리아, 레지오넬라증, 비브리오패혈증, 발진티푸스, 발진열(發疹熱), 쯔쯔가무시증, 렙토스피라증, 브루셀라증, 공수병(恐水病), 신증후군출혈열(腎症侯群出血熱), 후천성면역결핍증(AIDS), 크로이츠펠트-야콥병(CJD) 및 변종크로이츠펠트-야콥병(vCJD), 황열, 뎅기열, 큐열(Q熱), 웨스트나일열, 라임병, 진드기매개뇌염, 유비저(類鼻疽), 치쿤구니야열, 중증열성혈소판감소증후군(SFTS), 지카바이러스 감염증	24시간 이내 신고
제4급 감염병	표본 감시	인플루엔자, 매독(梅毒), 회충증, 편충증, 요충증, 간흡충증, 폐흡충증, 장흡충증, 수족구병, 임질, 클라미디아감염증, 연성하감, 성기단순포진, 첨규콘딜롬, 반코마이신내성장알균(VRE) 감염증, 메티실린내성황색포도알균(MRSA) 감염증, 다제내성녹농균(MRPA) 감염증, 다제내성아시네토박터바우마니균(MRAB) 감염증, 장관감염증, 급성호흡기감염증, 해외유입기생충감염증, 엔테로바이러스감염증, 사람유두종바이러스 감염증	7일 이내 신고

5 감염병 관리

1) 급성 감염병

(1) 호흡기계 감염병

콧물, 객담 등 호흡기계의 배설물을 통해서 감염되는 감염병이며 보균자와 전염원의 대책이 필요하다.

감염병으로는 디프테리아, 홍역, 백일해, 유행성 이하선염(볼거리), 인플루엔자, 풍진, 감기, 성홍열, 중증급성 호흡기 증후군(SARS)이 있다.

(2) 소화기계 감염병

환자의 분변, 토물 등이 음식물 또는 음료수를 오염시켜 경구적으로 침입하여 발생하는 감염병으로 환경을 위생적으로 관리하면 질병관리에 효과적이다.

감염병으로는 파라티푸스, 콜레라, 아메바성 이질, 장티푸스, 폴리오(급성회백수염), 세균성 이질, 유행성 간염, 전염성 설사(영아설사증)가 있다.

(3) 동물매개 감염병

동물을 매개로 하는 감염병이다.

감염병으로는 쯔쯔가무스병, 말라리아, 유행성 출혈열, 발진티푸스, 공수병(광견병), 발진열, 유행성 일본뇌염, 페스트, 탄저가 있다.

2) 만성 감염병

한센병(나병), 결핵, B형간염 등이 있다.

3) 성행위 전파 질병(STD : sexual transmitted disease)

매독, 임질, 후천성 면역결핍증, 서혜림프육아종증증 등이 있다.

4) 기생충 질환

기생이란 일시적이거나 장기적으로 다른 생물의 체내에 기생하면서 영양분을 흡수하는 생활방식이며, 이러한 행위를 하는 것을 기생체라 하고 이를 제공하는 것을 숙주라 한다.

(1) 기생충 매개물

토양을 매개로 하는 기생충(구충, 회충, 편충 등), 물과 채소를 매개로 하는 기생충(회충, 분선충, 이질, 편충, 아메바, 십이지장충 등), 어패류를 매개로 하는 기생충(요코가와흡충, 간흡충, 폐흡충 등), 접촉을 매개로 하는 기생충(요충, 질트리코모나스 등), 수육류를 매개로 하는 기생충(무구조충, 유구조충 등), 모기를 매개로 하는 기생충(사상충, 말라리아 등)이 있다.

6 환경위생

1) 환경위생의 정의

세계보건기구(WHO)의 정의는 "환경위생이란 인간의 신체발육과 건강 및 생존에 유해한 영향을 미치거나 또는 미칠 가능성이 있는 모든 요소를 통제하는 것"이라 하였다.

환경에는(자연적 환경, 생물학적 환경, 물리·화학적 환경)과 사회적 환경(인위적 환경, 문화적 환경)으로 구분한다.

(1) 자연적 환경

기후는 매년 반복되는 대기의 종합적인 현상이며 기상은 대기 중에서 발생하는 물리적 자연환경이고, 일기는 하루의 대기현상을 종합한 것이다.

(2) 온열조건

인간의 체온조절에 영향을 미치는 기온, 기습, 기류, 복사열(4대온열인자)을 온열 요소라 한다.

① **기온**(air temperature)

대기의 온도를 기온이라 하며 인간의 호흡 위치(지표에서 1.5m 높이)에서 측정한 온도를 말한다.

인간은 온열동물로서 항상 체온을 36.5℃로 유지하고 적정 실내온도는 18.2℃, 침실온도는 15.1℃이다.

② **기습**(습도, humidity)

대기 중에 포함된 수분량이며, 쾌적 습도는 40~70%이다.

③ **기류**(air movement)

기류는 바람을 말하며 기온의 차와 기압의 차에 의해 형성되고 강도는 풍속이라 하며 실내에서는 0.2~0.3m/sec, 실외에서는 1m/sec 정도가 쾌적한 기류이다.

④ **복사열**(radiant heat)

발열물체 주위에서 실제온도보다 온감을 느끼는 것이 복사열이다.

(3) 일광

① **자외선**(생명선)

자외선은 비타민 D를 생성하여 구루병을 예방하고, 피부결핵과 관절염을 치료하는 효과, 신진대사 촉진 및 적혈구 생성을 촉진시키며 살균작용(2,600~2,800Å)을 하는 인체에 유익한 파장이다. 그러나 피부에 색소침착이나 홍반을 일으키기도 하며 심할 때는 수포형성, 백내장, 부종, 피부암, 결막염 등을 유발한다.

② **가시광선**

망막을 자극하여 물체의 색채 및 명암을 구별하는 파장이다. 그러나 지나치면 시력장애 등을 유발한다.

③ **적외선**

혈관확장, 피부온도상승, 피부홍반 등의 작용을 하지만 지나치면 현기증, 열사병, 두통 등의 원인이기도 한다.

(4) 공기

사람이 생명을 유지할 수 있는 3대 요소 중의 하나는 공기이며 공기가 없이는 잠시도 생존할 수가 없다.

공기는 대기의 하부층을 구성하고 있는 기체로써 99% 질소와 산소로 구성되어 있고 성인의 1일 공기 필요양은 13kℓ이다.

공기의 조성을 알아보면 산소 20.93%, 질소 78.09%, 아르곤 0.93%, 이산화탄소 0.03~0.05%, 기타 0.04%로 구성되어 있으며 스스로가 오염되지 않도록 세정작용, 희석작용, 교환작용, 살균작용, 산화작용 등의 자정작용을 한다.

① 산소

생물체의 호흡과 물질의 산화·연소에 필요한 성분이며 헤모글로빈과 결합하여 신진대사를 돕는다.

산소는 공기 중에 21%를 차지하고 있으며 산소의 결핍 시에는 저산소증이 나타나고 고농도의 산소에서는 산소 중독이 나타날 수 있다.

② 일산화탄소

무색, 무취, 무미 자극이 없으며 불완전 연소 시 발생하고 독성이 강하다. 헤모글로빈과의 친화력이 산소보다 250~300배 강하여 산소결핍증을 일으킨다.

③ 이산화탄소

무색, 무취, 비독성 가스로 실내 공기의 오염도를 측정하는 기준이 된다.

④ 질소

공기 중에서 가장 많은 부분(78%)을 차지하고 있는 불활성 기체로서 체내의 산소농도에 관여하고 잠함병과 감압병의 원인이 된다.

⑤ 아황산가스

공기보다 무겁고 금속을 부식시키며 취기가 강한 가스로서 대기오염의 지표이다. 피부나 점막을 자극하여 호흡기 질환, 심장질환, 암 등의 질병을 유발시킨다.

(5) 물

인체의 60~70%를 차지하는 중요한 물질로서 소화흡수와 노폐물 운반, 배설 그리고 체온을 유지시키는 생명의 근원이며 성인의 하루 필요량은 2.0~2.5 ℓ 이다.

체내의 수분량의 10%를 상실하면 신체의 생리적 이상이 오고 20%를 상실하면 생명이 위험하다.

수질판정기준표

- 무색, 무취의 투명함, 색도 5도, 탁도 2도 이하여야 할 것
- 소독으로 인한 냄새 및 그 외의 냄새와 맛이 없어야 할 것
- 일반세균은 1cc 중에서 100개를 넘지 않아야 할 것
- 대장균군은 50cc 중에서 검출되지 않아야 할 것
- 증발 잔유물은 500mg/ℓ 이하여야 할 것
- 암모니아 질소는 0.5mg/ℓ 를 넘지 않아야 할 것
- 수소이온 농도는 pH6.5~7.5이어야 할 것

① 정수법

물을 정화하는 과정으로 침전, 여과, 소독의 순서로 정화하며 때로는 경수 연화법, 철 제거법, 망간 제거법 등으로 정화할 때도 있다.

㉠ 침전 : 물보다 무거운 부유물들이 침전되어 탁도, 색도, 세균 등을 감소시키는 보통침전법과, 응집제를 주입하는 약품 침전법이 있다.

㉡ 여과 : 영국식 여과법인 완속여과법과 미국식 여과법인 급속여과법이 있는데 한국은 급속여과법을 사용한다.

㉢ 소독 : 원수가 깨끗한 경우는 침전으로 여과를 생략할 수 있으나 소독은 생략할 수 없으며 상수도 소독은 염소소독법을 이용한다.

- 염소소독법은 살균력이 우수하며 경제적이고 조작이 간편하나 냄새를 유발시킨다.
- 오존소독법은 무미, 무취하지만 비용이 많이 들고 잔류효과가 약하다.
- 가열소독법(자비소독)은 100℃에서 30분 이상 끓이는 방법으로 가정에서 주로 사용한다.
- 자외선 소독법은 살균력은 강하지만 투과력이 약하다.

2) 생물학적 환경

(1) 위생 해충의 정의

인간에게 질병을 일으킬 수 있는 매개역할을 하는 것과 질병과는 직접관계가 없으나 혐오감을 주는 곤충을 말한다.

(2) 위생 해충

종류	감염병	구제법
모기	말라리아(중국얼룩날개모기), 일본뇌염(작은 빨간집모기) 사상충증(토고숲모기)황열, 뎅기열 등	환경적 방법 유충구제 방법 성충 구제법
파리	장티푸스, 식중독균, 파라티푸스, 콜레라, 이질, 결핵, 디프테리아, 회충, 요충, 편충, 촌충 등	환경적 방법 유충구제법 성충 구제법
바퀴	세균성이질, 살모넬라, 유행성간염, 장티푸스, 콜레라, 결핵, 디프테리아, 구충, 회충, 아메바성 이질 등	환경적 방법 살충제 사용
쥐	페스트, 살모넬라증, 서교열, 쯔쯔가무시병, 발진열, 유행성 출혈열, 선모충증 등	환경적 방법 포서기 이용법 천적 이용법
이	발진티푸스	청결
벼룩	발진열, 페스트	소독
진드기	페스트, 재귀열, 유행성 출혈열	살충제

(3) 소독

① 소독의 정의

소독은 감염을 일으킬 수 있는 미생물의 생활력을 파괴시키고 멸살시켜 감염력과 증식력을 없애는 것이며, 멸균은 강한 살균력을 이용하여 모든 미생물과 포자까지도 물리·화학적 과정을 통해 사멸 또는 파괴시키는 방법이다. 방부는 미생물의 발육과 작용을 정지 또는 저지시켜 음식물의 부패나 발효를 방지하는 것이며, 살균은 생활력 있는 미생물을 물리·화학적 작용으로 급속히 죽이는 것이다.

② 소독방법

㉠ 물리적 소독법(이학적 소독법)

- 건열멸균법 : 건열을 이용하여 미생물을 산화 또는 탄화시켜 멸균하는 방법으로 160~170℃에서 1~2시간 처리하며, 유리기구와 금속기구의 소독법이다. 건열멸균법에는 화염멸균법과 소각법이 있다.

- 화염멸균법 : 화염에 직접 접촉시켜 20초 이상 가열하는 방법으로 유리기구, 금속성, 도자기류 등을 소독할 때 사용하는 소독법이다.
- 소각법 : 태워 버리는 소독법으로 환자의 배설물이나 토사물, 그리고 쓰레기는 반드시 소각법으로 소독한다.

◆ 습열멸균법 : 습열을 이용한 소독법이며 자비소독, 저온소독법, 고압증기 멸균법, 초고온순간 멸균법, 유동증기멸균법 등이 있다.

- 자비소독(끓이는 소독법) : 100℃에서 15~20분 정도 끓이는 소독법으로 소독할 물건이 끓는 물에 완전히 잠기게 하고 식기, 의류, 도자기, 유리제품, 금속제품 등에 사용하는 소독법이다.
- 저온소독 : 62~63℃에서 30분간 살균하는 소독법으로 우유에 주로 사용하며 세균의 멸균을 위해서 사용하는 소독법이다.
- 유동증기소독 : 코흐의 증기솥, 아놀드의 증기살균기를 이용하며 30~60분간 가열하고 스팀타월, 도자기, 유류, 식기 등에 사용하는 소독법이다.
- 고압증기소독 : 고압증기 멸균기를 사용하여 120℃에서 20분간 가열하면 완전 멸균된다. 아포형성균을 소독하는데 가장 좋은 살균법이며 의류, 외관용 거즈, 이불, 통조림 등에 사용하는 소독법이다.
- 간헐멸균법 : 고압증기솥에 100℃에서 40~50분간을 3회 반복 살균한다.
- 무 가열 처리법 : 가열하지 않는 소독법으로 자외선멸균법, 초음파멸균법, 냉장법, 세균여과법, 희석법 등이 있다.
- 자외선멸균법 : 자외선을 조사하여 멸균하는 방법으로 살충제에 주로 사용하며 결핵균, 장티푸스 등의 모든 균에 사용하는 소독법이다.
- 초음파멸균법 : 초음파로 세균 세포를 파괴하는 방법으로 나선상균은 초음파에 가장 예민한 균이다.
- 방사선소독 : 방사선을 조사하여 식품이나 의료품 등을 살균하는 방법이다.
- 세균여과법 : 여과장치를 이용하여 가열할 수 없는 액체(혈청, 약품) 등을 소독하는 방법인데 바이러스는 제거되지 않는다.

㉡ 화학적 소독법

◆ 안전하고 살균력이 강해야 한다.

◆ 부식하거나 표백성이 없어야 한다.

◆ 사용법이 간단하며 가격이 저렴해야 한다.

- 냄새가 없고 탈취력이 있어야 한다.
- 소독약의 종류 : 화학적 소독약은 석탄산, 염소, 승홍, 크레졸, 생석회, 역성비누, 머큐로크롬, 알코올, 포르말린 등이 있다.
  - 석탄산 : 살균작용이 승홍수의 1,000배이며 저렴하여 사용범위가 넓고 안전성 높고 쉽게 변화하지 않으나 취기와 독성이 강하다.
  - 크레졸 : 소독력이 강하고 살균력이 우수하여 결핵균의 소독에 좋으나 냄새가 강하다.
  - 승홍수 : 냄새가 없고 분말 형태이며 살균력이 강한 독약의 일종이다. 여러 가지 균에 효과적이며 값이 저렴하지만 단백질을 응고시키고 독성이 강하다.
  - 알코올(에탄올) : 무색의 휘발성이 높은 소독제로써 피부소독, 손소독, 가위, 칼 등을 소독하는데 사용한다. 독성이 없고, 세균과 바이러스에 효과적이지만 고무나 플라스틱을 녹인다.
  - 포르말린 : 손, 의류 도자기 등에 사용하며 온도가 높을수록 소독력이 강하고 세균, 바이러스, 아포 등에 사용하지만 사용 시 마다 조제해야 하고 자극이 강하여 배설물 소독에는 부적합하다.
  - 생석회(산화칼슘) : 백색, 회백색이며 분뇨나 쓰레기 등에 사용하며 대량소독이 가능하고 가격은 저렴하나 직물을 부식시키고 아포균에는 효력이 없다.
  - 포름알데히드 : 넓은 실내공간을 소독할 때 주로 사용한다.

3) 인위적 환경

(1) 주택

주택은 환경과 풍습에 따라 다르지만 기본적인 4개 요소는 건강성, 쾌적성, 안전성, 기능성이다.

① 주택의 조건

- 남향, 동남향, 동서향이어야 한다.
- 교통이 편리하고 공장이 없어야 한다.
- 오염이 되지 않으며 매립지가 아니어야 한다.
- 지하수위는 1.5~3m 정도로 좋은 수질이어야 한다.

② 환기

실내의 공기와 실외의 공기를 순환시키는 방법으로 자연환기와 인공환기가 있다.

- 자연환기 : 인위적이지 않고 자연적으로 공기를 순환시키는 방법이다.

- 인공환기(동력환기) : 밀폐된 공간에는 인위적인 환기가 필요함으로 평형식 환기법, 배기식환기법, 송기식환기법, 공기조정법 등을 이용한다.

③ **채광 및 조명**

- 자연조명(주간조명) : 태양광원을 이용한 직접 또는 반사조명을 자연조명이라 하며 조도의 평등으로 눈의 피로감이 적다.
- 인공조명 : 직접조명, 간접조명, 반간접조명이 있으며, 다음 내용을 고려해야 한다.
  - 작업에 충분한 조도(Lux)여야 하며 균등해야 한다.
  - 주광색에 가까운 광색이어야 한다.
  - 폭발, 발화에 안전하며 유해가스가 발생하지 않아야 한다.
  - 취급이 간편하고 가격이 저렴해야 한다.
  - 간접조명이 좋고, 상방에서 비추는 것이어야 한다.
- 적정조명 : 개인의 취향이 사회 경제적으로 다르나 부적절한 조명시 안정피로, 안구진탄증, 가성근시, 전광성 안염, 작업능률저하, 백내장 등을 일으킬 수 있다.

④ **온도조절**

의복으로 조절할 수 있는 체온의 범위는 10~26℃이므로 실내온도에 따라 냉·난방이 적절히 필요하다.

- 온도 : 쾌적한 실내온도는 일반적으로 18±2℃이고, 침실은 15±1℃이며, 머리와 발은 2~3℃이상 온도차이가 있으면 안 된다. 그리고 습도는 40~70%가 적당하다.
- 난방 : 실내에서 난로 등을 이용하여 직접 난방하는 국소난방과, 중앙에서 광범위한 곳으로 보급시키는 중앙난방법이 있다.
- 냉방 : 선풍기, 에어컨 등을 이용하여 직접 냉방하는 국소냉방법과 캐리어 시스템을 이용한 중앙냉방법이 있다.

7 산업보건

1) 산업보건의 개념

(1) 정의

근로자들이 산업장에서 육체적, 정신적, 사회적 안녕을 최고로 증진, 유지하는 것이다(WHO, 1950년).

(2) 목적

근로자는 산업적 재해로부터 건강을 보호하고, 근로조건을 최상으로 유지시켜 생산성을 향상시키는 것이다.

(3) 산업장의 보건적 조건

① 채광, 조명 및 환기시설이 좋아야 한다.
② 냉난방 및 온·습도가 쾌적한 공간이어야 한다.
③ 유해물질, 오염물질을 방지할 수 있는 공기조절 장치가 좋아야 한다.
④ 소음 및 진동으로부터 안전해야 한다.

(4) 폐기물 처리시설

① 폐기물에 대한 적당한 시설이 있어야 한다(소각장, 정리장 등).
② 배수 처리시설이 잘 돼 있어야 한다.

2) 작업환경에 따른 직업병

(1) 이상고온장애

장시간 고온·고습하거나 복사열이 강한 곳에서 작업 시 열중증이 나타나는데 격심한 근육노동을 할 때 발생한다.

열중증은 열사병, 열경련증, 열피비증(열허탈증), 열쇠약증이 있으며 용광로나 금속용접공 등에서 발생할 수 있다.

(2) 이상저온장애

이상저온에서 작업 시 신체조절기능이 저하되어 체온이 급격히 떨어지고 동상에 걸리는 증상이 발생할 수 있으며 냉동업이나 얼음제조업 등에서 작업하는 근로자에게 발생할 수 있다.

(3) 조명에 의한 장애

조명 밑에서 장시간 작업하거나 불량한 조명으로부터 눈에 지나친 자극을 받게 되면 눈에 대한 질병이 발생하게 되는데 시계공, 탄광부, 인쇄식자공 등에서 많이 발생할 수 있다.

(4) 자외선·적외선에 의한 장애

장시간 직사광선 밑에서 작업하거나 겨울철에 얼음이나 눈 위에서 작업하게 되면 자연광으로부터 눈에 과도한 자극을 받게 되므로 질병을 일으킬 수 있다. 따라서 보호할 수 있는 장비를 갖추는 것이 좋다.

(5) 기압에 의한 장애

① **고압장애** : 압력이 높은 곳에서 작업하는 근로자에게 발생할 수 있으며 호흡·맥박수 등이 감소하는 증상을 보인다. 해저작업, 터널공사, 잠수작업 등의 근로자에게서 발생한다.

② **저압장애** : 압력이 낮은 곳에서 작업하는 근로자에게 발생할 수 있으며 수면장애, 난청, 투통 등의 증상을 보인다. 등산, 고산지대 작업 등의 근로자에게서 발생한다.

(6) 소음장애

불쾌한 음이나 불필요한 소음에 장시간 노출되었을 때 발생할 수 있으며 청력장애 증상을 나타낸다. 기계공, 조선공, 광부 등의 근로자에게서 주로 발생한다.

(7) 분진에 의한 장애

① **진폐증** : 분진을 흡인했을 때 나타나는 증상으로 폐조직에 병적 증상이 나타난다.

② **규폐증** : 진폐증의 하나로 유리규산에 의해 폐조직에 병적 증상이 나타난다. 금속광산, 탄광, 주물공 등에게서 주로 발생한다.

③ **석면폐증** : 석면을 취급하는 근로자에게서 나타나는 증상으로써 호흡곤란, 흉통, 기침 등의 증상을 보인다. 흉부가 야위는 것이 특징이다.

④ **활석폐증** : 페인트공, 화장품 제조공, 활석 채취공 등에게서 나타난다.

⑤ **탄폐증** : 규산이 혼합된 분진이 많은 탄광 근로자에게서 나타나는 증상이다.

(8) 공업중독

① **납중독** : 경구나 호흡기를 통해서 인체 내로 침입하며, 신경 및 근육장애, 위장장애, 중추신경장애를 일으킨다. 조판작업, 용접공 등에게서 주로 발생한다.

② **수은중독** : 수은은 상온에서도 증발이 가능하여 분진이나 호흡으로 침입하며 불면증, 구내염, 근육경련 등의 증상을 나타낸다. 전기기구, 온도계 제조, 수은등 등을 작업 시에 주로 발생한다.

③ **카드뮴중독** : 장시간 카드뮴에 노출되어 있는 작업을 가진 근로자에게 나타나며 설사, 구토, 폐기종, 신장기능장애 등의 증상이 나타난다. 도금작업, 합금제조, 비료제조, 도료 등에 종사하는 근로자에게 주로 발생하며 대표적으로는 이따이이따이병이 있다.

8 식품위생

1) 정의

생산에서 우리의 식단에 오를 때까지의 모든 단계가 안전한 상태를 말한다.

"식품위생이란 식품의 재배, 생산, 제조로부터 유통과정과 인간이 섭취하는 과정까지의 모든 단계에 걸쳐 식품의 안전성, 건강성 및 완전 무결성을 확보하기 위한 모든 수단을 말한다."(WHO, 1955)라고 하였고, 우리나라 식품 위생법에서는 "식품으로 인한 위생상의 위해를 방지하고 식품영양의 질적 향상을 도모함으로써 국민보건의 증진에 이바지함을 목적으로 한다."라고 하였다.

2) 식품과 기생충 질병

육류와 채소의 기생충을 통하여 감염될 수 있는 질병이 있다.

분 류	감염병	식품
육류	무구조충증(민촌충)	소고기
	유구조충증(갈고리촌충), 선모충증	돼지고기
민물고기	폐디스토마증	게, 가재
	간디스토마증	참붕어, 쇠우렁이, 잉어, 피래미
	요꼬가와 흡충증	은어, 숭어
	광절열두조충증	송어, 연어
바다생선	아니사키스증	대구, 생태, 청어, 고등어, 오징어, 조기
야채	회충증, 구충증, 편충증, 동양모양선충증, 유구낭충증, 이질 아메바증, 람블 편모충증	

3) 식중독

유독, 유해한 물질이 음식물에 첨가된 식품을 섭취했을 때 발생하는 위장장애 생리적 이상, 신경장애 등을 말한다.

(1) 세균성 식중독

세균에 의해 발생하는 식중독으로 발병을 일으키는 균의 양과 독소량은 많으나 2차적 감염은 없다.

① 감염형 식중독

식중독	원인균	잠복기	경로	증상	예방
살모넬라 식중독	살모넬라균 속의 장염균, 쥐티푸스균, 돈 콜레라균 등	12~48시간 (평균 20시간)	두부류 유제품 어패류 등	두통, 설사, 구토, 복통 등	가열조리 위생관리
장염 비브리오 식중독	해수세균의 일종 (아포가 없는 간 균)	8~20시간 (평균 12시간)	어패류 절인 생선류 등	급성장염, 두통, 설사	가열조리 위생관리
병원성 대장균 식중독	병원성 대장균	성인 10~30시간	오염된 식품 동물의 배설물 등	급성 위장염, 두통, 발열, 설사, 복통 등	위생관리

② 독소형 식중독

식중독	원인균	잠복기	경로	증상	예방
포도상구균 식중독	황색포도상구균	1~6시간 (평균 3시간)	우유 및 유제품 등	타액분비, 구토, 설사 등 급성위장염	위생관리 냉장관리
보툴리누스균 식중독	뉴로톡신 (신경독소)	12~36시간 (평균 24시간)	통조림, 소시지 등	중추·말초신경마비, 호흡곤란 등	위생관리
웰치균	웰치균	10~12시간 (크게 8~22 시간)	사람의 분변, 토양 등	위장증상, 구토, 설사, 복통 등	위생관리 급냉

(2) 자연독에 의한 식중독

① 식물성 식중독

구분	원인균	증상
독버섯 중독	무스카린, 뉴린, 아마니타톡신, 필즈톡신, 팔린, 콜린 등	위장경련, 구토, 설사 등 신경계 장애형 중독
감자 중독	솔라닌	복통, 위장장애, 현기증 등 운동중추 마비, 용혈작용
맥각 중독	맥각균	구토, 설사, 복통, 위장증상, 경련 등
독미나리 중독	시큐톡신	위통, 경련, 구토, 현기증 등

4) 식품의 보존

미생물의 증식과 발육 및 오염을 방지하여 식품의 변질을 막는 것으로 미생물의 번식에 알맞은 온도·습도 영양분을 차단하는 것이다.

(1) 물리적 보존법

① 가열법

식품에 붙어서 변질을 일으킬 수 있는 미생물을 죽이거나 효소를 파괴하여 그의 기능을 저지시킴으로써 보존하는 방법이다.

일반적 미생물은 80℃에서 30분간 가열하고, 아포는 120℃에서 20분간 가열하여 완전 멸균시킨다.

② 냉장법

저온(0~4℃)에서 식품을 보존하면 미생물의 활동을 지연 또는 정지시킬 수 있으나 자기 소화능력을 가진 미생물은 식품을 변질시킬 수 있음으로 단기간 저장에 이용된다.

③ 냉동법

식품을 얼려서 냉동(0℃ 이하)으로 보존하는 방법으로 장기간 보존이 가능하다.

④ 탈수법·건조법

세균은 15% 이하의 수분함유량에서는 번식하지 못함으로 수분을 감소시켜서 미생물의 번식을 막아주는 방법이다.

⑤ 자외선 이용법

자외선 파장을 조사하여 살균하는 방법으로 음료수, 분말식품, 기구 등을 살균할 때 사용한다.

(2) 화학적 보존법

① 방부제 첨가법

독성이 없고 무미, 무취하며 식품에 변화가 없어야 한다.
허용량만을 사용하며, 종류로는 디히드로초산, 소빈산, 프로피온산 나트륨, 안식향산 등이 있다.

② 훈연법

연기에 그을려서 살균하는 방법으로 육류, 어류의 보존법이며, 햄, 베이컨 등에 많이 쓰인다.

③ 염장법

소금을 이용하여 미생물의 발육을 억제하는 방법으로 해산물, 축산물 등에 이용된다.
설탕을 이용하는 당장법, 초산·젖산을 이용하는 산장법도 있다.

BEAUTY ART THEORY

BEAUTY
ART
THEORY

제2장

인체생리학

1 인체의 구성

인체를 구성하고 있는 구조적, 기능적 유전의 기본적인 단위는 세포이며 세포의 구조는 세포막, 세포질, 세포핵으로 나눈다. 인체는 형태를 유지하고 기능을 수행하는데 적당하도록 집단을 이루고 있으며, 그 구조적인 단위는 조직, 기관 및 계통으로 나눈다.

소립자로 이루어진 원자들이며 C, H, O, N으로 이루어진 유기물과 O, H로 이루어진 수분 함유하고 있으며 체내 조직의 연소를 담당한다.

[인체의 구조적 단계]

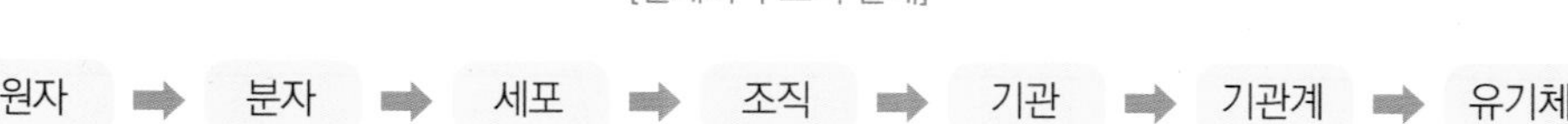

1) 세포

세포는 모든 생물체의 구성, 기능, 유전의 기본적인 단위이며 스스로 생활을 영위하고 분열을 할 수 있다. 세포의 구조는 세포막(cell membrane), 세포질(cytoplasm)과 핵(nucleus)으로 나눈다. 세포의 일반적인 기능은 생식세포로서 작용하고, 동화 작용과 이화작용에 의한 물질대사(metabolism)를 담당하고 분비 및 흡수작용과 세포구조물의 연관성에 의한 특수작용을 갖는다.

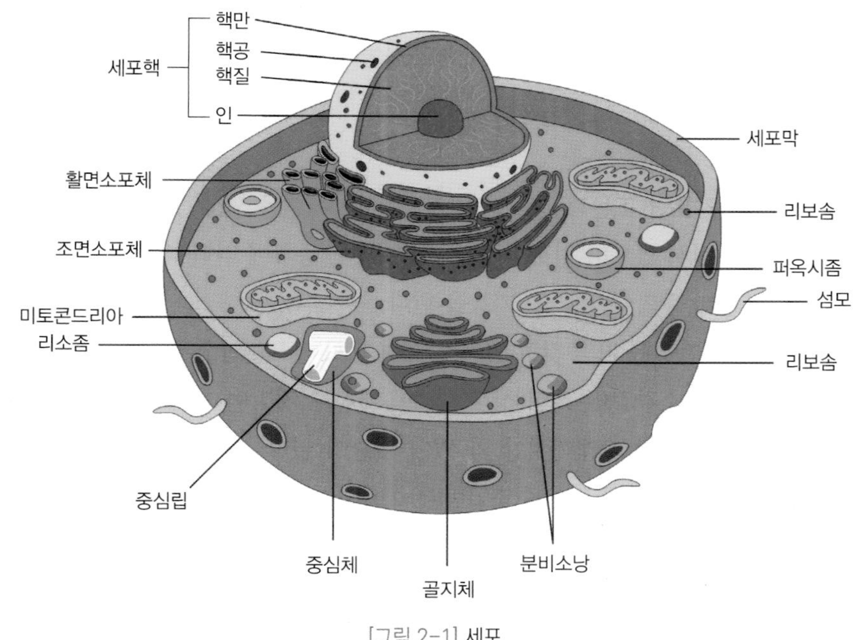

[그림 2-1] 세포

[세포 소기관의 구조와 기능]

소기관	구조	기능
세포막	단백질과 지질분자로 구성(2중단위막)	세포의 생명활동, 출입활동, 세포신호전달에 관여
미토콘드리아	막대모양구조, 내부격막이 있는 막주머니	세포활동에 필요한 에너지를 만든다.
리보솜	단백질과 RNA분자로 구성	단백질 합성
형질내세망	막과 연결된 주머니, 도관, 소포의 복합체	세포 내로 물질운송, 지질합성, 리보솜의 부착부위 제공
골지체	핵과 근접해있는 막성 주머니	단백질을 변화시켜 분리, 리보솜과 함께 세포막으로 분비
핵막	세포질과 핵을 분리하는 이중막	핵유지, 핵과 세포질 간 물질이동조절

2) 조직

구조와 기능이 비슷한 세포의 집단들은 특별한 목적을 위해 모여 조직을 이룬다. 이 때 세포들은 흩어지지 않고 일정한 형태를 유지하기 위하여 각각 역할에 맞는 물질을 만들어 내는데 이러한 물질을 세포간질이라 하고 세포들 사이에서 이는 무형의 액체인 세포간액에 묻혀 있다. 즉 조직의 구성 성분은 세포, 세포간질 및 세포간액의 3가지이다.

조직은 구성하고 있는 세포 종류에 따라 4종으로 분류하는데 신체와 장기의 내강을 둘러싸고 있는 상피조직, 근육이나 골격에 부착하여 지지역할을 하는 결합조직, 신체나 기관의 활동이나 운동에 필요한 근육조직, 신경세포들이 모여 통제기능을 하는 신경조직이라 할 수 있다.

(1) 상피조직

상피조직은 인체의 외표면 또는 체강이나 기관의 내강 표면을 덮고 있는 조직으로 세포간 물질이 적고 세포가 빽빽이 늘어서 있으며 섬모가 있는 것도 있다. 종류에 따라 다른 조직을 보호하거나 물질을 수송하거나 혹은 분비 등의 여러 가지 기능을 한다.

모든 상피조직은 세포간질을 거의 갖고 있지 않으며 주로 세포들만으로 구성되어 있다.

세포 사이를 채우는 세소간질이 적어 상피 아래쪽에는 지저막이 개재되어 있어서 결합조직과 연결되어 있으며 혈관은 기저막 아래까지만 와 있어 혈관이 없다. 표면상의 상피에는 단층편평(simple squamous), 단층입방(simple cuboidal), 중층입방(stratifide cuboidal), 중층원주(stratifide columnar), 이행(transitional)상피 등이 있다.

상피조직은 외부환경에 대하여 강한 저항성을 가지도록 분화되어 있으며 그 존재 부위에 따라 보호기능, 흡수기능, 분비기능, 감각기능 등이 있다.

(2) 결합조직

결합조직은 전신에 널리 분포하는 조직으로서 다른 조직과 기관사이 및 내외의 빈곳을 채우며 이들을 연결하고 지탱시켜주며 보호하는 역할을 한다. 결합조직은 상피조직과 달라서 혈관도 풍부하게 발달되어 있으며 기본세포가 적고 세포간질(교원섬유, 탄력섬유, 세만섬유로 구성)이 비교적 많다. 세포간질은 조직의 물리적 성질에 의해 결정되며 구성세포는 섬유아세포와 대식세포가 가장 많다.

특수결합조직은 세포의 영양을 담당하는 조직으로 섬유, 연골, 혈액과 림프 등이 있으며 연골은 기질을 구성하는 섬유 종류에 따라 아교섬유가 많은 초자연골(hyaline cartilage), 탄력섬유가 많은 탄성연골(elastic cartilage), 아교섬유가 많고 연결세포수가 적은 섬유연골(fibrocartilage) 등이 있다.

고유결합조직(connective tissue proper)은 기질 내 섬유성분과 세포성분의 함량에 따라 소성결합조직(loose connective tissue)과 치밀결합조직(dense connective tissue)으로 분류하고 지지조직(supporting tissue), 액상조직(fluid tissue)으로 구분한다.

(3) 근육조직

근육조직은 개체의 운동을 책임지고 있는 조직으로 다른 조직들처럼 세포와 세포 간질로 구성되어 있다. 세포는 길게 늘어나서 섬유를 형성하고, 세포간질은 약간의 시멘트질이 들어있는데, 이는 세포를 소성결합조직과 망상구조물 속에 얽어 두기 위함이다.

조직 중에서 수축성이 가장 강한 근세포로 구성되어 있으며 형태에 따라 가로무늬근과 민무늬근으로 나눈다. 근육은 형태와 기능에 따라 수의근인 골격근(skeletal muscle), 불수의근인 심근(cardiac muscle)과 평활근(smooth muscle)의 3종으로 나눈다.

(4) 신경조직

신경조직은 신체의 내적 또는 외적 자극을 받아 중추로 전달하고 중추의 명령을 말초로 전달하는 고도로 발달된 조직으로써 몸의 일정한 곳으로 전달하는 기능을 지닌 조직이며 신경세포와 지지세포로 구분된다. 신경세포와 이것을 지지하는 신경교(neuroglia)로 구성되어 있으며 신경세포는 세포체와 돌기로 구성되며, 이것을 신경원(neuron)이라고 한다.

[조직의 기능과 종류]

조직	기능	종류
상피조직	보호, 분비, 흡수, 배설	단층편평상피, 단층입방상피, 단층원주상피, 중층편평상피, 중층입방상피, 중층원주 상피, 이행상피, 위중층원주상피
결합조직	결합, 지지, 보호, 공간차지, 지방저장, 혈액세포 생성	소성조직, 지방조직, 연골조직, 골조직, 혈액, 림프조직
신경조직	통합, 조정, 감각수용을 위한 자극 전달	신경원조직, 신경교세포
근육조직	운동	골격근, 평활근, 심근

(5) 기관

기관은 여러 조직들이 적절하게 합쳐서 일정한 모양을 갖추고 특수한 기능을 수행할 수 있도록 만들어진 조직의 복합체이다. 예를 들면, 위는 근육조직, 결합조직, 상피조직 및 신경조직 등으로 구성되어 있다.

(6) 계통

계통은 일정한 구조와 기능을 가진 기관의 집단으로써 기관계라고도 한다. 각 계통은 동일한 기능을 수행하는 동시에 다른 계통과 협조하여 작용하는 수도 많이 있다. 예를 들면 소화기 계통은 식도, 위, 장 및 여러 분비선 등의 기관들이 집합하여 주로 소화와 흡수를 담당하는 기능적 단위이다.

3) 골격계

골격은 뼈(bone), 연골(cartilage) 및 인대(ligament)로 구성되어 있고 대부분 둘 이상의 뼈는 인대 등의 결합조직에 의해 기능적으로 연결되어 있으며 여러 모양의 뼈 및 연골들은 관절이라는 형태로 연결되어 관절운동이 가능하다.

골격계는 인체를 척주, 골반, 팔, 다리 등을 구성하는 뼈들은 체중을 지지하고 근육을 지탱하며 몸 안의 장기인 뇌, 내장, 척수, 안구 등을 보호하는 역할을 하며 인체의 기둥이 되는 기관으로서 적색골수에서는 활발한 조혈이 이루어진다. 장골의 골단, 편평골, 단골 등에 있는 골수는 중요한 조혈기관으로서 적혈구(red blood cell), 백혈구(white blood cell), 혈소판(platelet)을 생성하고 생성된 세포는 혈관으로 들어간다. 혈액속의 칼슘, 인, 미네랄과 지방은 뼈 안으로 들어가 저장되며 뼈는 골강 내에 지방을 저장하는 등 저장하는 기능을 한다.

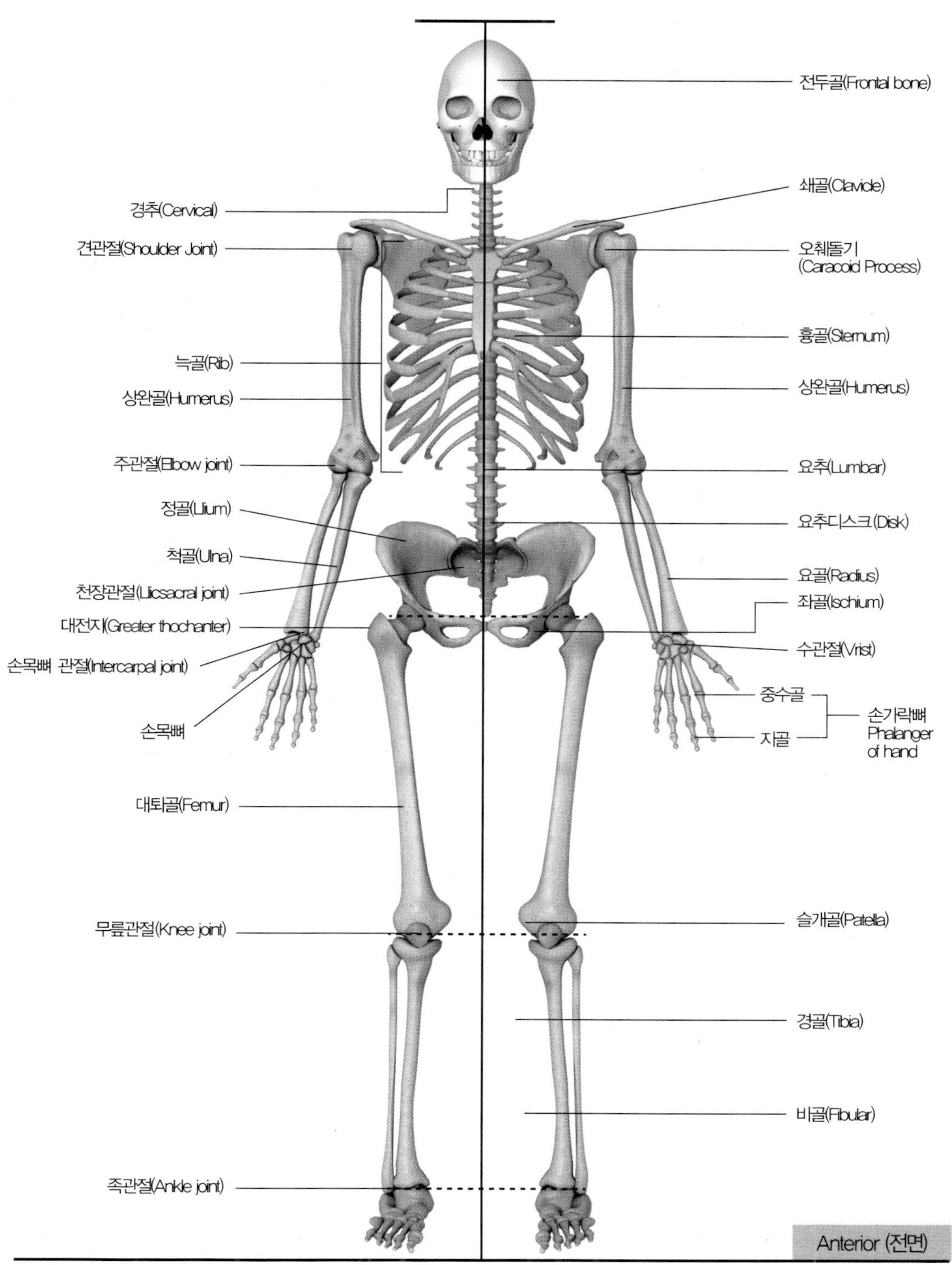
전두골(Frontal bone)
경추(Cervical)
쇄골(Clavicle)
견관절(Shoulder Joint)
오훼돌기
(Caracoid Process)
흉골(Sternum)
늑골(Rib)
상완골(Humerus)
상완골(Humerus)
주관절(Elbow joint)
요추(Lumbar)
정골(Llium)
요추디스크(Disk)
척골(Ulna)
요골(Radius)
천장관절(Llicsacral joint)
좌골(Ischium)
대전지(Greater thochanter)
수관절(Vrist)
손목뼈 관절(Intercarpal joint)
중수골
손가락뼈
Phalanger
of hand
지골
손목뼈
대퇴골(Femur)
슬개골(Patella)
무릎관절(Knee joint)
경골(Tibia)
비골(Fibular)
족관절(Ankle joint)
Anterior (전면)
[그림 2-2] a. 골격 전면

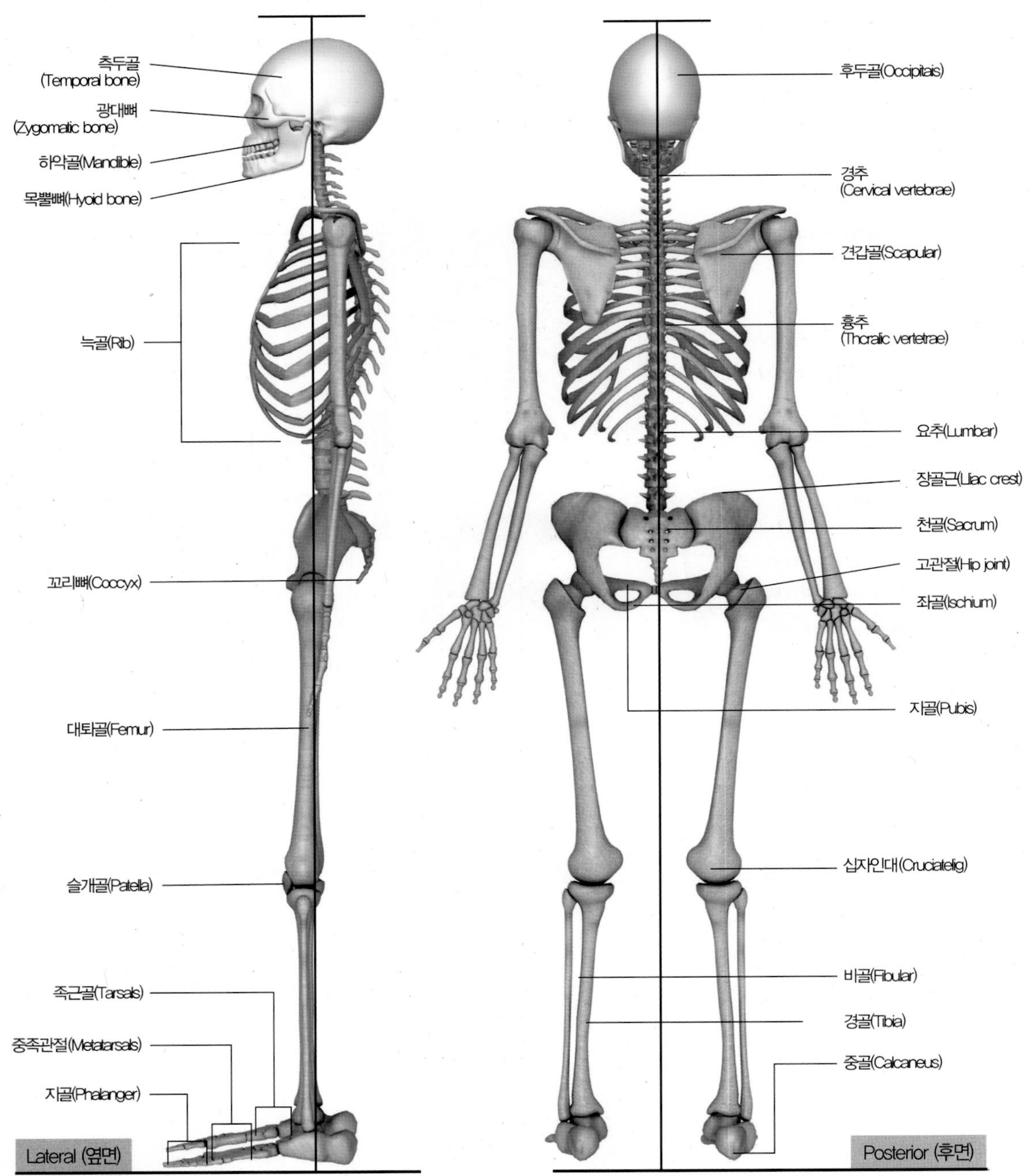

[그림 2-2] b. 골격 옆면 / c.골격후면

4) 근육계

우리 몸의 운동은 근육이 수축하는 힘에 의해서 이루어진다. 근육(muscles)은 인체 조직 중에서 수축성이 강한 조직으로써 근조직을 이루는 근세포이다. 가늘고 긴 섬유상으로 되어 있는 근섬유는 자극을 받으면 근원섬유의 길이가 수축한다. 그 자극은 근세포막을 따라서 전달되고 그에 따라 화학변화를 일으키고 화학적 결합에너지가 기계적 운동 에너지로 전환한 것이다.

근육의 세 가지 형태는 뜻대로 움직일 수 있는 수의근(voluntary muscle)인 골격근(skeletal muscle)과 불수의근(involuntary muscle)인 평활근(smooth muscle) 및 심장근(cardiac muscle)의 3종이 있다. 골격근은 관절, 표정 및 저작 등의 운동에 관여하고 평활근은 혈관벽, 모근, 눈동자 등을 구성하는 근육으로 내장 벽에 분포하여 자율신경계의 지배를 받는다. 심근은 심장을 구성하는 근육으로 심근의 주기적인 수축은 외부의 조절을 받지 않고 일어난다. 근은 외배엽에서 유래되는 몇 개의 근을 제외하고는 대부분 중배엽에서 발생한다. 골격은 뼈(bone), 연골(cartilage) 및 인대(ligament)로 구성되어 있고 대부분 둘 이상의 뼈는 인대 등의 결합조직에 의해 기능적으로 연결되어 있으며 여러 모양의 뼈 및 연골들은 관절이라는 형태로 연결되어 관절운동이 가능하다.

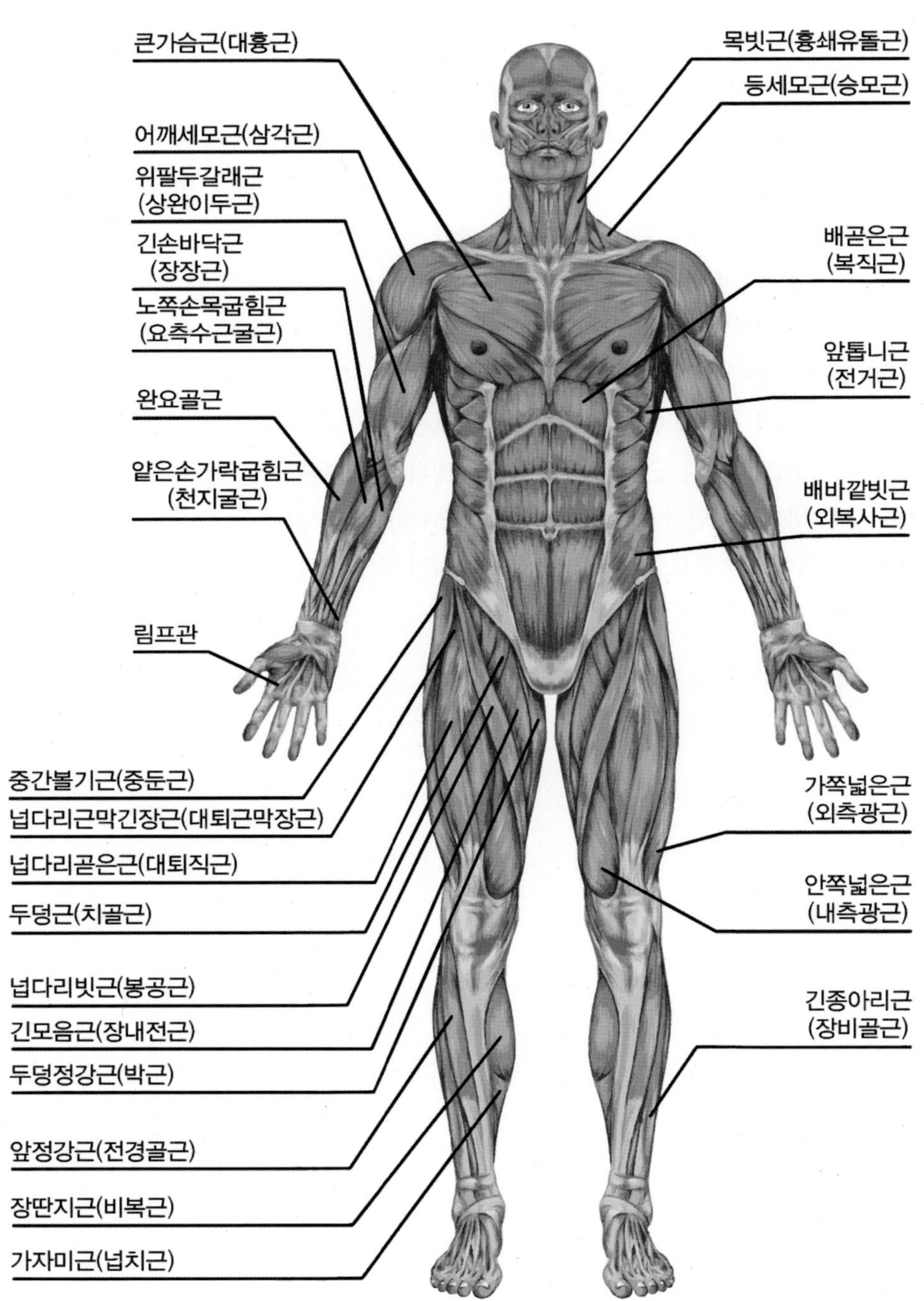
큰가슴근(대흉근)
목빗근(흉쇄유돌근)
등세모근(승모근)
어깨세모근(삼각근)
위팔두갈래근
(상완이두근)
긴손바닥근
(장장근)
배곧은근
(복직근)
노쪽손목굽힘근
(요측수근굴근)
앞톱니근
(전거근)
완요골근
얕은손가락굽힘근
(천지굴근)
배바깥빗근
(외복사근)
림프관
중간볼기근(중둔근)
넙다리근막긴장근(대퇴근막장근)
가쪽넓은근
(외측광근)
넙다리곧은근(대퇴직근)
두덩근(치골근)
안쪽넓은근
(내측광근)
넙다리빗근(봉공근)
긴모음근(장내전근)
긴종아리근
(장비골근)
두덩정강근(박근)
앞정강근(전경골근)
장딴지근(비복근)
가자미근(넙치근)

[그림 2-3] a. 근육 전면

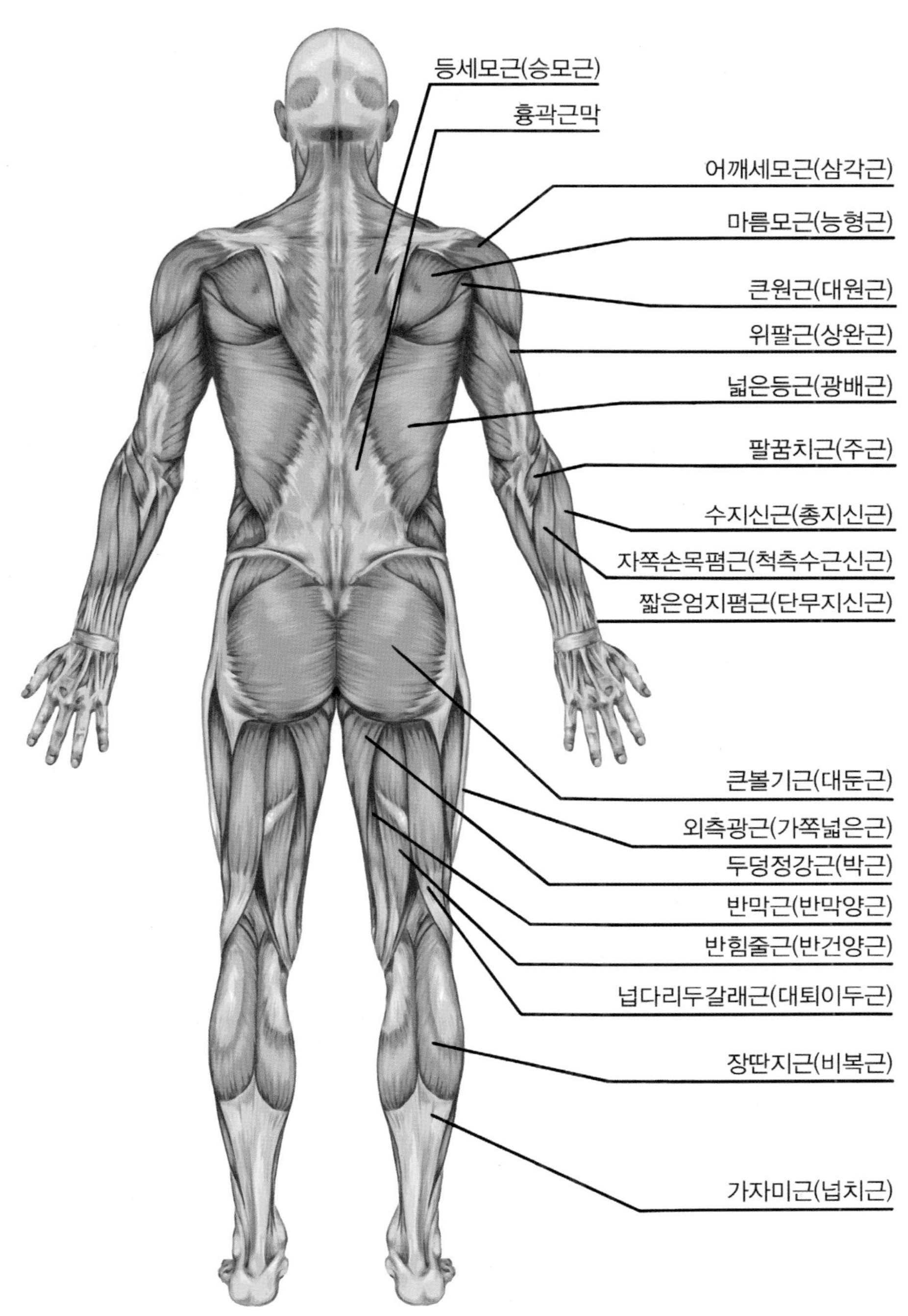
등세모근(승모근)
흉곽근막
어깨세모근(삼각근)
마름모근(능형근)
큰원근(대원근)
위팔근(상완근)
넓은등근(광배근)
팔꿈치근(주근)
수지신근(총지신근)
자쪽손목폄근(척측수근신근)
짧은엄지폄근(단무지신근)
큰볼기근(대둔근)
외측광근(가쪽넓은근)
두덩정강근(박근)
반막근(반막양근)
반힘줄근(반건양근)
넙다리두갈래근(대퇴이두근)
장딴지근(비복근)
가자미근(넙치근)

[그림 2-3] b. 근육 후면

5) 신경계

신경계는 자극, 흥분을 전달하고 기관의 기능을 통일하며, 또 정신 기능을 담당한다. 감각, 운동 및 모든 생명연장을 조절하고 통제하는 기구에는 내분비계와 신경계로 나눌 수 있다. 신경계통은 중추신경계통과 말초신경계통의 두 부분으로 나누어진다. 중추신경계통은 뇌와 척수로, 말초신경계통은 뇌신경과 척수신경, 자율신경으로 이루어져 있다. 뇌신경은 뇌에서 시작되어 얼굴과 목 여러 부위로 연결되고 척수신경은 척수와 신경의 여러 부위를 연결해주고 체내외의 여러 자극을 수용하여 중추에 보내고 이를 분석하여 외부환경 변화, 적응, 작용 등 균형 있는 신체 작용이 이루어지도록 한다.

(1) 중추신경계

뇌와 척수로 구성된다.

① **대뇌** : 좌우 두 개의 반구로 되어 있으며 뇌의 80%를 차지한다. 표면에는 깊은 주름이 많으며 뇌의 외층인 피질을 형성하고 시상핵, 시상하부, 지저신경절을 이룬다.

② **소뇌** : 평형감각 기울기 및 회전감각의 중추이며 자세를 바로잡는 운동을 조절한다.

③ **간뇌** : 시상과 시상하부로 구성되며 시상하부 아래쪽에 뇌하수체가 있다, 시상 하부는 자율신경계에 대한 최고 조절 중추로서 체온, 혈당량, 삼투압과 같은 항상성의 유지에 중요한 역할을 한다.

④ **중뇌** : 전외와 교 및 소뇌를 연결하는 곳으로 몸의 자세를 바로 잡는 작용을 하며 안구의 운동과 명암에 따른 홍채의 수축을 조절한다.

⑤ **연수** : 생명유지에 필수적인 호흡운동, 심장박동, 소화기의 활동을 조절하는 중추로서 신경의 교차가 일어나며 음식물을 삼키거나 재채기, 침분비 등의 반사중추도 된다.

⑥ **척수** : 뇌의 말초신경 사이의 흥분전달 통로이며 이외에도 배뇨, 땀 분비, 배변 및 무릎 반사등 무조건 반사의 중추로 작용한다.

(2) 말초신경계

말초신경계는 중추신경계와 몸의 각 부분을 연결하는 신경계를 말하며 체성신경계와 자율신경계로 구분한다.

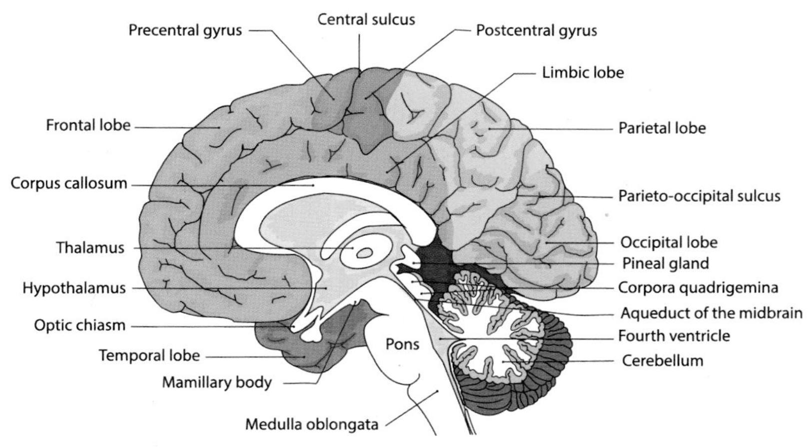

[그림 2-4] 뇌의 정중단면(사람)

① **체성신경계** : 우리가 의식할 수 있는 자극과 반응에 관여하며 감각 신경과 운동신경으로 구성된다. 대뇌의 지배를 받는 12쌍의 뇌신경과 척수와 연접된 31쌍의 척수신경으로 구성되어 있다.

② **자율신경계** : 대뇌의 지배를 직접적으로 받지 않고 자율적으로 작용하는 말초신경이다. 자신의 의지와는 관계없이 자율적으로 기관의 작용을 조절하며 뇌나 척수에서 나와 내장 기관 및 감각기에 분포하여 정신적인 흥분에 영향은 받는다. 교감신경과 부교감 신경이 함께 분포하며 교감신경은 흥분하거나 긴장할 때 작용하며 아드레날린이 분비된다. 부교감신경은 휴식과 같은 지속적으로 완만한 상태에서 작용하며 아세틸콜린이 분비되어 그 기관의 작용을 길항적으로 조절한다.

6) 내분비계

우리 몸은 외분비계와 내분비계로 나눌 수 있다.

외분비계는 몸의 표면이나 작용하는 부위에서 관을 따라 신체 내와 피부까지 분비물을 운반함으로서 눈물, 침, 땀 등이 분비되는 것이다.

내분비계는 내분비선에서 생산된 물질인 호르몬을 통해서 세포의 기질대사를 변동시키거나 세포막을 통한 물질이동을 변경시켜 체기능을 조절한다. 갑상선, 부신처럼 도관 없이 직접 모세혈관으로 분비되어 혈액을 통해 온몸으로 분비되는 분비선을 말하며 분비물질을 호르몬이라 한다.

호르몬은 극히 적은 양이 지대한 작용을 한다. 내분비선을 분비하는 분비액을 포함되어 있는 물질로서 각 부분의 기능 조절을 한다.

호르몬은 내분비선에서 혈액으로 분비되며 생물체 내에서 합성되며 미량으로 물질대사를 조절하며 과다하거나 과소하면 부작용이 나타난다.

호르몬의 성분은 단백질계 호르몬과 스테로이드 호르몬으로 나눈다.

단백질계 호르몬은 단백질 또는 폴리펩티드로 구성, 아미노산의 유도체로 된 호르몬이며 뇌하수체, 갑상선, 부갑상선, 이자, 부신 수질에서 분비되는 호르몬과 가스트린, 세크레틴 등이 속한다.

스테로이드 호르몬은 성호르몬과 부신피질 호르몬이 속한다.

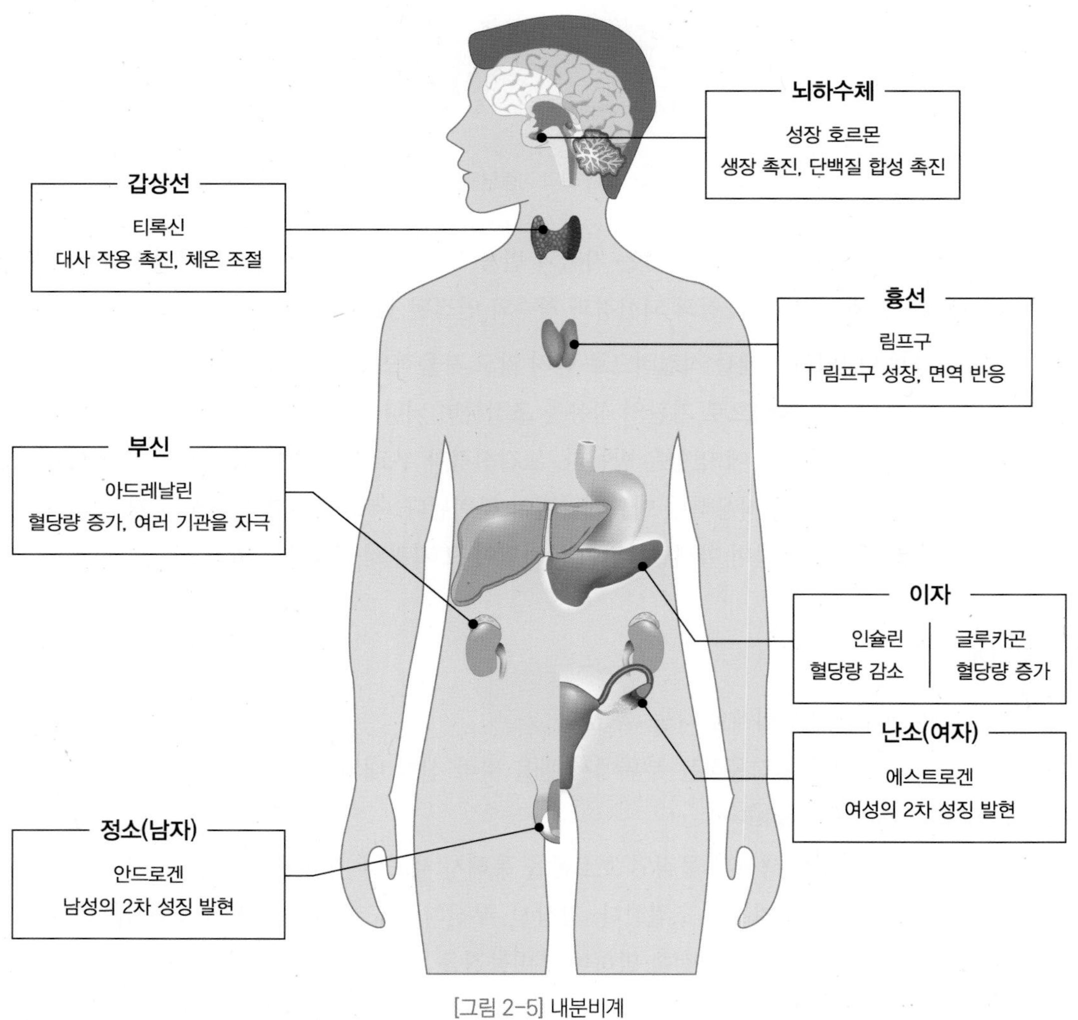

[그림 2-5] 내분비계

7) 순환계

순환계는 혈액과 림프액의 순환으로서 혈관계와 림프계가 있으며 중요한 기능으로 신체조직에 산소를 공급한다. 소화관에서 흡수된 영양분의 운반을 담당하는 체내 유일의 운송계통으로 폐에서 교환된 산소를 신체의 각 조직으로 운반하고 각 조직에서 생겨난 노폐물과 이산화탄소를 거두어서 폐나 신장으로 보내고, 체내에서 생성된 호르몬 및 신진대사 산물을 필요한 부위로 이동시키는 데 있다. 영양소 공급과 체온조절에도 깊은 관여를 하며 이러한 순환계는 호흡계와 한 쌍으로서 기능을 발휘하며 심폐계라고 표현하기도 한다.

(1) 혈액의 기능

① **호흡가스운반** : 폐포의 모세혈관에서 흡수된 산소는 온몸의 조직 세포에 운반되고 호흡의 결과 생긴 이산화탄소는 폐로 운반된다.

② **영양물질운반** : 소장의 융털에서 흡수된 영양분은 혈장에 녹아 온몸의 조직세포에 운반된다.

③ **노폐물운반** : 온몸의 조직세포에서 생긴 노폐물은 신장으로 운반된다.

④ **세포 생산물의 운반** : 호르몬과 같은 세포생산물을 인체의 다른 세포로 운반된다.

⑤ **항상성 유지** : 혈액 체온조절, 삼투압 유지 및 인체조직의 pH를 조절한다.

⑥ **생체보호작용** : 독성물질이나 감염물질로부터 탐식세포나 항체작용으로 방어 및 식균작용, 지혈작용 등 중요한 역할을 수행한다.

⑦ **체액의 다량손실의 방지** : 출혈 시 혈액응고 기전이 작동하여 출혈을 막는다.

(2) 심장

혈관계의 중심기관으로 수축과 이완을 되풀이하여 혈액을 혈관계로 밀어내어 혈액순환을 일으키는 기관이다.

혈액순환은 동맥-모세혈관-정맥의 폐쇄순환계에 의해 이루어지며 좌심실-전신-우심방으로 연결되는 체순환계와 우심실-폐-좌심방으로 연결되는 폐순환계가 있다.

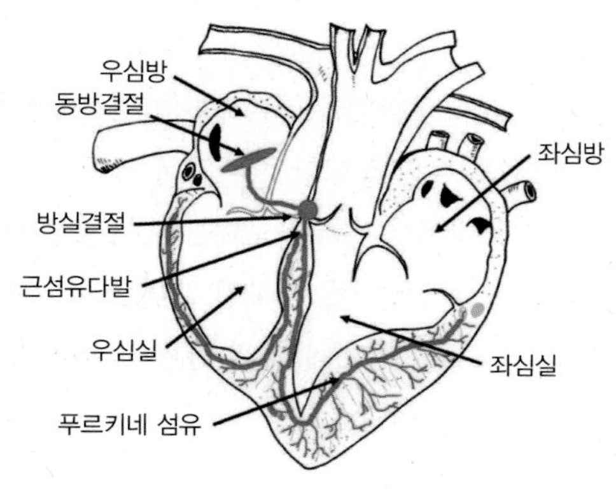

[그림 2-6] 사람의 심장 구조

(3) 혈관

① 동맥

심장에서 나가는 혈액이 흐르는 혈관이며 폐동맥을 제외한 모든 동맥을 산소 함량이 많은 동맥혈액을 운반하고 심장에서 조직까지 가는 동안 대동맥과 소동맥으로 나누어진다.

심장에서 들어가는 혈액이 흐르는 혈관이며 폐정맥을 제회한 모든 정맥은 산소함량이 적은 정맥혈액을 운반하고 대정맥과 소정맥으로 나눈다.

② 모세혈관

동맥과 정맥을 연결하는 혈관으로 온몸에 망상모양으로 분포하고 있으며 필요한 물질을 세포로 운반하고 조직세포와 물질의 교환이 쉽게 일어난다.

③ 림프

혈액과 조직 세포 사이에서 물질 교환이 일어나려면 혈액의 액체성분인 혈장은 모세혈관벽을 통하여 들어가고 혈관밖으로 나온 혈장은 조직으로 들어가 조직액이 된다. 조직액은 모세혈관벽 뿐 아니라 모세림프관도 출입하여 온몸을 순환하는데 이 림프관속을 흐르는 액체를 림프라고 한다. 또한 림프는 면역 반응을 나타내어 T림프구와 B림프구가 서로 도와 면역반응이 촉진되고 항원에 직접 공격하거나 항체를 사용하는 기능을 가지고 있으며 대식세포도 이에 관여한다.

8) 소화기계

체내의 모든 세포들이 기능을 정상화하기 위해서 우리는 계속적으로 영양분을 음식물로 체내로 섭취해야 한다. 그러나 우리가 섭취한 음식물은 그대로 세포에 전달되지 못하므로 음식물이 흡수될 수 있는 형태로 분해하는 것이다.

구강에서 분비되는 침, 간에서 분비되는 담즙, 췌장에서 분비되는 췌장액은 소화효소를 가지고 있어서 음식물의 분해를 촉진하며 치아는 음식을 잘게 부수고 침과 섞여 삼키기 쉽도록 저작작용을 한다. 인두와 식도는 음식을 운반하는 연하, 연동작용을 한다. 소장은 주로 영양분을 소화, 흡수를 시키고 대장은 잔여 수분과 기타 염류를 흡수하고 남은 찌꺼기를 배설하기 위해 직장으로 이동시킨다. 이러한 기능을 수행하는 일련의 기관들이 소화기계를 이루고 있으며 부속 소기관으로는 간, 췌장, 쓸개가 있다.

[소화기계통의 구성]

구강 ➡ 인두 ➡ 식도 ➡ 위 ➡ 소장 ➡ 대장 ➡ 직장 ➡ 항문

BEAUTY
ART
THEORY

제3장

모발관리학

1 모발의 기원

모발의 기원은 정자와 난자가 수정이 이루어진 하나의 수정란으로부터 시작된다.

- 상실기 : 수정란은 난할(세포분열)을 하여 2세포기, 4세포기, 8세포기, 16세포기를 거쳐 할구(조각으로 생긴 세포)를 형성한 시기를 상실기라 한다.
- 포배기 : 난할강(할강)이란 빈 공간을 형성하는 시기를 포배기라 한다.
- 낭배기 : 이중의 벽을 갖는 주머니모양의 배를 형성하는 과정
  - 외배엽, 내배엽, 원장, 원구를 갖춘 배를 낭배, 이 시기를 낭배기라 한다.
  - 외배엽 : 배 바깥쪽의 세포층
  - 내배엽 : 원장의 벽을 만들고 있는 세포층
  - 각각의 배엽 중 외배엽에서 기원 발생된다.

2 모발의 발생

모낭이 형성되었을 때부터 시작되며, 이 모낭을 구성하는 세포는 피부의 표피에서 유래된다. 사람의 표피는 시간이 지남에 따라 안쪽으로부터 배아층, 중간층, 주피의 3층으로 분화된다.

- 전모아기 : 모아의 형성 개시단계를 전모아기라 한다(모아 : 배아층의 세포는 모여 촘촘한 집합체를 만든 형태).
- 모아기 : 전모아기가 빠른 속도로 이행됨
- 모항기 : 진피 속으로 친입해 들어가 있는 모아의 기둥
- 모구성모항기 : 기둥의 끝이 둥글어지며 그 가운데에 요철이 생긴다.
  - 요철 속의 간엽성세포의 집단이 모유두이다.
  - 모낭중심부에는 모추가 털을 심게 된다.
  - 기둥의 후면에 피비선과 팽윤부라 불리는 독립된 2개의 세포집단성 팽윤부는 퇴화하여 입모근이 부착하는 곳이 된다(모구 : 모낭의 끝부분이 둥글게 된 것).
- 모낭형성 : 이와 같은 단계를 거쳐 완성된 모발이 된다(모낭형성).

③ 모발의 역할

① **인체보호의 기능** : 외부충격에 완충 역할, 두피보호, 눈 보호 등을 한다.

② **중금속 배출 기능** : 인체의 중금속을 모발로 배출한다.

③ **미적 기능** : 헤어스타일로서 미적기능을 한다.

④ 모발의 구조

1) 모근부의 구조

(1) 모낭과 주변구조

- 모유두 : 모세혈관과 감각신경(자율신경)이 연결되어 있어서, 모세혈관을 통해 공급받는 영양분과 산소를 모기질에 보낸다.
- 모기질 : 피부세포인 케라틴형성 세포와 같은 것으로 털을 만드는 세포(영양분을 만들어 모모세포에 전달) 모기질 사이에는 멜라닌형성세포가 있으며 모발의 색을 결정된다.
- 입모근 : 날씨가 춥거나 겁에 질렸을 때 수축되어 털을 곧게 세우며 소름이 돋게 만든다.
- 피지선 : 모낭 벽에 붙어있으면서 피지를 분비하여 모발을 매끄럽게 한다.

(2) 모낭의 내모근초와 외모근초

모근부의 안쪽의 내모근초와 바깥쪽의 외모근초로 되어 있다(모구부에서 발생한 모발의 각화가 완전히 종결될 때까지 보호하고 표피까지 운송하는 역할을 하고 있다).

내, 외모근초는 모발의 생장과 함께 위로 밀려 올라간다.

- 내모근초는
  - 헨레층
  - 헉슬리층
  - 초표피 3층으로 구성된다.

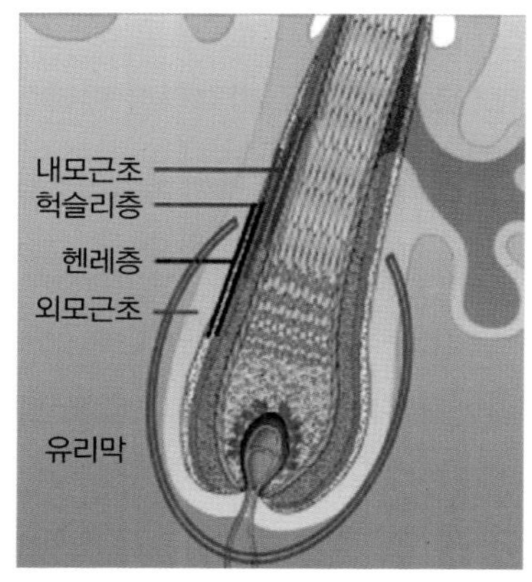

* 모간부 : 각화 과정이 끝나 밖으로 나온 부분이다.

[그림 3-1] 모간부의 구조

(3) 모모세포

모유두가 접한 부분에 모모세포가 모유두를 덮고 있다.

- 세포분열왕성
- 끊임없이 분열증식
- 영양분을 공급받아 분열되어 모발의 형상을 갖추어 발달한다.

① **모표피**(hair cuticle)

- 모표피 세포는 편평하고 핵이 없는 세포로써 마치 지붕위의 기왓장을 겹친 것과 같은 모양이다.
- 모표피는 일반적으로 5~10층이나 경우에 따라 20층인 것도 있다.
- 문리 : 모표피가 겹쳐 생긴 모양을 이른다.
- 모표피의 역할 : 모발내부의 보호막을 형성하고 있으면서 모발섬유의 일부분을 차지하고 있고, 친유성으로 물과 약제의 침투에 대한 저항력이 있어 외부로부터 모피질을 보호한다.
- 모발에서 차지하는 비율이 10%~15%로서 %가 높을수록 투명, 습윤, 광택, 마찰 정도에 강도가 높다.
- 모표피(hair cuticle)는 3겹으로 층으로 구성되어 있다.

㉠ 최외표피(epicuticle)

- 얇은 막으로 구성되어 수증기는 통과하나 물은 통과하지 못하는 특성을 가지고 있다.
- 딱딱하고 부서지기 쉽기 때문에 물리적 작용에 약하다.
- 시스틴의 함유량이 많아 각질용해성 단백질 용해성의 물지에 대한 저항력이 강하다.

㉡ 외표피(exocuticle)

- -S-S-결합(황과황의결합, 시스틴결합)이 많은 비결정질 케라틴
- 단백질 용해성의 물질은 강하지만 시스틴 결합을 절단하는 물질(퍼머제)에는 약하다.

㉢ 내표피(endcuticle)

- 내표피는 대조적으로 -S-S-결합이 적은 케라틴 단백질이다. 단백질 용해성의 물질이 약하다.
- 세포막복합체(CMC) : 인접한 표피를 밀착시키고 있으며, 모피질세포 2개의 단위세포막이 융합해 생긴 것(접착제 역할).
- 모피질 내의 수분이나 단백질이 녹아 나오기도 하며 반대로 외부에서 수분과 펌제나 헤어컬러제 등의 약물이 모발내부의 모피질에 침투작용을 위한 통로로 이용된다.

② **모피질**(hair cortex)

- 피질섬유와 간충물질, 핵의 잔사, 멜라닌으로 구성된다.
- 각화된 케라틴단백질의 피질세포가 모발의 길이 방향으로 비교적 규칙적으로 배열된 세포 집단으로 모발의 85~90%를 차지한다.
- 과립상의 황색으로부터 짙은 검정, 갈색의 멜라닌 색소 입자를 함유한다.
- 친수성으로 약제의 작용을 쉽게 받아 펌이나 컬러링과 같은 화학적 시술과 관련성이 있다.
- 모발의 유연성, 탄력, 강도, 감촉, 질감, 색상 등을 좌우한다.

  ✽ 세포와 세포 사이에는 섬유상 간충물질(비결정형물질)로 서로 강하게 연결되어 있다.
- 결정영역(피질세포) : 긴 폴리펩티드가 규칙적으로 배열되어 있는 섬유가 속으로 결합되어 있고 강한 수소결합으로 되어 있기 때문에 화학반응을 일으키기 어려운 영역이다.
- 비결정영역(세포간 결합물질) : 약간 짧은 폴리펩티드로 된 나선상의 고분자물질이 불규칙적이고 복잡한 상태로 배열되어 있는 부분 긴 측쇄의 염 결합이 많아 인접한 폴리펩티드와는 거리가 멀어 약한 수소결합으로 인해 유연하고 화학반응을 받기 쉬운 구조를 가진다.
- 피질세포 : 세포의 핵 중앙에는 핵의 잔사가 있고 거대섬유와 간충물질로 구성

㉠ 거대섬유

- 세포가 장축방향으로 배열
- 미세섬유들과 이들을 둘러싸고 있는 간충 물질로 이루어져 있다.
- 간충물질은 손상을 받기 쉽기 때문에 모발손상의 최대원인

㉡ 간충물질

- 섬유와 섬유 사이를 채우고 있는 물질
- 섬유를 연결시키고 있는 시멘트 역할을 한다.
- 주성분 케라틴
- 부정형 케라틴

㉢ 미세섬유

- 11개 원섬유 다발이 가운데 2다발을 중심으로 원주상 9개의 다발이 둘러 있어 9+2구조를 취한다.

㉣ 원섬유

- 3개의 실과 같은 섬유가 새끼줄이 꼬이듯이 결합되어 있는 구조이다.
- 원섬유 1사발 내에는 이중코일상의 폴리펩티드 3개가 헬릭스 구조라 불리는 나선형 구조형태이다.
- 모발을 구성하는 헬릭스가 0.45mm의 간격마다 반복적으로 새끼줄처럼 꼬여 있는 성질 때문에 머리카락이 젖어 있을 경우 잡아당기면 0.7nm 정도까지 늘어나지만 건조되면 원상태로 돌아간다.

③ **모수질**

- 모발의 중심부에 있다.
- 모발의 직경이 0.09mm 이상의 굵은 모발에는 있으나 0.07mm 정도의 가는 모발(생모나 유아의 모발)에는 거의 없다.
- 빈 공간(공포)에 공기가 있어 보온효과가 있다.
- 모수질 부분은 공포로 가득 찬 벌집모양의 다각형 세포가 길이 방향으로 배열되어 아예 아무 것도 없이 비어있는 것도 있다.

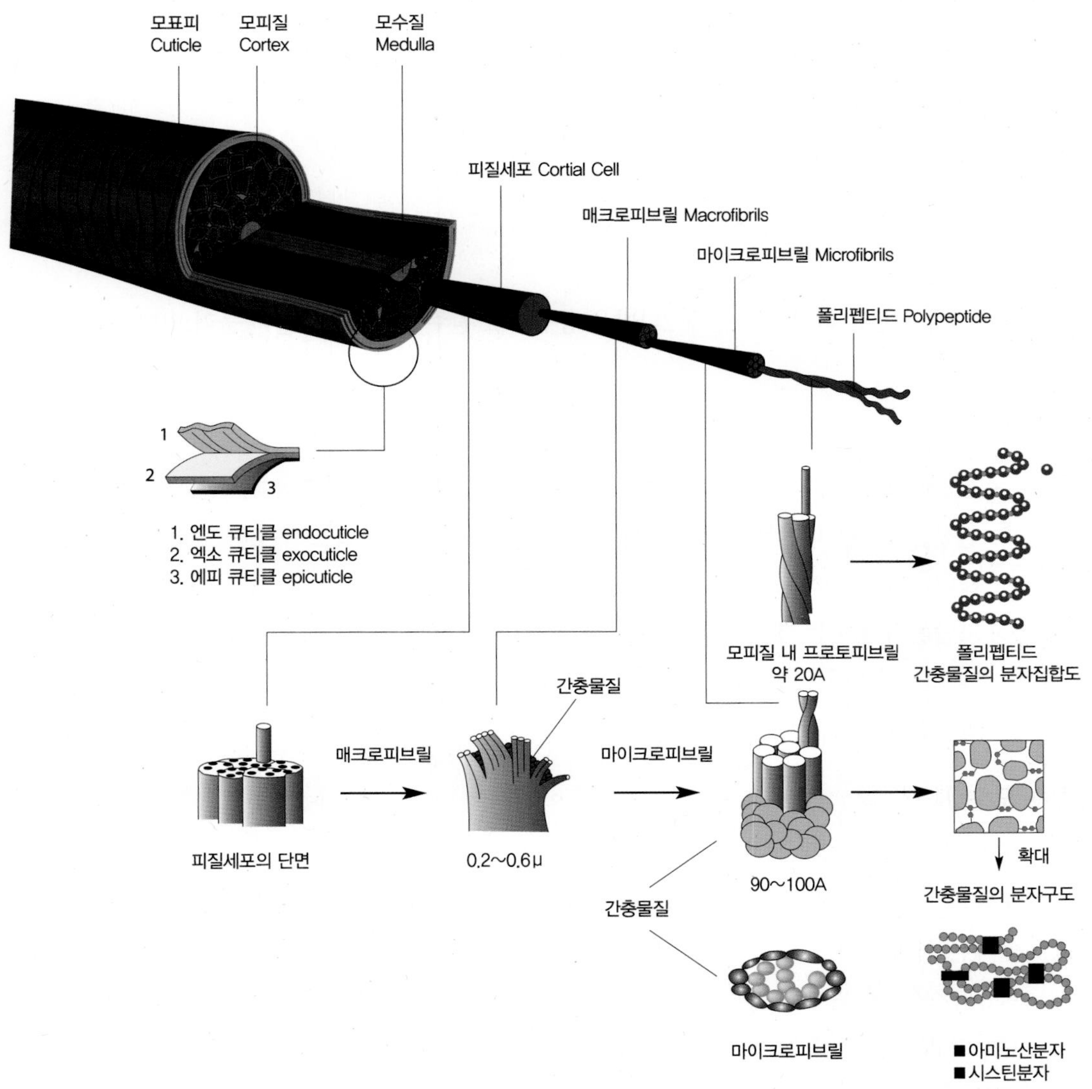

[그림 3-2] 모발의 미세구조

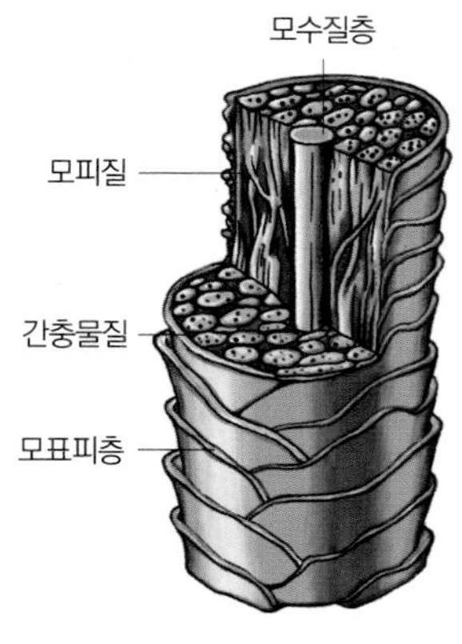

[그림 3-3] 모발의 단면

5 모발의 성장 주기(hair cycle)

1) 모발의 성장주기, 모주기(hair cycle)

① 모낭 하나하나에서 나오는 모발 한 가닥 한 가닥이 다른 모발의 성장속도와는 관계없이 독립적으로 자라기 때문에 더 빠르게 느리게 자랄 수도 있다.

② 태어날 때부터 모낭의 수가 결정되어 모발의 수가 결정된다.

(1) 성장기(anagen stage)

① 모유두의 활동이 왕성해서 세포분열이 매우 왕성하게 진행되어 모발이 빠르게 성장하는 시기로서 퇴화기에 이를 때까지 자가성장을 계속한다.

② 성장기간은 여성의 경우 약 4~6년, 남성의 경우 약 3~5년이며 정체모발의 80~90%가 이 시기에 속한다.

③ 한 달에 약 1~1.5cm 자라지만 상황에 따라 달라질 수도 있다.

(2) 퇴화기(catagen stage)

① 약 2~4주로서 전체모발의 약 1%에 해당된다.

② 모유두와 모근부가 분리되고 모낭이 위축되어 모근은 위쪽으로 밀려 올라가게 되고 결국 세포분열은 정지된다.

(3) 휴지기(telogen stage)

① 약 2~4개월이다. 이 기간 동안은 모유두는 쉬게 된다.

② 모발의 수는 약 10%(산모는 약 30%)에 해당된다.

③ 휴지기 상태의 모발이 약 20% 이상이 되면 탈모가 아닌지 의심해봐야 한다.

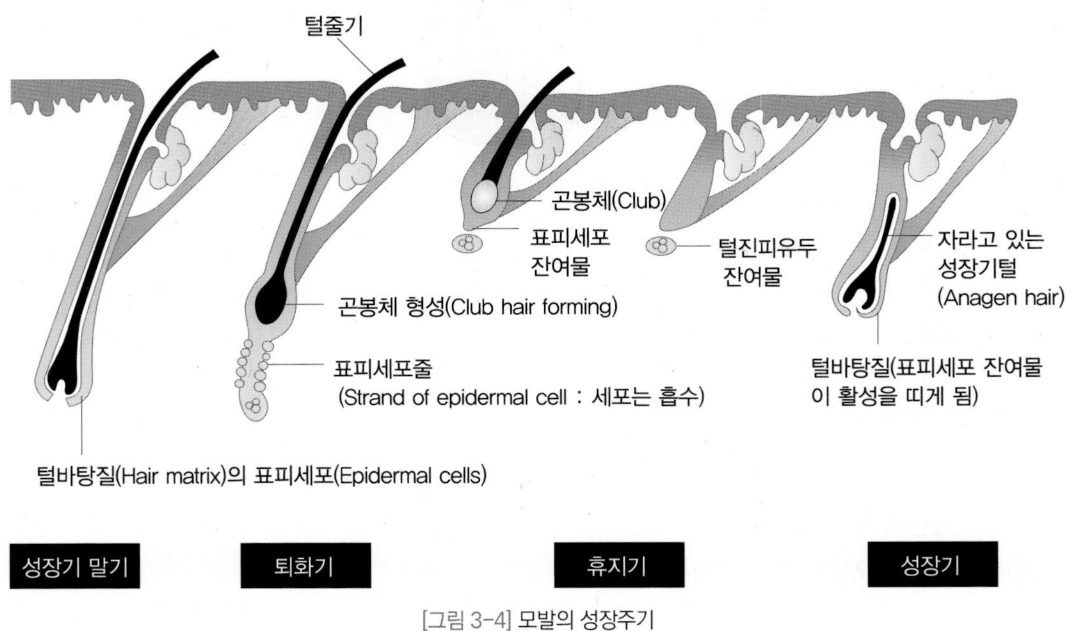

[그림 3-4] 모발의 성장주기

(4) 발생기(new anagen stage)

신생모발의 모근부와 결합되므로 세포분열은 다시 왕성해지며 새로 발생된 모발은 성장하게 된다.

2) 모발 성장 주기에 영향을 미치는 요인

① 영양소의 부족으로 모발성장이 안 될 수 있다.

② 혈액순환의 장애영양소가 모세혈관을 통해서 공급되어 모발의 성장을 도와야 하지만 혈류의 장애로 영양분의 공급이 원활하지 못한 경우 역시 모발 성장이 지연될 수 있다.

③ 모유두의 기능의 정지 또는 쇠퇴할 때

④ 스트레스로 인한 자율신경의 혼란교감신경은 혈관을 수축시키는 작용에 관하므로 모발의 영양보급에 영향을 주게 되어 모발의 활동기를 단축시키므로 탈모로까지 진전될 수도 있기 때문이다.

⑤ 내분비의 장애로 인한 경우 호르몬의 대사에 이상(갑상선, 남성호르몬)으로 탈모에 영향을 준다.

⑥ 유전적인 요인

6 모발의 일반적인 형상

1) 모발의 형태학적 종류

모발은 직모(straight hair), 파상모(curly hair), 축모(kinky hair)의 3종류로 분류할 수 있다. 이들 간에 명확한 구분이 있는 것은 아니지만, 인종적인 차이는 상당히 인정되고 있다. 동양인의 모발은 검고 곧은(straight) 이미지가 있지만 곧은 모발을 가진 사람은 5% 정도로서 직모 중에 파상모가 혼합되어 있는 반곱슬 머리카락과 전체가 곱슬인 머리카락인 사람도 상당히 있다. 두모(hair)가 직모라도 음모, 액모는 파상모 내지는 축모가 있듯이 모발의 발생부위에 따라서도 형상의 차이는 있다.

이러한 모발의 형태가 다른 것은 모낭에서의 모모 세포의 분열 속도의 차이에 의해 결정이 된다고 한다.

모발 횡단면의 최소직경을 최대직경으로 나누어 100배나 되는 수치를 모경지수라고 하고 이 지수가 100이면 완전히 원형이며 작으면 타원형에서 편평하게 된다. 동양인의 경우 75~85로서 원형에 가깝고, 흑인은 50~60으로 편평하게 되어 있다. 결국 모경지수가 100에 가까우면 직모가 되고 적으면 축모되는 비율이 크게 된다.

① **직모** : 모발의 단면이 원형에 가깝다. 모모세포 및 모낭세포가 케라틴 단백질 생성과정에서 세포분열의 속도가 동일한 속도로 진행되어 나타난다. 황인종에게 나타난다.

② **파상모** : 유전적 체질에 의해 나타나는 것으로 알려져 있으며, 모발의 단면이 타원형을 띠는 것이 특징이다. 백인에게 나타난다.

③ **축모** : 흔히 곱슬모라 부르는 모발의 형태로 단면이 파생모에 비해 웨이브가 심하며, 특히 흑인종에게서 많이 볼 수 있다.

2) 모발의 수

① **노란금발** : 약 14만 개

② **옅은 갈색** : 약 11만 개

③ **검은 갈색** : 약 10만 개

④ **붉은색의 모발** : 약 9만 개

3) 모발의 성장속도

① 하루에 약 0.4mm
② 한 달에 1.2~1.5cm
③ 1년에는 약 12cm~15cm

4) 모발의 수명

① **여성** : 약 4~6년
② **남성** : 약 3~5년

5) 모발의 자연적인 탈모

① 휴지기에 의한 자연탈모
② 무리한 빗질, 묶음 ,당겨짐 등에 의한 견인성탈모
③ 하루에 50~100개 정도가 자연탈모

6) 모발의 굵기

① **경모** : 약 0.1mm
② **보통모발** : 0.075~0.085mm
③ **연모** : 0.06mm

7 모발의 영양

1) 영양소의 역할

① 몸을 구성하는 물질을 공급한다.
② 영양소의 또 하나의 기능은 몸에 에너지를 공급해 주는 일이다.
③ 신체 내에서 생리적인 기능을 조절하는 역할이다.

2) 단백질과 영양

① 모발의 주성분은 케라틴이라고 하는 각화된 단백질이다.
② 시스테인이라고 하는 아미노산이 많이 함유되어 있다(16~18%).

3) 당질과 영양

4) 지질과 영양

① **지질이란** : 유기용매에는 잘 용해되는 성질을 갖고 있다.
② 화학적으로는 당질과 같은 구성원소, 즉 탄소, 수소, 산소를 주원소로 하여 구성되어 있는 유기화합물의 일종이다.

5) 비타민과 영양

(1) 지용성 비타민

① **비타민A**

- 기름에 녹는 성분(체내에 흡수되면 배출이 안 된다 . 독소로 변해 많이 섭취하지 않는 것이 좋다.)
- A가 결핍되면 피부나 점막은 건조하여 까칠한 조직을 형성한다.
- 단단하게 위축되어 모공 각화증이라고 하여 모공주위가 딱딱하게 돌기되어 탈모가 촉진된다.

② **비타민D**

- 모반 재생과 깊은 관련이 있고 자외선 조사에 의해 생체에서 생성된다.
- 부족하면 구루병이 걸린다.
- 칼슘의 항상성 유지, 호르몬으로서의 작용, 치아와 골격을 위한 칼슘흡수 향상한다.

③ **비타민E**

- 항산화 작용으로 노화를 방지한다.
- 세포막 대사에 관여한다.
- 체 조직 성분의 합성에 관여한다.

④ **비타민 K**

◆ 혈액응고를 촉진하는 지용성 비타민의 일종이다.

(2) 수용성 비타민

수용성 : 물에 녹는 성분

① **비타민 B군**

◆ 비타민 B1

◆ 비타민 B2

◆ 나이아신

◆ 비타민 B12

◆ 비타민 B6

❋ 피지조절 능력

❋ 항 피부염, 모발케라틴의 재생과 활성에 관여하며, 부족하면 피지분비를 촉진한다.

- 판토텐산
- 엽산
- 기타(비타민 B복합체)

② **비타민C**(아스코르빈산)

◆ 공기 중에 쉽게 산화, 파괴된다(미백효과).

◆ 비타민C가 부족하면 괴혈병을 유발한다.

6) 무기질

① 칼슘

② 인

③ 마그네슘

④ 나트륨

⑤ 철분

⑥ 기타 무기질

㉠ 구리 : 철분이 헤모글로빈을 합성할 때 구리는 촉매작용을 하는 필수영양소이다.

㉡ 코발트 : 적혈구의 생산에 필요하며 부족 시에는 악성빈혈을 유발한다.

㉢ 아연

㉣ 요오드 : 열양대사에 관여하는 중요한 호르몬(모발성장에도 많이 기여).

8 모발의 결합

모발의 결합은 모발을 이루고 있는 화학적 성분 간의 결합이 그 기반이 되어서 주쇄결합인 폴리펩타이드 결합이 세로로 자리 잡고 있고 그 주쇄와 주쇄를 가로로 결합하는 측쇄결합으로 시스틴결합, 이온결합, 수소결합이 있다.

1) 펩타이드 결합(peptide bond) : 주쇄결합, 세로결합

펩타이드 결합(-CO-NH-)은 모발의 결합 중 가장 강한 결합으로 아미노산과 아미노산의 결합으로 화학적인 처리에 있어서도 잘 절단되지 않는 결합이다.

글루타민산 잔기의 -COOH와 라이신 잔기의 -NH_2에서 H_2O가 제거되어 -CO-NH가 연결된 결합으로 상당히 강한 결합이다.

모발이 길어도 잘 끊어지지 않는 이유가 바로 모발의 주쇄를 이루고 있는 결합이 펩타이드의 연결 사슬인 폴리펩타이드이기 때문이다.

이 결합 때문에 모발이 가로보다는 세로로 더 쉽게 끊어진다.

2) 시스틴결합(cystine bond) : S--S S--S S--S S--S S--S

이 결합은 유황(S)을 함유한 단백질 특유의 것으로 다른 섬유에서는 볼 수 없는 측쇄 결합으로 케라틴을 특징짓고 있는 결합이다. 현재 일반적으로 모발 웨이브를 형성시키는 기본적인 개념은 모발 케라틴 중의 시스틴 결합을 환원제로 절단하고, 모발을 원하는 형태로 변형시킨 후, 그 형태를 유지하기 위하여 산화제로 절단된 결합을 본래대로 돌리는 것이다.

화학에 있어 산화 환원 반응을 이용한 것이 펌제이다.

펌제는 환원반응으로 모발의 시스틴 결합을 절단하고 로드로 웨이브를 형성한 후에 펌2제인 산화제가 환원으로 파괴된 시스틴 결합을 다시 그 위치에서 재결합을 시켜주는 역할을 한다.

3) 이온결합(Ionic bond) : 염결합(-NH_3 ··OOC-)

원소들 가운데 자신이 가지고 있는 전자를 주려고 하는 성질을 갖는 것이 있는데 이 것을 전기 양성(electropositive) 또는 양이온이라고 하고 반대로 전자를 받으려고 하는 성질의 원소를 전기 음성(electronegative) 또는 음이온이라고 한다. 이러한 전기 양성인 원소와 전기 음성인 원소 사이에 형성된 결합을 이온 결합이라고 하는데 그 대표적인 원소가 나트륨(Na+, 전기 양성)과 염소(Cl-, 전기음성)의 결합으로 염화나트륨(NaCl)의 생성이다. 그래서 이온 결합을 또는 염결합이라고도 한다.

화학적인 처리 시 펌제와 염모제에 의해서도 모발의 pH가 변하므로 이 이온결합 역시 절단되고 다시 염색 후에 산성샴푸 등을 사용하면 어느 정도 pH가 등전점에 가까워져 이온결합도 재결합을 한다.

4) 수소결합(Hydrogen bond) : 수소결합(C=O NH)

수소결합은 주쇄의 산소와 수소 사이의 끌어당기는 힘에 의해 결합한 것으로서 모발에 수분을 가하면 간단하게 끊어져 버리는 결합을 말하며, 다시 마르면 재결합을 하여 형태가 고정된다.

한 분자 내의 수산기(OH) 중에서 양으로 극성을 띈 수소 원자가 음으로 극성을 띈 산소 원자와 약하게 결합하는 것을 말한다.

각 아미노산의 결합부에 있는 펩티드 결합의 수소인 H가 가까운 산소 O에 대하여 가지고 있는 힘을 친화력이라고 말한다.

이 결합은 케라틴 분자 안으로 물이 들어가므로 그 힘이 약해진다.

즉 물의 분자가 수소결합을 절단한다. 따라서 실제로 모발은 물을 충분히 흡수하면 대부분 부드럽게 되어 컬 등을 만들기 쉽게 된다.

또한 수소 결합은 3개의 결합 중에 가장 수가 많기 때문에 전체적인 힘이 강하고 우리들이 누웠다가 일어나면 후두부의 머리 모양이 엉망이 되는데, 이때 물로 적셔 머리모양을 정리하는 것과 옷을 다림질할 때 분무를 하고 하면 잘 다려지는 것과도 비슷한 원리이다. 이러한 것은 모두 수소결합의 힘이다.

미용에 있어서는 세팅, 드라이를 할 때 우선 물은 분무를 한 다음 드라이를 하여 컬을 형성하면 컬이 더 잘 형성이 된다. 이러한 것은 화학적으로 케라틴 수소결합의 절단과 재결합이라는 과정으로 되는 것이다.

BEAUTY ART THEORY

BEAUTY
ART
THEORY

제4장

헤어커트

✽ 헤어커트란?

헤어커트는 헤어스타일을 만드는 데 기초가 되는 시술 작업이다. 헤어 셰이핑이라고도 하며 머리카락의 길이를 장·단으로 하여 '머리 모양의 형태를 만든다.'라는 의미이다. 펌이나 세팅에 의해서 형성되는 헤어스타일도 커트에 의해 사전에 형이 만들어진다. 헤어커트의 목적은 모발의 길이를 정리하고, 모발의 밀도 정비를 통해서 헤어스타일을 완성짓기 위한 기초를 만드는 데 있다.

1 커트 도구

1) 가위(Cutting scissors)

모발을 커트하는 데 사용되는 주요도구이다. 길이가 4인치에서 7인치까지로 종류는 다양하다. 길이가 짧을수록 섬세한 커트를 할 수 있고 길수록 신속하게 할 수 있다.

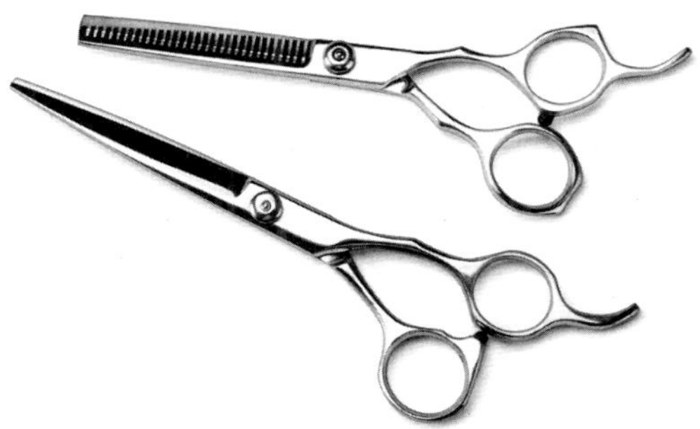

[그림 4-1] 커트가위 틴닝가위

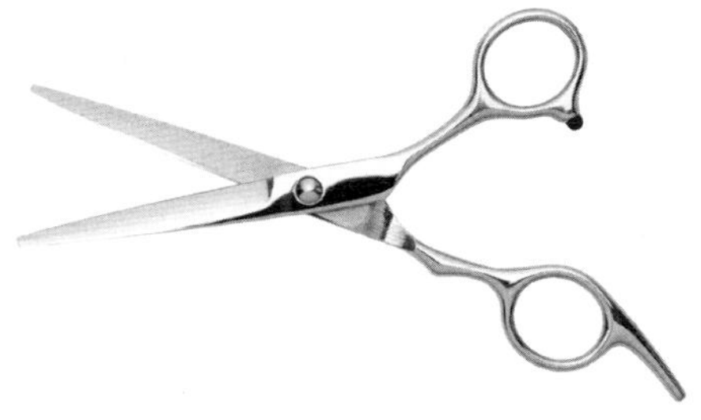

[그림 4-2] 커트 장 가위

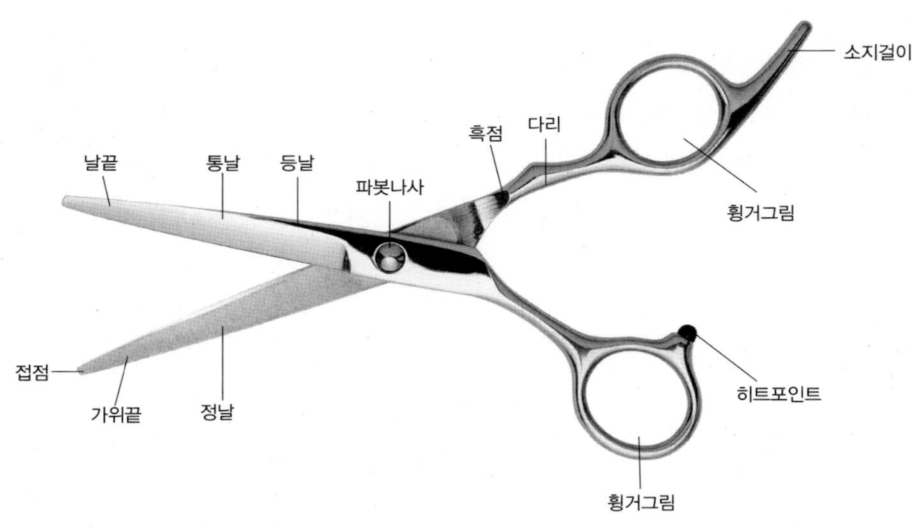

[그림 4-3] 가위 구조

직선날 가위(Cutting Scissors)	◆ 모발을 커트하고 셰이핑하는 데 사용 ◆ 양날이 동일하게 매끄럽고 날카롭다.
틴닝 가위(Thinning Scissors)	◆ 모발숱을 감소시키거나 모발 끝을 부드럽게 나타내고자 할 때 사용한다.
미니 가위(Mini Scissors)	◆ 4인치에서 5.5인치까지의 범위에 속하는 것으로 정밀한 블러드 커팅에 사용한다.
곡선 날 가위(R-Scissors)	◆ 날은 직선날이지만 가윗날의 끝이 굽어져 있는 가위로 스트로크 커트에 좋으며 프런트, 네이프, 사이 등에 세밀한 부분 수정이나 두발 끝 커트에 효과적이다.
리버스 가위(Riverse Scissors)	◆ 레이저와 가위의 이중효과를 목적으로 시작된 가위로 한쪽 날은 레이저로 되어 있다. 모발 끝을 가볍게 하는 커트 시 용이하다.

2) 빗(Comb)

커트 시 머리카락을 곱게 빗어 매만지거나, 모발을 들어올리는 역할을 한다. 즉 빗살 끝으로는 두피에 접하여 모발을 세우는 역할을 하며, 빗살 간격이 일정한 것이 좋다. 빗살은 모발을 정돈하는 역할을 하며 고운살은 빗질 시, 얼레살은 섹션을 뜰 때 사용된다.

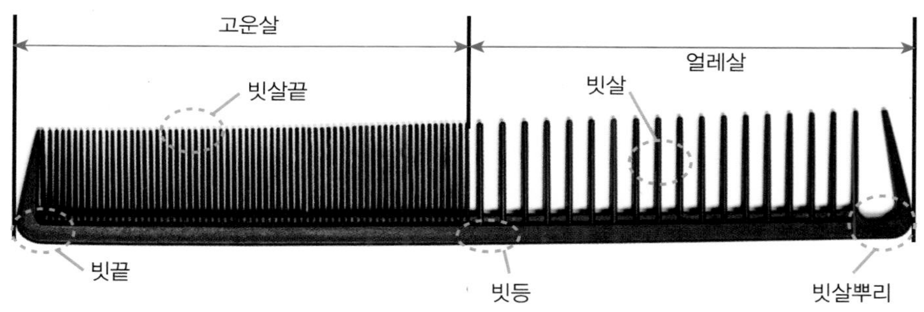

[그림 4-4] 빗의 구조

[커트 빗의 종류와 기능]

스타일링 빗	커트 시 가장 일반적으로 사용되며 스타일링 시 사용한다.
클리퍼 빗	클리퍼를 이용한 커트 시 사용한다.
이발용 빗	싱글링처럼 넓은 면적의 모발을 특별한 섹션을 나누지 않고, 빗질이나 빗의 각도를 이용하여 커트 시 사용한다.

3) 클리퍼(Clipper)

가위나 레이저와 마찬가지로 모발을 자르고 정돈하는 데 사용되는 용구이다. 1871년 프랑스 기계제작자 바리깡에 의해 발명되어 일본을 통해 우리나라에 전해져 현재까지 사용되어 있다. 짧은 모발을 커트할 경우, 특히 남성 컷 시술 시 주로 많이 사용되며 미세한 부분의 커트 시 적합하다. 과거에는 수동식을 주로 사용하였으나 지금은 전기를 이용한 전동식을 주로 사용한다. 모발뿐 만이 아닌 눈썹 등을 다듬는 클리퍼 등도 있다. 다른 헤어컷 용구에 비해 마모되기 쉬운 용구 중에 하나이므로 시술 후 물기와 모발을 닦아내고 모발을 제거한 후 일주일에 3회 정도는 기름칠을 해주는 것이 좋다.

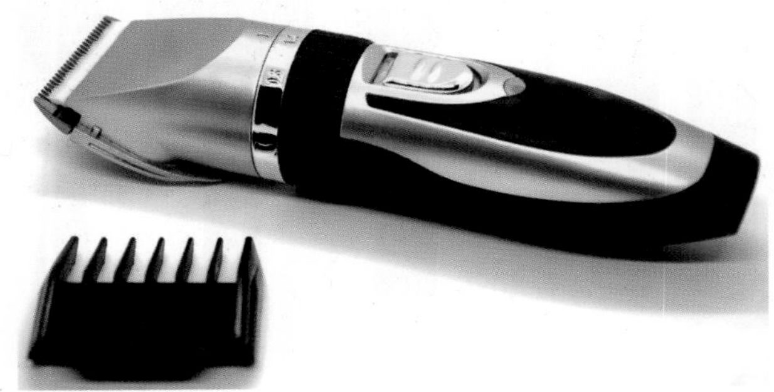

[그림 4-5] 클리퍼

4) 레이저(Razor)

커트 시 사용되는 용구로 자연스럽게 모발의 가벼운 질감 처리를 하기 위해 사용된다. 빠른 시간 내에 시술이 가능하며 능률적이며, 세밀한 작업이 용이한 반면 지나치게 자를 우려가 있

어 초보자에게 부적당하며 모발단면이 비스듬하게 잘려 모발손상의 우려가 커트 가위로 자를 때 보다 더 심할 경우가 있다.

[그림 4-6] 레이저

② 커트도구 사용법

1) 가위 잡는 법

① 왼손으로 가위의 나사가 자신을 바라보도록 잡고 정날에 오른손의 약지손가락을 끼운다.

② 움직임 날에 오른손 엄지를 끼우되 너무 많이 끼워 넣지 말고 손톱에 걸치는 듯 끼운다.

③ 가위의 움직임 동작은 엄지날만 움직이고 나머지 약지와 세 손가락은 가지런히 하여 움직이지 않고 엄지날의 힘을 받쳐주는 역할을 한다.

④ 커트를 하지 않을 때에는 가위의 날을 닫은 뒤 엄지환에서 엄지를 빼고 가볍게 주먹을 쥐는 동작으로 가위를 쥔다.

⑤ 엄지환에서 엄지를 뺀 상태에서 빗을 쥐고 빗질을 한다.

2) 레이저 잡는 법

엄지손가락을 레이저의 엄지걸이에 붙이고 새끼손가락은 새끼손가락 걸이에 얹고, 남은 세 손가락을 다리의 위쪽에 두고 잡는다.

3) 빗과 가위 사용법

① 커트 시 빗질할 때는 반드시 엄지환에서 엄지손가락을 빼고 가윗날을 닫은 상태에서 빗을 쥐고 빗질한다.

② 커트할 때 빗은 내려놓지 않고 왼손 엄지손가락 사이에 끼웠다가 다시 오른손으로 빗질하여 오른손, 왼손으로 빗을 옮겨가면서 사용한다.

4) 클리퍼 사용법

빗과 가위로 커트하는 싱글링 커트와 같은 효과를 가져오는 커트로 가위 대신에 클리퍼라는 커트 기계를 사용하여 커트하는 방법으로 대개 머리를 짧고 고르게 층을 낼 때 사용한다.

③ 커트의 종류와 특징

시저즈와 레이저를 사용하는 커트하는 것으로, 웨트 커트와 드라이 커트가 있다. 웨트 커트는 물을 적셔서 커트하는 것으로, 두발을 손상시키지 않고 정확한 커트를 할 수 있다. 두발의 상태가 커트하기에 용이하다. 드라이 커트는 물을 적시지 않고 하는 커트로, 웨이브나 컬 상태의 두발에 길이를 지나치게 변화시키지 않고 수정하는 경우, 전체적인 형태의 파악이 용이하도록 하는 경우, 또는 손상모 등을 간단하게 추려내는 경우에 시술한다.

1) 블런트 커트(직선커트)

직선으로 커트하는 방법이다. 클럽 커트라고도 하며, 원랭스, 스퀘어, 그러데이션, 레이어가 대표적인 커트이다.

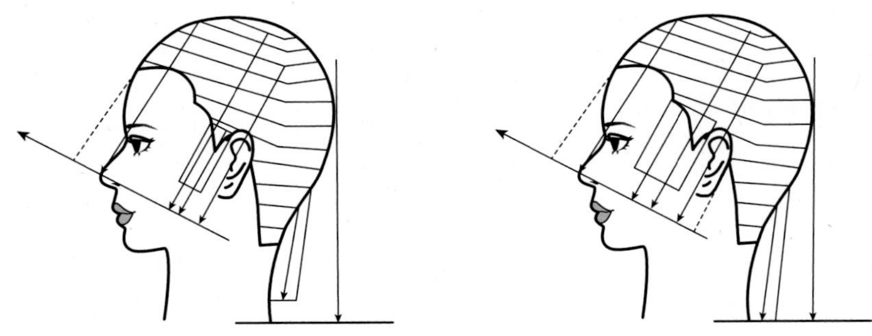

[그림 4-7] 블런트 커트

(1) 원랭스 커트

모발을 하나의 길이 선상에서 커트하는 것으로, 전형적인 보브커트의 기본기법이다. 머리단을 눈높이에서 보았을 때 층이 보이지 않아야 한다. 두발이 전체적으로 단차가 없는 동일선상에서 커트되며, 커트라인에 따라 머쉬룸, 이사도라, 평행보브, 스파니엘 스타일이 있다.

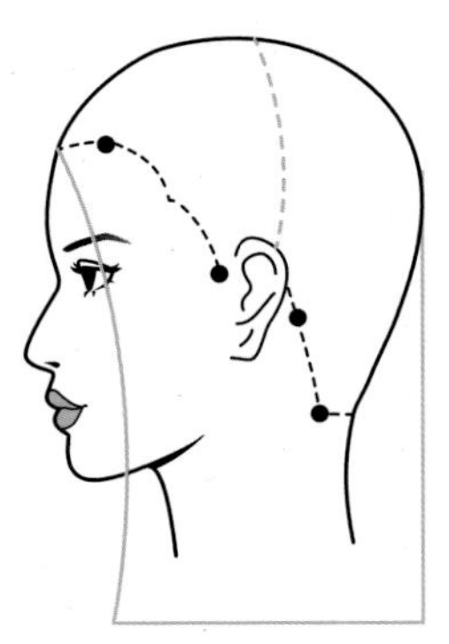

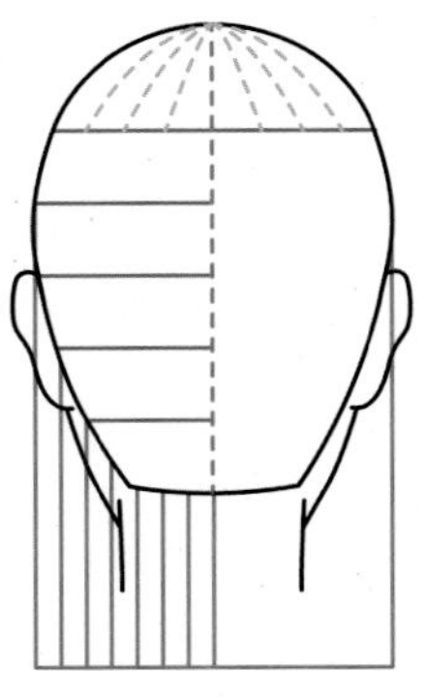

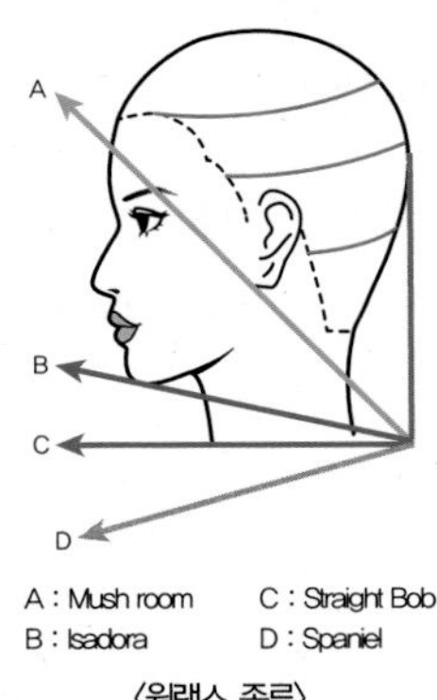

[그림 4-8] 원랭스 커트

(2) 스퀘어 커트(직사각형형태)

두상의 외곽선을 커버하기 위해 정방형으로(두피각 90°) 들어서 커트하는 기법으로, 프론트와 사이드의 모발을 자연스럽게 연결되도록 할 때 네이프나 프론트에 볼륨을 주고 싶을 때 응용되는 커트이다.

(3) 그러데이션 커트

층, 계단, 점진적인 성장 등의 뜻으로 네이프 부분의 길이는 짧고 두정부 부분으로 갈수록 길어지는 상태의 커트이며 두발의 길이에 작은 단차가 생긴다. 층을 많이 내지 않는 머리 스타일에 응용되는 커트이다.

(4) 레이어 커트

'층이 있다', '쌓다.' 등의 뜻으로, 상부의 두발은 짧고 하부로 갈수록 길어져 두발의 단차가 생기는 커트기법으로, 긴 머리, 짧은 머리 모두 폭넓게 응용된다. 인크리스레이어 형태와 머리길이가 일정하여 층이 생기는 유니폼레이어, 두정부 머리가 네이브 머리보다 긴 형태의 디크리스레이어가 있다.

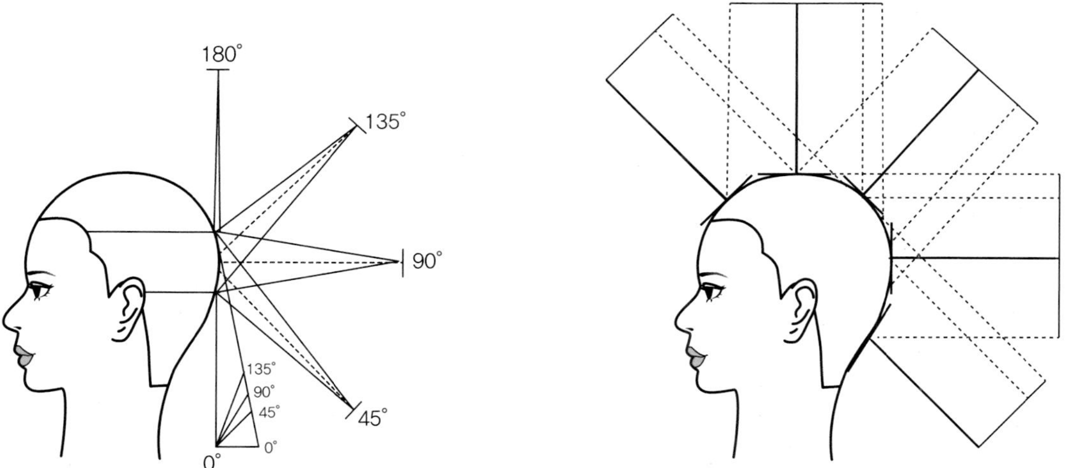

[그림 4-9] 레이어 커트

2) 커트 스타일

(1) 보브커트

클레오파트라의 머리 모양에서 유래된 것으로 앞머리가 이마까지 내려오도록 하는 단발머리 스타일을 말한다. 요즘에는 클레오파트라식 단발 스타일보다는 디자이너에 의해 현대적으로 변형시킨 여러 가지 스타일을 모두 일컫는다.

[그림 4-10] 보브커트

[그림 4-11] 레이어 커트

(2) 레이어 커트

커팅의 단 차이를 넓게 내는 것으로 아래쪽에서 시작하여 위로 올라갈수록 길이를 짧게 잘라내는 스타일이다. 레이어 커팅으로 머릿단의 층을 많이 주어 가벼움을 준다.

(3) 뱅스타일 커트

앞머리를 수직으로 가지런하게 자르는 스타일이다.

[그림 4-12] 뱅스타일 커트

(4) 이사도라 커트

뒷머리보다 옆머리와 앞머리의 길이를 짧게 자르는 단발 스타일이다.

[그림 4-13] 이사도라 커트

[그림 4-14] 스파니엘 커트

(5) 스파니엘 커트

이사도라 스타일과 반대로 앞부분의 머리를 길게 자르는 스타일이다.

(6) 원 랭스 커트

앞머리와 옆머리, 뒷머리를 일직선으로 이어 잘라 안쪽으로 살짝 말아주어 버섯 모양을 연상시키는 스타일이다.

[그림 4-15] 원 랭스 커트

3) 질감처리에 따른 방법

(1) 테이퍼링

페더링이라고도 하며, 모발의 끝을 점차 가늘게 커트하여 끝으로 갈수록 붓처럼 가늘게 하는 방법으로 모발에 자연스런 장단을 만든다. 테이퍼링은 레이저나 틴닝가위로 한다.

(2) 틴닝

모발의 길이는 변화를 주지 않으면서 전체적으로 숱만 감소시키는 기법이다. 헤어라인 주위의 모발은 다른 부위의 모발보다 가늘어 틴닝 시 잘려진 짧은 모발들이 외부로 두드러져 보이므로 틴닝은 피한다.

(3) 슬리더링

모발 끝을 향해서 미끌어지듯이 커트하는 기법이다.

(4) 클리핑

클리퍼나 가위를 사용하여 튀어나오거나 삐져나온 두발을 잘라내는 방법이다.

(5) 싱글링

두발에 빗을 꽂아 천천히 위로 이동시키면서 빗에 끼어있는 두발을 잘라내는 기법이다.

(6) 나칭 커트

커트 후 뭉툭하게 떨어진 두발의 끝을 45°정도로 비스듬히 커트하는 기법이다.

(7) 스트로크

가위로 테이퍼링한 커트를 스트로크 커트라 한다.

④ 커트 시 필요한 두부의 명칭 및 사용용어

1) 두부의 명칭

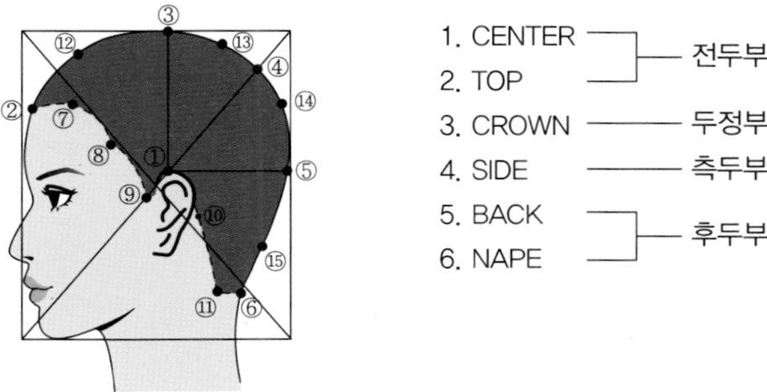

[그림 4-16] 두부의 명칭

2) 두부의 포인트

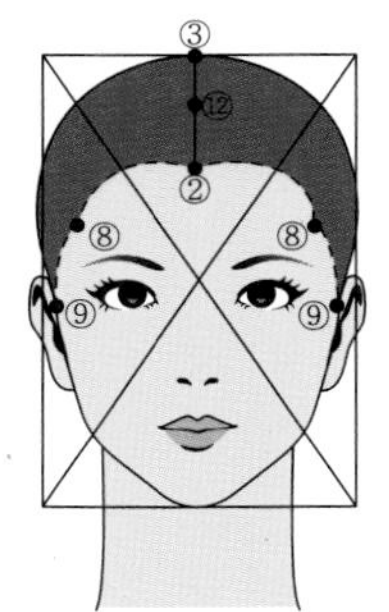

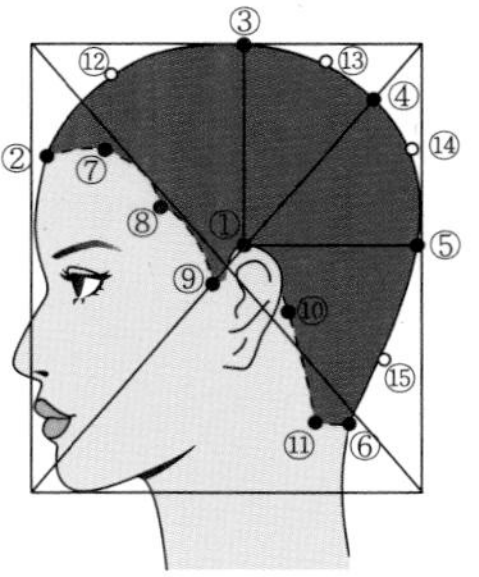

[그림 4-16] 두부의 포인트

번호	포인트	위치 설명
①	E.P	Ear Point
②	C.P	Center Point
③	T.P	Top Point
④	G.P	Golden Point
⑤	B.P	Back Point
⑥	N.P	Nape Point
⑦	F.S.P	Front Side Point
⑧	S.P	Side Point

번호	포인트	위치 설명
⑨	S.C.P	Side Corner Point
⑩	E.B.P	Ear Back Point
⑪	N.S.P	Nape Side Point
⑫	C.T.M.P	Center Top Medium Point
⑬	T.G.M.P	Top Golden Medium Point
⑭	G.B.M.P	Golden Back Medium Point
⑮	B.N.M.P	Back Nape Medium Point

3) 두부의 기본 라인

① 정중선 : 코를 중심으로 두부를 좌우 수직 2등분 하는 선
② 측중선 : T.P와 E.P에서 수직으로 내린 선
③ 수평선 : E.P의 높이에서 상하로 나누는 선
④ 측두선 : F.S.P에서 측중선까지 연결한 선
⑤ 얼굴선 : S.C.P에서 S.C.P를 연결해서 얼굴에 생기는 선
⑥ 목뒷선 : N.S.P에서 N.S.P를 연결한 선
⑦ 목옆선 : E.P에서 N.S.P를 연결한 선

4) 사용용어

- Angle : 각도
- Blocking : 커트를 하기 쉽게 두발의 구획을 나누는 것을 말한다.
- Section : 블로킹보다 더 작게 구분된 머릿결의 상태를 말한다.
- Strand : 모발의 일부분을 적게 떠서 잡은 머리 다발을 말한다.
- Slice line : 일편, 일부분, 일정량의 모발을 잡아 잡을 때 생기는 선을 말한다.
- Tension : 커트할 때 패널을 잡아당기는 힘의 정도를 뜻한다.
- Guide line : 커트 시 스타일을 만드는 기준선이 되는 선이다.
- Hem line : 프론트, 사이드, 네이프에서 머리카락이 나기 시작한 선이다.
- Texture : 헤어의 표정에서 질감을 나타낸다.
- After cut : 펌이나 다른 헤어스타일을 구사한 뒤 커트를 하는 것을 말한다.
- Precut : 펌이나 다른 원하는 헤어스타일에 따라 먼저 커트하는 것을 말한다.
- Combing : 빗질하는 것을 말한다.
- Comb out : 빗을 머리카락에서 뗀다는 뜻으로 커트의 마무리를 말한다.

5 커트의 실제

1) 준비물

빗, 브러시, 가위, 레이저, 핀셋이나 클립, 분무기, 넥 스트립, 어깨보

2) 파팅, 섹션

스타일의 시술에 앞서 두상의 모발을 크게 분할하여 구분지어 주는 일을 파팅이라 한다. 파팅은 두상에서 점과 점을 연결하여 상하, 좌우 앞뒤를 구분하여 주는 분할선으로 디자이너가 원하는 스타일을 보다 쉽고 정확하게 시술을 하기 위함이다.

섹션은 "조각을 내다"의미로 파팅보다는 작은 부분이나 조각을 지칭한다. 섹션의 폭 넓이는 디자이너마다 다르지만 2cm 정도로 하여 정확하고 세밀한 커트를 쉽게 하기 위해 섹션을 나뉜다.

3) 계획된 커트 스타일 완성

모발의 성장방향, 두부의 골격구조, 특히 후두골의 구조를 자세히 관찰하고 만져 보고 또 두발의 웨이브 유무, 손상정도 등을 고려하여 적절하게 선택한 커트도구로 생각한 디자인을 헤어스타일에 맞게 시술한다.

4) 마무리

스타일이 완성되면 고객에게 만족 정도를 묻고, 필요에 따라 스타일링 제품을 사용하여 마무리한다.

BEAUTY
ART
THEORY

제5장

퍼머넌트웨이브

1 퍼머넌트웨이브(Permanent wave)

1) 정의

Permanent : 영속하는, 영구적인 뜻이다.

열 또는 화학약품의 작용으로 모발조직에 변화를 주어 오래 유지될 수 있는 영구적인 웨이브를 만드는 방법이다.

줄여서 퍼머넌트 또는 파마라고도 한다. 파마가 유행하기 이전에는 직모를 묶어서 올리거나 아이론으로 일시적인 웨이브를 만들거나 했는데, 파마가 발명된 뒤로는 활동적인 단발이 유행하여 변화있는 머리모양이 잇달아 개발되었다. 1905년 런던의 미용사 C.네슬러는 열과 알칼리로 반영구적 웨이브를 내는 방법을 고안했다. 즉, 머리털을 컬클립(컬러)으로 원통상으로 말아 풀상태로 만든 붕사(硼砂)를 칠한 헝겊으로 싼 다음, 다시 종이 튜브로 감아 뜨거운 아이론으로 가열한다. 이것은 히트 웨이브의 일종으로서 발명 초에는 8~12시간이나 걸렸고, 요금도 고액이었다. 그 후 개량되어 기계를 사용하여 전기·증기 등의 열을 이용하는 방법을 머신 웨이브, 기계를 사용하지 않고 클립 위에서 열을 가하는 방법을 프리히트 웨이브 또는 와이어리스 웨이브라고 했다. 8·15광복 후 한동안 유행하던 숯파마는 프리히트 웨이브의 일종이다.

2) 퍼머넌트 웨이브의 역사

고대 이집트 B.C 3000년경부터 점토의 알칼리 성분을 이용하여 가는 막대의 로드를 이용하여 직사광선의 열을 이용하여 모발의 조성을 달리하는 것에서 유래하였다. 그리스 로마시대에는 철봉을 이용하여 웨이브를 형성하였고, 19C에는 석유램프의 열을 이용하여 웨이브를 형성하게 되었다.

- 1875년 프랑스 마샬이 아이롱을 개발하였다.
- 1905년 찰스 네슬러가 알칼리제와 열을 병용하여 Heat wave시술의 전기를 형성하였다(알칼리제로 붕사가 이용되었다).
- 1930년 전기를 이용하는 획기적인 가열방식의 기계적인 퍼머가 실용화되었다.
- 1936년 J.B 스피크먼이 아황산수소나트륨으로 40℃ 정도의 온도에서 이루어지는 약액을 창조, 현 Cold permanent Wave제의 전신이다.
- 1941년 시스틴을 절단하는 연구 결과 미국의 맥도노우 연구진이 치오글리콜산을 주제로 하는 웨이브제를 만들어내었다.

3) 퍼머넌트의 원리

18종의 아미노산이 연구되면서 아미노산의 종합구조인 폴리펩타이드의 결합구조에 적용되는 화학제품을 응용, 실험연구에 돌입하여 폴리펩타이드의 주쇄와 측쇄 중 측쇄의 절단 양식에 입각한 것이었다. 측쇄결합의 구조로는 수소결합, 염 결합, 시스틴 결합이 있고 수소결합은 물에 의한 절단 변화, 염 결합은 알칼리에 의한 절단 변화되나 영원성이 없어 퍼머의 목적에는 못 미치고, 퍼머제 중 환원제는 시스틴 가교 중 l -S-S- l 결합을 절단하여 새로운 위치에서 결합이 이루어지는 것을 응용한 것이 퍼머넌트 원리이다.

시스틴 결합은 펌제 중 환원제로부터 수소를 받아 환원되며 이것이 퍼머넌트의 1차 반응이다.

이 때 모발의 측쇄 결합 중 시스틴 결합이 절단된다.

모표피를 열어주는 첨가제는 알칼리제로써 흔히 암모니아, 모노 에탄올 아민, 중탄산염, 중탄산 나트륨 등을 첨가한다.

퍼머넌트 웨이브란 자연 상태에서 잘 절단되지 않는 시스틴 결합을 환원제로 환원시킨 뒤 산화제를 이용하여 절단된 시스틴 결합을 재결합 상태로 만드는 과정이다.

4) 퍼머넌트의 화학적 고찰

퍼머넌트는 모발의 아미노산과 환원제인 제1액, 산화제인 제2액을 반응시켜 2단계로 이루어지는 화학반응의 응용분야이다.

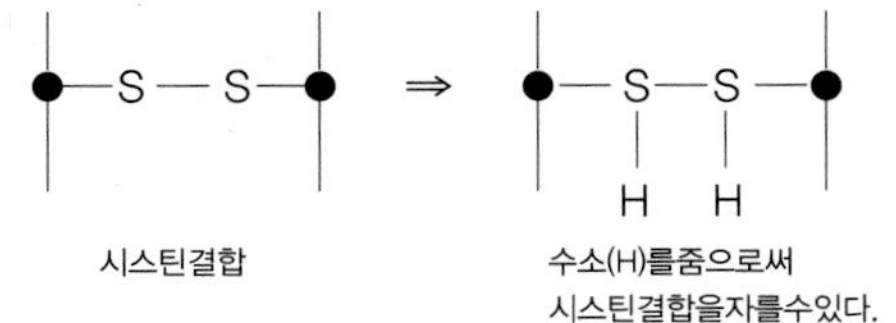

[그림 5-1] 제1제의 화학 작용은 환원 작용

모발에 제1액을 적용시키면 시스틴을 환원시켜 시스테인 두 분자를 생성 산화되어 디치오 디글리콜산을 생성한다. 제1액은 알칼리제가 첨가되어 이를 제거하고 모발을 알칼리로부터 격리시키는 것이 매우 중요하다. 그러므로 2액 시술 전에는 반드시 산성린스를 처리해야 한다.

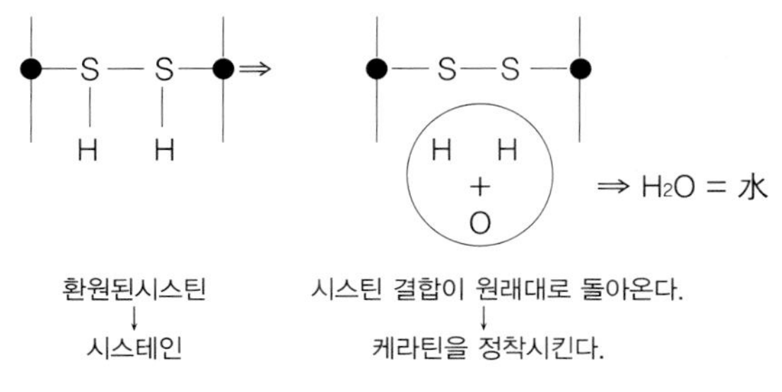

[그림 5-2] 제2제의 화학 작용은 산화 작용

산성린스와 중간세척이 완료된 후 제2액의 산화제를 도포하여 시스테인 두 분자로부터 수소를 얻어 산화된 시스틴을 형성하고 부산물로 물을 방출함으로써 퍼머넌트는 완결되게 되는 것이다.

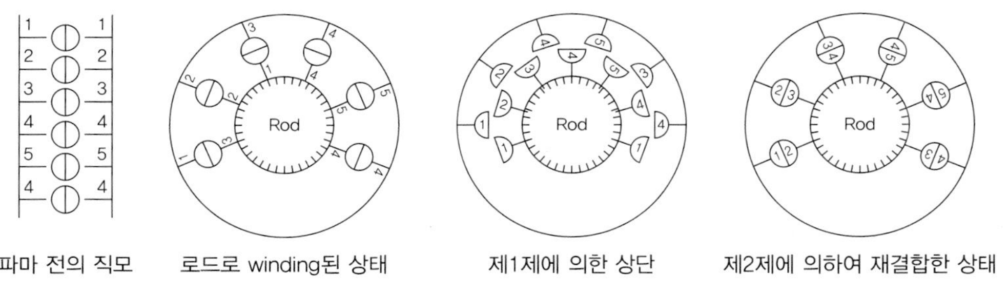

[그림 5-3] 일반적인 퍼머넌트 웨이브의 원리

5) 퍼머넌트 제제의 종류

① 치오글리콜산 및 그 염류를 주성분으로 하는 냉2욕식

② 시스테인 및 그 염류를 주성분으로 하는 냉2욕식

③ 치오글리콜산 및 그 염류를 주성분으로 하는 냉2욕식 축모교정용

④ 치오글리콜산 및 그 염류를 주성분으로 하는 가온2욕식

⑤ 치오글리콜산 및 그 염류를 주성분으로 하는 냉1욕식

⑥ 치오글리콜산 및 그 염류를 주성분으로 하는 발열 2욕식

⑦ 치오글리콜산 및 그 염류를 주성분으로 하는 가온 2욕식 축모교정용

2 퍼머넌트웨이브의 원리

1) 퍼머넌트 웨이브의 원리

퍼머넌트웨이브를 형성하기 위한 원리를 알아보기로 한다.

(1) 일반적인 퍼머넌트 웨이브

모발의 주성분 케라틴을 구성하고 있는 폴리 펩티드는 모발의 세로 방향으로 주로 연결되어 수소결합, 염(鹽)결합 시스테인 결합 등으로 연결되어 탄력성을 가지고 또 손으로 감아서 놓으면 바로 처음의 형태로 돌아가는 복원력을 가지고 있다.

이러한 복원력을 절단하고 감은 새로운 위치에서 재결합시킴으로써 지속성이 있는 웨이브가 형성된다.

(2) 퍼머넌트 웨이브 원리

① 콜드 웨이브의 원리

콜드 웨이브의 방식은 제1제(주성분은 환원제 : 치오글리콜산, 시스테인)와 제2제(주성분은 산화제 : 취소산염, 과산화수소)를 저온에서 2단계로 사용한다.

화학반응은 즉 1제를 모발에 사용하면 치오글리콜산 또는 시스테인의 환원작용에 따라 시스틴 결합 결합을 2개의 시스테인(-SH)에 절단된다. 그리고 치오글리콜산 또는 시스테인은 디치오글리콜산(시스틴)이 된다.

다음은 2제를 작용시키면 제2제 중에 취소산염(또는 과산화수소)의 산화작용에 있어서 2개의 -SH로부터 수소가 물이 되어 다시 S-S결합에 돌아간다. 그러나 이 S-S 결합의 절단과 재결합은 최근에는 그렇게 간단하지 않다.

또, 다음과 같이 시스테인 산을 만드는 반응도 일어날 가능성이 있다. 이상의 화학 반응을 간단히 하면 위의 화학 반응식이 콜드 웨이브의 원리이다. 제2제의 산화제에 산화하는 것에 따라 앞전의 시스틴 결합으로 되돌아간다. 이것을 간단하게 말하면 시스테인 결합의「절단과 재결합」으로 표현할 수 있다.

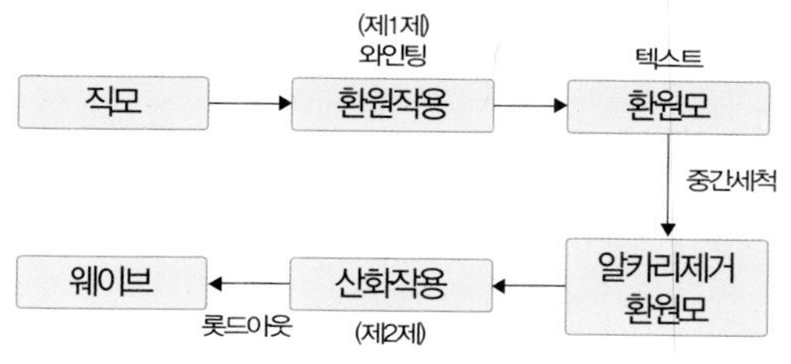

[그림 5-4] 퍼머넌트 웨이브제의 원리

(3) 환원과 산화

퍼머넌트 웨이브 제1제는 환원제로써 제2제는 산화제이다. 여기에서 보면 제2제가 환원제가 아닐까 하는 질문을 가질 수 있다.

① 환원

- 물질이 산소를 잃는다.
- 물질이 수소와 결합한다.
- 원자와 이온이 전자(電子)를 얻는다.

② 산화

- 물질이 수소를 잃는다.
- 물질이 산소와 결합한다.
- 원자와 이온으로 부터 전자(電子)가 잃어버린다.

(4) 전처리 샴푸

퍼머 전의 샴푸는 자극이 적고 적당한 세정력이 있는 샴푸를 사용한다. 특히 두피 자극이 있는 토닉 등의 샴푸는 피한다. 너무 세정력이 강하거나 탈지력이 강한 샴푸제를 사용하면 모발이 손상되는 원인이 된다.

(5) 퍼머넌트 웨이브의 전처리

퍼머넌트 웨이브를 시술할 때의 전처리는 상당히 중요하다. 전처리의 기본은 퍼머가 형성되기 힘든 모발을 쉽게 하고 형성되기 쉬운 모발을 보호해서 너무 강하게 웨이브가 형성되기 쉬운 모발을 보호해서 너무 강하게 웨이브가 형성되는 것을 방지하고 두피를 보호한다.

❋ 모질과 퍼머넌트 웨이브제

웨이브가 형성되기 힘든 모발(강모, 경모)(사용하는 퍼머넌트 웨이브제) -pH 9.0~10의 치오글리콜산을 주성분으로 하는 퍼머넌트 웨이브제로써 웨이브를 형성하는 힘이 강하다.

(6) 로드와 와인딩의 기본

로드의 선정은 퍼머넌트 웨이브를 시술함에 있어서 무엇보다도 기본이다. 모발에 퍼머넌트 웨이브제를 도포하는 것만으로는 웨이브가 형성되지 않는다. 따라서 로드로 감지 않은 부분은 웨이브가 나오지 않는다. 웨이브의 크기는 로드의 두께에 따라서 거의 결정된다. 그리고 로드의 모양대로 웨이브가 만들어진다(예를 들면 삼각형의 로드로는 삼가의 웨이브가 형성된다). 손님의 요구에 따라 로드는 선정되어야 하지만 모발의 길이에 따라서 기준이 달라질 수 있다. 또 와인딩을 할 때 일정 이상의 텐션(tention)이 필요하다. 단지 로드에 머리카락을 말면 된다는 생각은 좋지 않은 생각이다. 그리고 와인딩의 각도에 따라 모근의 웨이브가 달라진다.

(7) 퍼머넌트 웨이브제의 온도

퍼머넌트 웨이브제는 모발과 화학반응에 따라 웨이브가 형성된다.

이욕식의 경우 제1제와 제2제의 반응이 모발에 대해 정반대의 작용을 한다. 화학 반응은 여러 가지 조건에 따라 반응 시간 등이 좌우된다. 이처럼 화학 반응을 이용해서 형성하는 퍼머넌트 웨이브를 만들 때 미용실에서 가장 주의해야 할 점은 온도의 관리이다.

모발과의 반응 온도의 높낮이에 따라 웨이브 형성력과 반응 시간에 큰 영향을 미친다. 약의 온도는 상온 15℃~25℃ 정도하고 추운 날씨(겨울 등)에는 약의 온도를 상온 정도로 따뜻하게 유지해서 사용해야 한다. 또 제1제 시술 중에는 퍼머 캡을 씌운다. 이것은 화학반응에 영향을 주고 퍼머넌트 웨이브 형성에 중요한 영향을 미친다.

❋ 캡을 씌우는 목적

① 알칼리의 발산을 막고 PH를 일정하게 유지한다.
② 공기와의 접촉을 가능한 한 피하고 제1제의 공기산화를 방지한다.
③ 캡을 씌움에 따라 체온의 분산을 막고 반응온도의 상승을 보조한다.

(8) 테스트 컬

일반적으로 퍼머넌트 웨이브제에는 환원제와 물, 알칼리제가 배합되어 있다. 이것들은 수소결합 염결합을 절단하기 때문에 모발이 상당히 부드럽게 된다. 모발에 가소성이 생기면 모발은 탄력을 잃기 때문에 고무줄을 풀어도 모발을 감은 로드가 튀어 나오지 않는 상태가 된다. 모발의 탄력이 완전히 없어지면 퍼머넌트 웨이브 형성이 가능하다.

그러나 퍼머넌트 웨이브제에는 알칼리 타입, 중성타입, 산성타입이 있다. 중성과 산성타입의 퍼머넌트 웨이브제는 환원하는 힘이 약하다. 이런 경우에는 어느 정도 경험이 필요하지만 테스트컬 자체의 목적은 같다.

(9) 제1제와 오버타임(over time)

제1제의 반응시간은 각 제품에 따라서 다소 차이는 있지만, 일반적으로 10분 전후에 하는 것이 보통이지만 여기서 문제는 온도이다. 퍼머넌트 웨이브제와 일반 화장품제의 큰 차이는 모발과 퍼머넌트 웨이브제의 화학반응에 따르는 것이라고 말할 수 있다.

온도를 무시하면 제1제의 작용이 길어지게 되고 over time의 문제가 일어난다. over time은 작용시간이 길어지는 현상으로써 정확한 방법 제1제 의해 시스테인으로 환원되고 제2제에 의해 시스테인이 산화되는 것이다. 그러나 제1제의 반응 중에 공기산화가 시작되어 재차 시스테인으로 돌아가지 않게 되기 때문에 over time이 되면 모발이 손상되고 웨이브가 약하게 된다.

(10) 제2제 처리

2욕식의 퍼머넌트 웨이브는 제1제만으로는 웨이브가 형성되지 않는다. 웨이브를 내고 유지하는 것은 2제에 의해 결정된다고 해도 과언은 아니다. 따라서 신중한 처리가 필요하다. 과산화수소 제2제의 경우에는 취소산염 제2제와 비교하여 단시간에 제2제 처리를 할 수 있으므로 오히려 긴 시간에 작용하면 모발을 탈색시키는 경우가 있으므로 필요이상으로 방치하지 않도록 주의한다.

(11) 퍼머넌트 웨이브의 후처리

시술 후 우선 충분히 제2제가 남지 않도록 씻어 내는 것이 중요하다. 제2제가 모발에 남으면 점점 모발이 변색하는 경우가 있다. 퍼머넌트 웨이브 처리 직후에는 모발이 손상되기 쉬우므로 모발에 유분과 영양분을 주는 트리트먼트를 한다.

(12) 로드아웃

테스트컬을 보고 탄력이 있는 웨이브가 형성되었으면 로드아웃을 한다.

(13) 트리트먼트나 컨디셔너를 이용 샴푸

두피에 자극을 주지 않으며, 웨이브가 형성된 모발을 가볍게 샴푸하면서도, 펌제가 깨끗이 씻어내도록 해야 한다.

(14) 원하는 스타일 드라이

웨이브에 맞는 스타일로 드라이 또는, 가볍게 말려서 스타일은 낸 후, 에센스 등 스타일제로 마무리 한다.

3 퍼머넌트웨이브의 종류

1) 웨이브 형성 방법에 따른 분류

(1) 히트 퍼머넌트 웨이브(heat permanent wave)

현재의 콜드 웨이브 이전에 우리나라와 일본에는 히트 웨이브가 소개되었는데, 이 시기는 60~70년대 이전으로 현재에는 전혀 사용하고 있지 않다.

① Machine wave

알칼리성 약액을 사용하여 전기나 증기 등의 열을 기계적으로 응용해서 행하는 방법이며, 암모니아수, 붕사, 탄산칼륨, 탄산나트륨과 환원작용을 갖고 있는 소량의 아유산염을 가하여 수용액으로 만들어 사용한다.

② Preheat permanent wave

열을 이용하여 웨이브를 만드는 면에서 Machine wave와 같으나 전기를 사용하지 않고 Heating clip을 이용하여 가열한다.

③ Machineless wave

Machine wave와 같이 암모니아수, 붕사, 탄산칼륨, 탄산나트륨, 소량의 아유산염 등 알칼리성 약액을 사용하는 면에서는 같으나, 발열반응을 수반하는 바 페트 등을 물에 녹여 그 화합반응에서 얻어지는 열을 이용하는 면에서 Chemical permanent wave 또는 Exothermic Permanent wave라고도 한다.

(2) 콜드 퍼머넌트 웨이브(cold permanent wave)

콜드 퍼머넌트 웨이브에서는 가열하는 대신에 알칼리성 환원제의 환원작용에 의해서 시스틴 결합을 전달시킨다. 이 상태로 로드에 감아 웨이브를 만든 다음 산화제를 사용하여 절단된 시스틴 결합에 작용시키면, 웨이브형 그대로 자연두발일 때와 같은 시스틴결합이 형성되어 웨이브가 오래도록 지속된다. 이 콜드 퍼머넌트 웨이브의 원리를 그림으로 나타내면 다음과 같다.

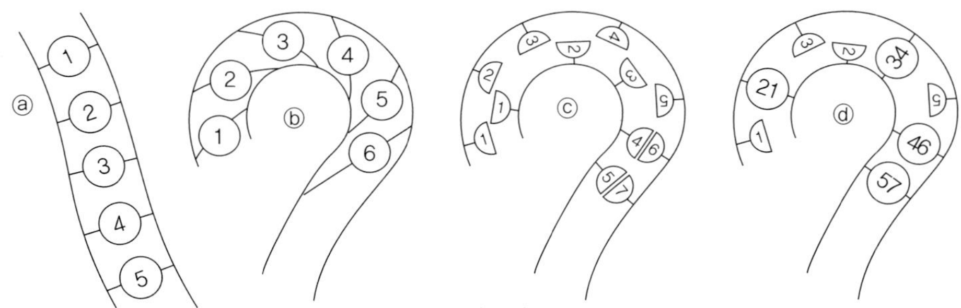

그림 ⓐ는 자연두발 상태로, ①~⑤의 각각은 시스틴 결합을 나타낸 것이다.
그림 ⓑ는 두발을 로드에 감은 상태이다. 바깥쪽이 안쪽보다 많이 당겨져서 늘어나게 되므로, 각각의 시스틴 결합이 불안정하게 되어 원래의 안정한 상태로 되돌아가려고 한다.
그림 ⓒ는 환원제의 작용에 의하여 각각의 시스틴 결합이 절단된 상태이다.
그림 ⓓ는 산화제의 작용에 의해서 시스틴 결합이 웨이브형으로 재결합된 상태이다. 시스틴의 가교구조에 교체가 이루어져서 새로운 시스틴 결합을 만들고 있다.
그 결과 두발의 웨이브는 고정되고 장시간에 걸쳐서 지속된다.

[그림 5-5] 콜드 퍼머넌트 웨이브의 원리

2) permanent wave의 모양에 따른 분류

(1) 웨이브 퍼머넌트

일반적인 퍼머넌트 웨이브로 모발을 곱슬거리게 하여 부드러움을 준다.

(2) 핀컬 퍼머넌트

모발에 C컬을 형성하여 주로 앞머리 부분에 사용된다.

(3) 스트레이트 퍼머넌트

퍼머넌트 웨이브의 목적과 달리 모발의 부피감을 줄이는 단정한 형태로 곱슬머리를 직모로 만드는 등의 다양한 형태로 이용된다.

4 퍼머넌트 웨이브 시 주의 사항

① 고객의 모발이나 두피의 상태, 원하는 스타일을 잘 분석해야 한다.

② 모발 진단을 통해 시술방법을 결정하고 퍼머넌트 웨이브 시술 전 샴푸의 실시는 가벼운 플레인 린스(plain rinse)만 한다.

③ 퍼머넌트 웨이브 디자인에 따른 올바른 로드 선정에 주의한다.

④ 고객의 옷이나 안면에 약액이 묻지 않도록 세심한 주의를 기울인다.

⑤ 로드 자국이 남지 않도록 쇼트 헤어의 경우 지그재그 섹션을 떠서 시술하고 스틱을 이용하여 고무밴드 자국이 남지 않도록 한다.

⑥ 산화제 도포 시 로드 하나하나 빠짐없이 도포하도록 한다.

⑦ 퍼머넌트 웨이브제를 취급할 때는 반드시 보호용 장갑을 착용한다.

⑧ 퍼머넌트 웨이브 시술 후 고객 카드를 작성하여 관리한다.

⑨ 가정에서의 손질 및 관리법을 설명한다.

- 퍼머넌트 웨이브 후 48시간 내에 샴푸하지 않는다.
- 염색 후 퍼머넌트 웨이브는 최소한 2주 후에 한다.
- 퍼머넌트 웨이브 후 염색은 1주 후에 한다.
- 사우나를 삼가고 저녁에 시술했을 경우 완전히 건조 후에 취침한다.
- 뜨거운 물로 샴푸하면 쉽게 풀린다.

BEAUTY ART THEORY

BEAUTY
ART
THEORY

제6장

헤어 컬러링

1 색채

1) 색채이론

색이란 빛의 광선의 움직임에 의해 생기는 것이다. 염색과정을 통해 모발에 착색된 인공색소나 모발에 있는 자연색소에 의해 광선이 흡수되거나 반사되었을 때 생긴다.

자연적인 모발 색은 멜라닌에 의한 빛의 흡수나 반사에 의해 일어난다. 멜라닌(Melanin)은 모피질(Cortex)에서 발견되는 색소이다. 멜라닌의 크기, 양, 분포가 모발의 색을 결정짓는다. 모피질에 분포되어 있는 큰 멜라닌 분자들의 양이 많을수록 짙은 색을 띄게 되고 작은 멜라닌 분자들이 적은 양으로 분포되어 있을수록 밝은 색이 나타나게 된다.

2) 색의 법칙

색의 법칙은 다른 색들을 만들기 위해서 염료와 색소가 섞이는 것을 조절한다. 이는 과학에 기초하고 있고, 예술에 적용된다. 색의 법칙은 조화로운 색의 혼합을 위한 지침이 될 것이다.

(1) 원색(기본색 : Primary colors)

기본색이란 다른 색을 혼합하여 만들어낸 것이 아닌, 기초적인 순수한 색들이다. 3가지 기본 색은 빨강(Red), 노랑(Yellow), 파랑색(Blue)이다. 다른 모든 색들은 일차 색의 혼합에 의해 만들어진다.

[그림 6-1] 원색

(2) 2차색(Secondary colors)

2차색은 원색 두 가지를 같은 양으로 혼합하여 얻어지는 색이다. 같은 양으로 혼합했을 경우, 노랑(Yellow)과 파랑(Blue)은 녹색(Green), 파랑(Blue)과 빨강(Red)과 보라(Violet), 그리고 빨강(Red)과 노랑(Yellow)은 주황색(Orange)을 만들어낸다.

2가지색을 혼합하면 여러 가지 색을 만들 수 있다. 삼원색을 전부 혼합하면 무채색이 된다.

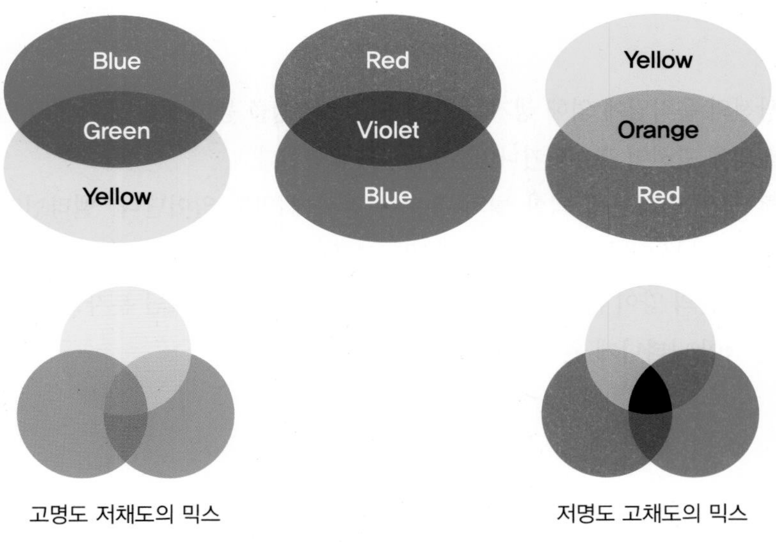

[그림 6-2] 2차색

(3) 3차색(Tertiary colors)

3차색은 기본색 한 가지를 이에 근접한 2차색중 하나와 같은 양을 혼합했을 경우 얻을 수 있다. 3차색은 노랑과 녹색을 혼합했을 경우 연두색(Green-Yellow), 파랑과 녹색은 청록(Blue-Green), 파랑과 보라는 남색(Blue-Violet), 빨강과 보라는 자주(Red-Violet), 빨강과 주황은 다홍(Pale yellow red), 그리고 노랑과 주황은 귤색(Pale red yellow)이 만들어진다.

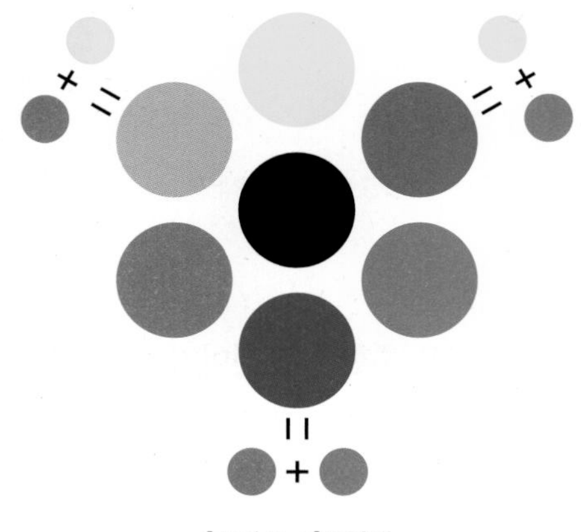

[그림 6-3] 3차색

(4) 보색(Complementary colors)

보색이란 색상환(Color Wheel) 안에서 서로 반대되게 위치해 있는 어느 두 가지 색을 말한다. 이들 둘은 혼합하면 이들은 서로를 중화시키는 작용을 한다. 예를 들면 같은 양의 빨강과 녹색은 서로를 중화시켜서 갈색(Brown)을 만들어 낸다. 주황과 파랑도 서로를 중화시키고, 노랑과 보라 역시 서로를 중화시킨다. 보색(Complementary colors)은 항상 기본색 하나와 2차색 하나로 이루어진다. 보색의 한 조는 항상 3가지 원색으로 이루어지게 되는 것이다. 예를 들어 색상환을 보면 빨강(기본색=원색)의 보색은 녹색(2차색)이다. 녹색은 파랑과 노랑으로 이루어져 있다. 이들은 모두 원색=기본색이다.

❉ 보색관계 : 빨강 - 청록, 바이올렛 - 노랑, 블루 - 오렌지

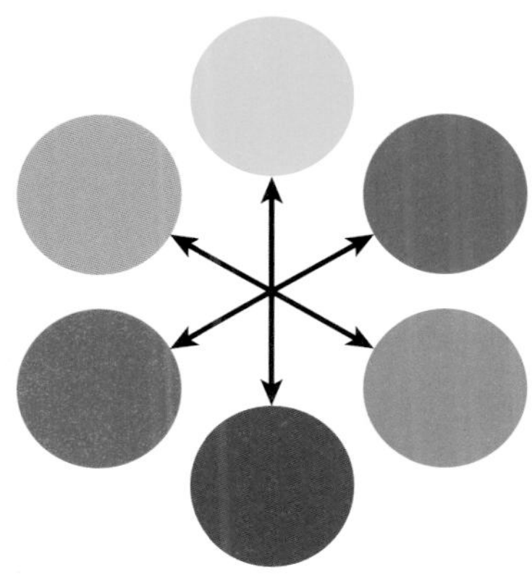

[그림 6-4] 보색

3) 색의 3속성

(1) 색상(Hue)

유채색은 각기 색감과 성질을 달리하고 있다. 이들 색을 구별하는 데는 색의 이름을 필요로 한다. 색명으로 구별되는 모든 색들은 모두 감각으로 느낄 수 있고 이러한 색의 속성을 색상이라고 한다.

① 명도, 채도와 상관없이 어떠한 색깔을 띠는 가 구별하는 성질

② 색상의 계열은 크게 3가지로 나눔(계절과도 관계있음)

㉠ 난색계열 : 2차색상이 주황색을 중심으로 한 주변의 색상, 따뜻한 느낌을 줌(주황색, 구리색, 붉은색, 황금색, 장미색)

㉡ 한색계열 : 1차색상인 파란색을 중심으로 한 주변의 색상, 차가운 느낌을 줌(파란색, 재색, 은색 등)

㉢ 중성계열 : 녹색 및 보라색 주변의 색상, 차거나 따뜻한 느낌이 없는 중간계열(보라, 적포도주 색)

(2) 명도(Value)

무채색과 유채색의 공통점은 밝음과 어두움을 가지고 있다는 점이다. 밝음과 어두움을 가지고 있는 것을 밝기의 정도로 표시하는 것이 명도이다. 흰색(White)과 검정(Black) 사이에 명도(Value)가 다른 회색(Grey)의 단계를 균등하게 등분하여 차례로 표현한 것이 명도의 단계이다. 이 명도의 단계는 무채색을 모두 11단계로 구분하여 모든 빛깔의 명도 기준으로 한다.

① 밝음과 어둠을 나타냄, 밝기의 정도를 표시

② **명도의 단계** : 흰색과 검정 사이에 명도가 다른 회색의 단계를 균등하게 등분하여 차례로 표현한 것

㉠ 어두운 색 : 흑색 계열로 보통 1-2 범위 중간

㉡ 밝은 색 : 밤색 계열로 보통 3-5 범위

㉢ 아주 밝은 색 : 황금색 계열로 보통 6-10 범위

(3) 채도(Chroma, Saturation)

색의 순도, 색의 선명도 즉 색채의 강하고 약한 정도를 말한다. 동일 색상 중에 채도가 가장 높은 색을 순색(Pure color)이라 하고 선명치 못하며 채도가 낮은 것을 탁색(Dull color)이라 한다.

① 색의 순도 선명도를 나타냄, 맑고 탁함의 정도를 표시

② 채도에 따라서 순색, 청색, 탁색으로 구분

㉠ 순색 : 최고 채도의 색으로 색상 중에서 최고로 맑고 짙은 색

㉡ 청색 : 중간 채도의 색으로 순색에 백색이나 흙색을 섞은 색

㉢ 탁색 : 최저 채도의 색으로 순색에 회색을 섞은 색

2 염색의 종류 및 특징

1) 염색의 지속성에 따른 분류

(1) Temporary color(일시적 컬러)

모발표면에 색을 입히는 것으로 입자가 크기 때문에 표피층 사이로 들어가지 못하고 한번의 샴푸로 완전히 씻겨 나간다.

✽ 특징

① 일시적 착색만 가능하며 여러 가지 컬러로 하이라이트를 줄 수 있고 흰머리를 일시적으로 커버한다.

② 염료가 모표피에 물리적으로 강하게 흡착되어 색소를 씌운다.

③ 헤어의 명도를 높일 수 없다.

④ 사용하기가 편하다.

⑤ 암모니아나 산화제가 들어가 있지 않다.

⑥ 예 : 헤어 마스카라, 컬러 스프레이, 컬러 무스, 컬러 젤 등이 있다.

(2) Semi - permanent color(반영구적 컬러)

반영구적인 염색으로 코팅컬러, 산성컬러가 여기 속하며 제1제만으로 구성되어서 직접컬러(direct color)라고도 한다.

✽ 특징

① 염색 도포 후 4-6주 정도 지속된다.

② 밝은 색으로 변환이 되지 않는다.

③ 염색분자 입자가 작은 분자 큰분자로 혼합되어 작은 분자는 큐티클 안에 침투하여 조금 오래 간다.

④ 백모는 10-30% 커버 한다.

⑤ 색상이 선명하다.

⑥ 단점 : 염색종류가 한정되어 있다.

⑦ pH 는 2.5-4 정도이다.

⑧ 이온결합 하여 색이 나온다.

⑨ 휘발성보다는 염착성이 강하다. 암모니아가 거의 없다.

✽ Semi-permanent color 원리

약액을 도포하면 산성염료가 침투제의 작용으로 모발에 침투한다.

(-)이온의 색소가 모발 내부의(+)부분과 이온결한다.

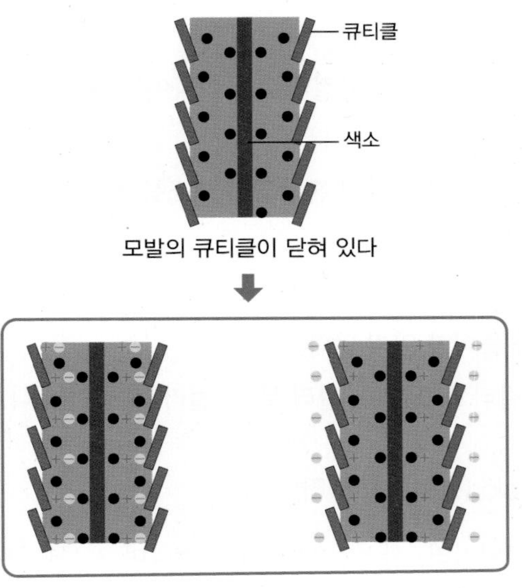

[그림 6-5] 세미 퍼머넌트 컬러 원리

(3) Demi - permanent color(준 영구적 컬러)

암모니아가 없는 산화염모제, 중성컬러라고도 함, pH 는 6-8정도, 다운전용

❋ 특징

① 색상은 6~8주 정도 지속된다.
② 제1제와 2제를 혼합해서 사용
③ 백모커버는 50% 정도
④ 산화제(3%)와 암모니아가 약하여 탈색작용은 활발하지 않아 모발은 밝아지지 않는다.
⑤ 컬러 작용은 색조만, 어둡게 염색되며 밝게는 할 수 없다.
⑥ 자연적으로 색이 퇴색되어 바랜 모발에 색상의 선명도와 윤기를 주려고 할 때 사용한다.
⑦ 명도는 바꾸지 않고 햇빛에 보이는 색조(반사빛)를 원할 때 사용한다.
⑧ 예 : 르벨 마테리아 뮤

(4) Permanent color

산화염모제, 알칼리염모제. pH는 9~10 정도

✽ 특징

① 1제인 염모제와 2제의 산화제의 혼합으로 사용

② 지속력은 영구적이다.

③ 백모커버 100%이다.

④ 1제에 암모니아 함유한다.

⑤ low light, high hight 가능하다.

✽ 산화염모제의 구성

① 1제 : 염료중간체, 암모니아, 향료, 트리트먼트 등 함유한다.

② 2제 : 과산화수소수

과산화수소수농도 10vol - 3% - 착색만 가능
20vol - 6% - 2레벨업, 백모커버, 일반산화염모제
30vol - 9% - 3레벨업, 손상이 심하다.
40vol - 12%- 4레벨업, 손상이 가장 심하다.

2) 원료에 따른 분류

(1) 식물성 염료(Vegetable Dyes)

이 제품은 모간의 표면에 염색 막을 만들면서 축적된다. 풀이나 꽃과 같이 다양한 식물에서부터 만들어낸 염색제이다. 과거에는 쪽(Indigo), 카밀레(Camomile), 세이지(Sage), 이집트산 헤나(Henna), 그 밖에 여러 가지 식물이 모발을 염색하는 데 쓰였다.

(2) 금속성 염료(Metallic Dyes)

금속성 염료는 흰머리를 위하여 색을 회복하거나, 점진적으로 어둡게 모발을 물들인다. 이 염료는 모발의 빗질을 함으로써 그리고 며칠 후에 점차적으로 모발의 색이 바뀌게 된다. 금속성 염료는 모발에 염색의 막이 이루어지고, 침투됨에 의해 작용하는 것이다. 이 염료는 어둡고, 아무런 광택도 없는 부자연스러운 색을 생성한다. 모발의 느낌은 뻣뻣하고 건조하며 이상한 색조로 색이 변한다.

(3) 혼합적 염료(Compount Dyes)

혼합적 염료는 금속성 또는 무기질 염료를 식물성 염료와 혼합한 것이다. 금속성염을 추가하여 착색력을 더 강화시키고, 다른 색을 만들어낸다. 금속성 염료와 마찬가지로 혼합적 염료는 전문적 용도로는 사용되지 않는다. 많은 고객들은 염색제를 구입하여 집에서 사용한다. 따라서 이들의 효과를 알아볼 수 있어야 하고 이해할 수 있어야 한다. 다른 어떠한 화학적 시술에 앞서 이러한 염색물질을 제거해야 하고 모발은 다시 리컨디셔닝(Rrconditioning)해야 한다.

(4) 산화성 염료(Oxidation Tints)

아날린(Aniline)에서 유도된 염료, 합성 유기체염료 그리고 아미노염료(Aminotint)라고도 알려져 있다. 이것은 영구적 모발 염색의 방법으로 단연 가장 만족할 만하다. 183년 독일에서 발견하였고, 그들은 수정하고, 개선하여 60,000 이상의 색조를 오늘날 이용할 수 있다.

아날린 염료가 주는 모발염색은 사실 굉장히 놀라운 것이다. 작은 염료 분자는 무색처럼 보인다. 무색의 염료는 산화제(Developer : 대개 과산화물과 암모니아의 혼합제)와 혼합하여 그리고 바로 머리로 도포한다.

암모니아는 모간을 부풀리고 작은 염료 분자가 모간 모표피(Cuticle)를 통하여 모피질 안에 정착하는 것을 돕는다. 한 번에 그들은 과산화물에 의해 생성될 산소분자와 함께 반응하기 시작한다.

과학자들은 기본적인 아날린 염료에 분자의 구조를 재분배하고 바꾸어서, 몇천 가지의 다른 색을 만들어내었다. 토너(Toner)도 영구적 염색제의 기본에 속할 수 있다. 토너는 아날린에서 유도된 제품으로서 미리 탈색된 모발에 쓰도록 고안된 옅고 부드러운 색조이다. 대부분의 산화성 염료들은 아날린 유도체를 함유하고 있으며 시술 전에 알레르기 반응검사(Prediposition Test)를 요구한다.

3) 염색의 원리

(1) Permanent color원리

1제의 알칼리성 성분(암모니아)이 모발의 큐티클을 팽윤 연화시킨다.

① 큐티클이 열린 사이로 1제와 2제의 혼합액이 침투한다.

② 2제의 과산화수소가 멜라닌을 파괴하고 산소를 발생한다. 이때 암모니아수는 과산화수소와 반응하여 산소를 발생시켜 멜라닌을 탈색시켜서 새로운 모발 색상을 위한 바탕색을 만든다.

③ 발생한 산소는 1제의 염료와 중합반응을 일으켜 고분자의 염색분자가 된다. 샴푸 시 분자가 커서 큐티클 밖으로 빠져 나오지 못한다.

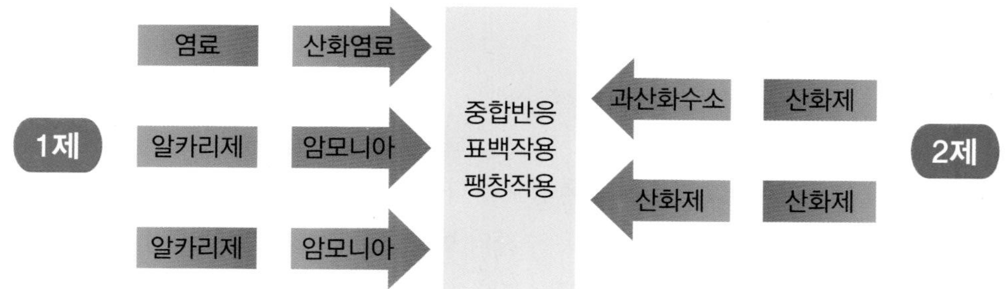

[그림 6-6] 퍼머넌트 컬러 원리

4) 염모제 화학조성(pH)에 따른 분류

	알칼리 컬러	로 알칼리 컬러	염기계 컬러	산성 컬러	탈색
발색 구조	열린 큐티클 사이에서 염료가 들어와 모발 내부에서 발색한다. 동시에 모발의 멜라닌 색소도 표백되어 간다.		큐티클의 표면에 흡착하여 모발의 내부로 침투하여 염착한다.	큐티클 표면에 이온 흡착한다.	모발의 멜라닌 색소를 표백한다.
pH	9.0~12.0	7.0~10.0	5.0~9.0	2.0~4.0	9.0~11.0
리프트력	중간	낮다	리프트력 없다	리프트력 없다	높다
손상	중간	적음	손상 없음	손상 없음	높다
색유지	매우 좋다	좋다	나쁘다	중간	
구분	의약부외품		화장품	화장품	의약부외품
주의점	폭넓은 색 표현이 가능하나, 알레르기 반응을 일으킬 염려가 있으므로 사용 전에 패치 테스트가 필요하다.		피부에 부착되기 어려운 특징이 있지만, 분자가 작아서 색유지 감은 그다지 좋지 않다.	피부병에 대한 염려는 적지만, 피부에 닿으면 잘 지워지지 않으므로 주의하여야 한다.	알레르기 반응은 일으키지 않지만, 피부에 자극을 주지 않도록 주의하자.
염료의 종류	◆ 산화 염료 ◆ 직접 염색		◆ HC 염료 ◆ 염기성 염료 ◆ 디스파 염료	◆ 산성 염료(쿨계)	

③ 염색 시술 위한 이론

1) 염색 pH

Potential of Hydrogen의 약자로 수소 이온 농도를 나타내는 지수이다. 1909년 덴마크의 쇠렌센(P. L. Sorensen)은 수소이온 농도를 보다 다루기 쉬운 숫자의 범위로 표시하기 위해 pH를 제안하였다. 순수한 물에서의 pH는 7이며 이때를 중성이라고 하고, pH가 7보다 작으면 산성, 7보다 크면 알칼리성이 된다. pH의 범위는 보통 0~14까지로 나타낸다.

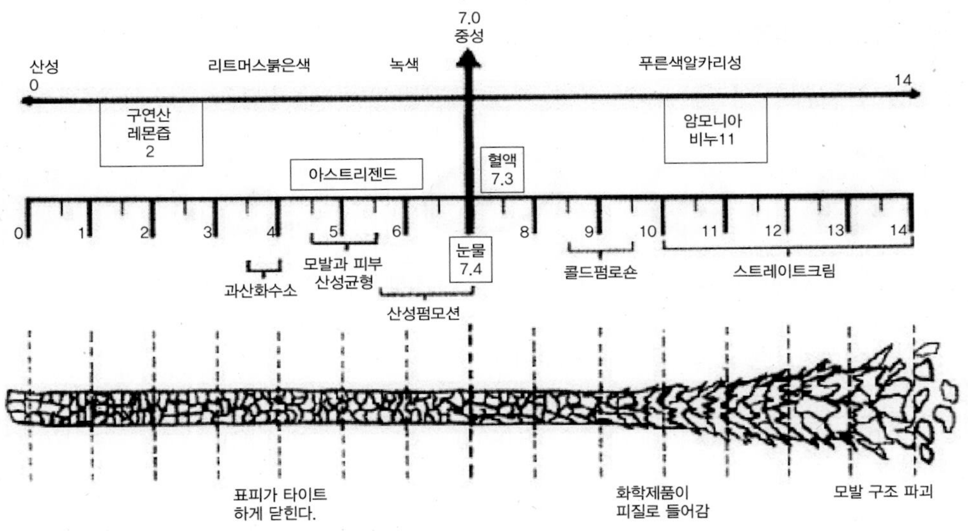

[그림 6-7] 염색 pH

2) 팽창과 수렴(Swelling & astringency)

모발은 염색제와 물 등의 영향으로 부풀어 오르거나(풍윤) 수축되기도(수렴) 한다.

(1) 팽창

큐티클이 열린다, 부드러운 탄력이 없어진다.

✽ Wet(수분), 비누(알칼리), 파마제(알칼리), 컬러제(알칼리)

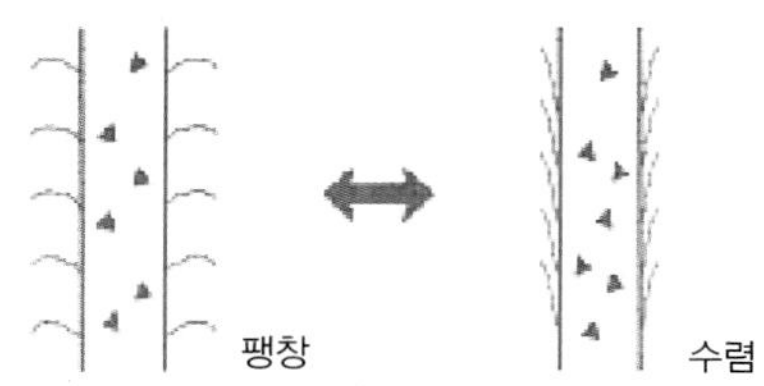

[그림 6-8] 팽창과 수렴

(2) 수렴

큐티클이 닫힌다. 조여 주는 탄력이 생긴다.

❋ 드라이(건조), 컨디셔너(산), 산린스(산), 산성 컬러(산)

4 멜라닌 색소

Melanin 표피의 기저층에 존재하는 멜라닌세포 내에서 티로신이라는 아미노산이 산화 되면서 멜라닌이 형성, 멜라닌은 멜라노사이트라고 불리는 모유두 하부층에 존재하는 특수세포로 생성된다. 멜라닌 세포는 자외선에 의해 자극을 받으면 멜라닌 색소의 생성을 촉진하게 된다. 이처럼 자외선과 같은 외부원인이나 각화과정이 비정상적으로 길어지며 티로신의 산화반응이 촉진되어 피부에 색소침착이 일어나거나 피부색에 변화를 준다.

❋ 멜라닌(Melanin) 종류

- 유멜라닌(Eumelanin) : 검정과 갈색 색조와 같은 모발의 어두운 색을 결정, 많을수록 어두워진다, 크기가 크다, 주로 동양인에 많다, 동, 코발트, 철이 다량 함유하여 입자형색소라도고 한다. 생성은 도파퀴논에서 도파크롬의 경로를 거쳐 흑갈색의 이유인 멜라닌이 된다.
- 페오멜라닌(Phomelanin) : 붉은색과 노란색과 같은 좀 더 밝은 색조를 담는다. 모발의 밝은 색 결정, 많을수록 모발색은 밝아진다.색 입자가 작고 모발 전체에 퍼져 있다. 분사형 입자, 탈색 시 잘 빠지지 않다.서양인에게 많다.생성은 도파퀴논이 케라틴 단백질에 존재하는 시스테인(cysteine)과 결합한 후 적갈색의 페오멜라닌 생성된다.

⑤ 내츄럴 시퀀스와 헤어 컬러

자연계의 색을 보는 방법과 헤어 컬러의 표현에는 관련성이 있다.

내추럴 시퀀스란?

색에는 아름답게 보이는 고유의 밝기가 있다. 그것은 색상마다 다르다. 적색부터 색상의 그라데이션 순서대로 나열하면, 황색을 정점으로 한 산 모양의 완만한 커브를 그린다. 이 연결을 「내추럴 시퀀스(natural sequence of hues)=색상의 자연연쇄」라고 부른다.

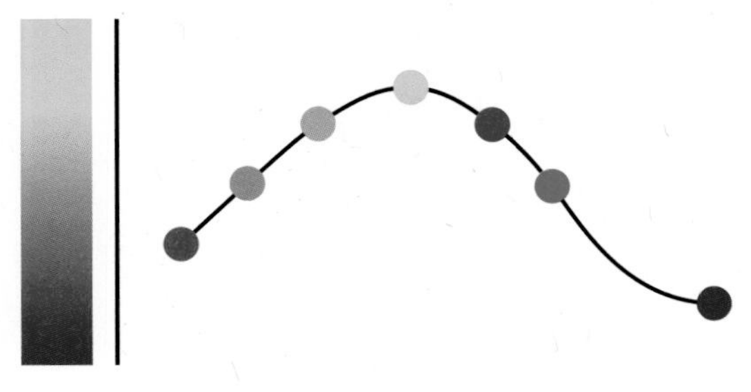

[그림 6-9] 내추럴 시퀀스

언더 컬러의 변화는 밝아짐에 따라 적~황색으로 변화한다(내추럴 시퀀스와 똑같은 작용을 한다). 헤어 컬러로 표현하는 색의 세계는 이 언더 컬러와의 조화에 따라 생겨 난다.

⑥ 자연모 레벨(base level)

멜라닌 색은 멜라닌 종류와 양에 의해 결정된다.

1. 흑색(black)
2. 아주 어두운 갈색(very dark brown)
3. 어두운 갈색(dark brown)
4. 갈색(brown)
5. 밝은 갈색(light brown)
6. 어두운 황갈색(dark blonde)
7. 황갈색(medium blonde)

8. 밝은 금발(light blonde)

9. 아주 밝은 금발(very light blonde)

10. 아주 아주 밝은 금발(extry light blonde)

12. 매우 아주 밝은 금발(very extry light blonde)

각각의 레벨은 분사형과 입자형의 멜라닌을 함유하고 있다. 입자형의 멜라닌의 크기와 밀도에 따라 달라 보이는 것을 레벨로 표시한 것이다.

밝은 갈색의 명도는 크고 굵은 입자형의 멜라닌이 적은 양이 들어 있으며, 어두운 금발 의 경우는 입자형의 멜라닌의 크기가 작으며 밀도가 높다.

1) 언더 컬러

각 레벨에서 강하게 느끼는 색을 말한다. 색미 표현을 하는 포인트가 된다(RV-R-RO-O-YO-Y).

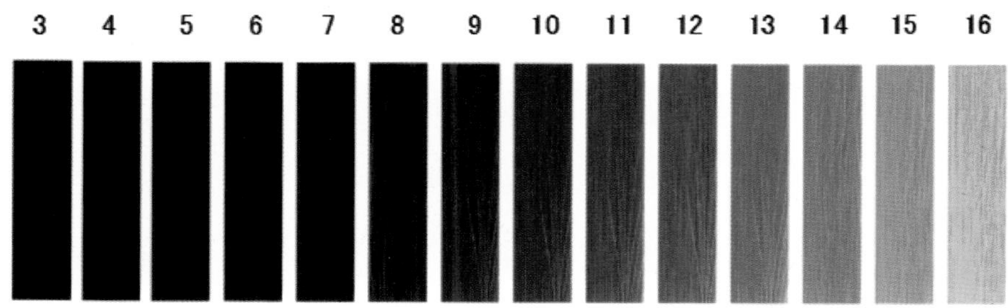

[그림 6-10] 레벨과 언더컬러

- 보통 10단계로 나눠나, 12단계 이상으로 나눠는 경우도 있다.
- 12단계 이상으로 나뉠 때는 1/2로 하면 10단계로 적용을 할 수 있다.

2) 레벨

- 모발은 블리치를 시술함에 따라 밝기가 변화하여 간다.
- 그 밝기를 단계별로 수치화시킨 것이다. 밝기를 나타내는 단위

7 모발 이력 파악

모발진단(Hair Check)

◆ 컬러링을 하기 전에 다음 사항에 대하여 주의하자.

1) 두피 체크

습진, 피부염, 상처 등의 트러블이 없는지 주의하자.

2) 모발 체크

모발 상태를 체크하자.

① 問診(문진) : 손님에게 묻는다.

② 視診(시진) : 눈으로 보고 확인한다.

③ 觸診(촉진) : 만지고 확인한다.

8 염모제의 조성

염색은 1제와 2제의 혼합에 의해 이루어진다.

1) 염모제1제

산화컬러(영구적 염모제)의 기본요소

① The coloring BASE-산화염료(intermediates)

② The alkaline agent-(알칼리제) Ammonia

③ The protecting agent-기타, 트리트먼트 등

2) 산화제

산화제 성분

① 트리트먼트 성분

- 모발 손상을 방지, 보호한다.
- 스테아릴 알코올, 염화스테아릴트리메칠암모늄, 글리세린 등

② 산화제(과산화수소수)

- 산화염료의 중합과 모발 표백 작용을 한다.

③ 기타 성분

- 안정제 : 과산하수소의 분해 등을 억제한다.
- 인산, 살리실산 등

④ 항료

- 1제 암모니아 향을 부드럽게 희석시킨다.

BEAUTY
ART
THEORY

제7장

두피관리학

1 두피상태와 손질법

1) 정상두피

(1) 정상두피란?

정상피부처럼 두피의 보습상태가 적절하여 표면에 윤기가 흐르고, 피지 상태가 정상적이어서 번들거리지 않으며, 탄력이 있고 적당한 모세혈관 확장으로 혈색이 좋다. 또한 정 상적인 각화작용을 하는 건강한 두피이기 때문에 건성두피, 지성두피, 민감성두피처럼 자연 탈모 외에는 별도의 탈모는 심하지 않다. 특히, 한 개의 모공에 한 방향으로 2~3개의 모발만이 자리 잡고 있는 건강하고 이상적인 두피 형태를 말한다.

(2) 손질법

정상두피라고 하여 관리를 소홀히 하면, 단시간 내에 두피의 유형이 지성화, 건성화 될 수 있기 때문에 올바른 두피관리만이 오랫동안 정상두피를 유지할 수가 있다.

- 유·수분의 원활한 공급과 국소혈류 장애를 개선키 위해 두피에 적당한 마사지를 해준다(브러시 사용).
- 두피의 활성화와 안정화를 유지하기 위해 두피강장제를 골고루 도포해 준다.
- 외출할 때는 언제나 자외선 차단제(차단지수 15 정도)를 발라 두피를 보호해준다.
- 샴푸나 세안 시 뜨거운 물과 차가운 물을 피하고 미지근한 미온수를 사용하여 자극을 피한다.
- 지나치게 건조하거나 기름기가 많은 두피케어를 쓰지 않으며, 잦은 미용시술을 하지 않는다(펌, 염색, 블리치, 아이론, 드라이 등).
- 케어제품 선택 시에는 정상두피 전용 제품을 선택하여, 효과적인 수분 및 유분이 되도록 해야 한다.

(3) 주의사항

정상두피에는 유·수분 보습상태를 적절히 유지하여 건성화, 지성화로 변화되지 않게끔 항상 두피 표면을 촉촉하고 부드럽게 해주어야 하며, 특히 자외선으로 부터의 과다한 노출을 막고 잦은 열기구 사용을 주의해야 한다. 또한 정상두피를 이상적으로 유지하기 위해서는 반드시 올바른 식생활 습관과 신체 생체기능에 이상을 초래할 수 있는 행위는 될 수 있는 한 자제하는 것이 바람직하다.

2) 민감성 두피

(1) 민감성 두피란?

외부에서 약간의 물리적 화학적 자극만 주어도 두피의 유형이 지성화 또는 건성화로 급 발전하거나, 육안으로 보기에는 면포와 같은 염증성 현상과 알레르기성 증상인 수포현상을 확인할 수 있을 때나 혹은 색소침착과 같은 상황인 형태처럼 과민한 반응을 보이는 두피 형태를 보통 민감성두피라고 한다. 또한 민감성 두피는 유전적으로 피부가 얇고, 본인은 잘 모르지만 긁을 경우 쉽게 빨갛게 되거나 피가 나기도 하며, 자외선과 같은 환경 에 장시간 두피를 노출하였을 경우 물만 닿아도 따갑고, 자극적인 느낌을 갖는다. 이때 지성형 민감성 두피는 뾰루지 같은 형태가 두피에 많고, 건성형 민감성 두피는 두피가 갈라져 부분적으로 피가 난다.

(2) 손질법

민감성 두피는 외부적인 환경요인으로부터 건성 두피와 지성 두피와는 달리 면역성과 저항력이 매우 낮은 두피이다. 따라서 민감성 두피가 정상두피로 환원되기 위해서는 올바른 두피관리가 필수적이겠지만 심한 증상이 발생할 경우 피부과 전문의와 반드시 상의하는 것이 좋다.

- 샴푸와 케어제품 등으로 두피에 적당한 수분을 공급한다.
- 샴푸나 케어 제품 등을 통하여 두피의 찌꺼기를 깨끗이 제거한 후 두피 마사지
등을 통하여 두피의 혈액순환을 원활히 한다(자극은 덜 주고 오랜 시간동안 하지 않는다).
- 케어 제품의 선택 시에는 민감성두피 전용 제품을 선택하여 효과적인 수분 및 유분공급이 되도록 해야 한다(해초류 성분의 머드팩이 좋다).
- 두피 트러블이 발생하기 쉬우므로 손톱 등으로 자극을 주지 않도록 세심한 주의가 필요하다.
- 스티머를 사용하여 두피관리제품을 사용하게 되면 두피로의 흡수가 용이하므로 스티머를 이용하는 방법도 좋다.

(3) 주의사항

민감성 두피는 건성과 지성두피에 비해 면역과 저항력면에서 매우 불안정한 상태이므로 강한 알칼리 성분이나 산성성분, 특히 휘발성이 강한 두피케어 제품은 절대 사용해서는 안되고, 주로 두피 강화를 도와 지성이나 건성쪽으로 유도할 수 있는 두피 강장, 염증방지제 혹은 세포재생을 주목적으로 하는 두피케어를 집중적으로 사용해야 한다.

3) 지성두피

(1) 지성두피란?

민감성 두피나 건성 두피에 비해 모공 내 피지샘의 과잉활동으로 육안으로 보기에는 번들거리며 기름기가 많거나, 하루만 샴푸하지 않아도 두피에 기름기가 끼거나 심한 악취가 나는 형태, 혹은 샴푸 후 3~4시간 이내에 두피에 기름기가 재확인될 때를 보통 지성두피라고 한다. 그런데 지성두피는 민감성두피나 건성두피에 비해 반대로 여름이 되면 지성화가 더욱 심해지고, 피지나 유분과다에 따른 먼지와 세균 등으로 두피 트러블이나 탈모 진행속도가 몇 배는 빠르므로 빈번한 샴푸를 요하기도 한다.

(2) 손질법

- 샴푸와 케어제품 등으로 과도한 피지를 깨끗이 제거한다.
- 샴푸나 케어제품 등을 통하여 두피의 피지 및 찌꺼기를 깨끗이 제거한 후 마사지 등을 통하여 두피의 혈액 순환을 원활히 한다.
- 샴푸를 선택 시에는 지성두피에 맞는 제품을 선택하여 효과적인 피지제거 및 클린싱을 할 수 있도록 해야 한다.
- 수증기를 쐬면 모공 속 피지가 녹고, 죽은 세포층이 제거되면 클렌저로 기름기가 있는 더러움을 제거한 후 다시 샴푸를 한다.
- 마무리는 찬물로 한다.
- 두피 강장제는 두피의 지성화를 더욱더 가중시키므로 되도록 피하는 것이 좋다.
- 지성두피의 경우 세균침투가 용이하므로 세균의 침투를 막기 위해 잦은 샴푸를 해 주어야 한다.
- 레몬즙이나 멘틀/티올 성분이 있는 두피세정제를 사용하는 것도 좋다.

(3) 주의사항

지성두피에 특히 나쁜 것은 유지의 과잉섭취이다. 카레, 커피, 초콜릿, 아이스크림과 같은 유분이 많은 음식은 모발의 윤택을 유지시키기는 하지만, 피지를 과잉 분비시킴으로 인해 두피가 너무 기름지게 되어 모발의 성장 발육을 막는다. 따라서 다른 두피와는 달리 피지과다분비, 호르몬 불균형, 지방질이 많은 식생활, 스트레스를 각별히 주의해야 한다.

4) 건성두피

(1) 건성두피란?

두피가 건조하여 피지분비가 원활하지 못해 두피에 각질 및 비듬이 생성된 형태이거나, 샴푸 후 얼마 지나지 않아 두피가 당기고 가려운 형태, 혹은 2~3일 정도 감지 않아도 두 피에 기름때가 확인되지 않을 때를 보통 건성두피라고 한다. 또한 건성두피는 건성피부 와 마찬가지로 겨울이 되면 건조함이 더욱 심해지고 저항력이 약해져 상처가 나기 쉽고 피부병이 잘 생기며, 약간의 정전기에도 두피가 가려울 정도로 약해지기도 한다.

(2) 손질법

건성두피란 대체로 모공에서 유·수분이 정상 두피보다 적게 분비됨으로써 두피 표면에 기름막이 제대로 형성되지 않아 유·수분 과부족 증상인 피부이다. 따라서 건성두피가 정상두피로 환원되기 위해서는 올바른 두피관리나 식생활 습관은 필수적이다.

- 샴푸와 케어제품 등으로 두피에 적당한 수분을 공급한다.
- 샴푸나 케어제품 등을 통하여 두피의 찌꺼기를 깨끗이 제거한 후 두피마사지 등을 통하여 두피의 혈액 순환을 원활히 한다.
- 케어제품의 선택 시에는 건성두피 전용 제품을 선택하여, 효과적인 수분공급 및 유분을 유지할 수 있도록 해야 한다.
- 두피의 트러블이 발생하기 쉬우므로 손톱 등으로 자극을 주지 않도록 세심한 주의가 필요하다.
- 스티머를 사용하여 두피관리 제품을 사용하게 되면 두피로의 흡수가 용이하므로 스티머를 이용하는 방법도 좋다.
- 집에서 먹다 남은 우유나 베이비오일 등을 샴푸 시 적절히 사용하는 것도 좋다.
- 외출 시 반드시 자외선 차단제를 이용해 최대한 탈수가 되지 않도록 해야 한다.

(3) 주의사항

대체로 일상생활에서 건성두피에 특히 나쁜 것은 과다한 드라이어 사용이다. 과다한 드라이어를 사용하게 되면, 건조한 두피의 소량의 수분마저 사라지게 되어 두피의 탈수 현상을 촉진시키게 되고 건성두피 증상을 더욱 악화시키게 된다. 따라서 건성두피에는 두 피가 보유하고 있는 유·수분을 휘발시킬 수 있는 행위는 무조건 삼가야 한다.

2 탈모 관리

1) 탈모

생리적으로 머리털이 빠지는 것을 탈모라 한다.

머리털뿐만 아니라 털은 모두 일정한 성장기간이 지나면 성장이 정지되고 휴지기에 들어가서 탈모하여 다시 털이 나는 일을 되풀이한다. 이것을 털의 성장주기라고 한다.

눈썹·속눈썹·솜털 등은 6개월 이하인데, 머리털은 성장기가 길고(3~6년 이상) 휴지기가 짧다(2~4개월 이하). 그리고 1개씩 독립된 성장주기를 가지며, 성인은 머리털의 2~5% 이하가 휴지기에 있다고 한다.

휴지기에 들어간 털은 색소가 엷으며 윤기가 없고 모근(毛根)도 가늘며, 세발이나 빗질로 쉽게 빠진다. 또 발열성 질병, 임신, 정신적 스트레스 등에 의하여 성장기의 털이 갑자기 휴지기에 들어가 많이 빠지는 일이 있는데, 원인이 제거되면 회복된다.

모발의 주기를 지키고 난 후 휴지기에 빠지는 탈모를 정상탈모라 하고 어떠한 원인에 의해 성장기, 휴지기에 빠지는 탈모를 이상 탈모라 한다.

(1) 자연탈모

① 정의

정상적인 모발의 모주기 기간(Anagen-Catagen-Talogen)을 통하여 탈락하는 모발을 말하는 것으로 건강한 사람의 경우 50~100본 정도/1일 탈모되며, 1일 탈모량의 경우 계절적인 영향 및 연령 등에 따라 수치가 조금 높아질 수도 있으나, 보통 1일 탈모량이 100본 이하일 경우 일반적으로는 모두 자연탈모의 범주 안에 속한다. 또한 모발의 탈락강도는 성장기 모발의 경우에는 '약 50~80g 정도의 물체를 드는 힘'으로 당길 경우 탈락되며, 휴지기모의 경우에는 '약 20g 정도의 물체를 드는 힘'으로도 쉽게 빠지는 특징을 지니고 있다.

② 특징

탈모의 원인을 판단하는 요인들 중에 대표적인 것으로 '모근의 형태판독'이 있으며, 자연탈모의 경우에는 모근부위에 이물질이 부착되어 있지 않은 상태로 '둥근 곤봉형'의 형태를 띠고 있다. 또한 자연탈모된 모발의 굵기는 기존의 모발 굵기와 큰 차이를 나타내고 있지 않지만, 이상탈모의 경우에는 모발의 굵기에 연모화 현상이 두드러지게 나타나는 차이를 보이고 있다. 특히 자연탈모로 인하여 생긴 모공에서 새롭게 자라는 신생모의 경우 일정시간 후에 기존 모발의 굵기와 비슷한 형태를 띠고 있으며, 모발의 성장기간에 있어서도 기존 탈락모와 비슷한 기간을 유지하고 있다.

(2) 이상탈모

① 정의

인체의 비정상적인 현상 및 두피 불청결 등과 같은 외부적인 요인 등으로 인하여 모발의 성장주기가 짧아지거나, 혹은 성장주기에 변화가 생기어 필요이상으로 1일 탈모량이 많이 늘어나거나, 모발이 가늘게 생성되는 현상을 말한다.

이상탈모의 경우 1일 탈모량은 일반적으로 약 100~400본 정도/1일 탈모량의 현상을 보이고 있으며, 대부분은 상당기간을 두고 서서히 탈락되지만, 경우(질병, 원형탈모 등)에 따라서는 어느 날 갑자기 탈모량이 늘어나는 현상을 보이기도 한다.

② 특징

이상탈모의 원인이 다양한 만큼 모발에 대하여 나타나는 현상 역시 다양한 특징을 지니고 있지만, 공통적인 부분은 모발이 점차적으로 연모화 현상을 나타내며, 원인에 따라 모근의 형태에도 변화가 생기어 다양한 형태로 보이는 것이 특징이다. 이상탈모된 부위에서 자라난 신생모의 경우에는 점차적으로 모발의 성장기가 짧아져, 두피에 존재하는 시간이 기존모(이상탈모로 인해 빠진 모발)에 비해 단축되는 특징을 지니고 있으며, 모발의 색상이 점차적으로 연한 갈색 톤으로 변화되는 현상을 보인다. 또한 모발의 탈락강도가 정상적인 자연탈모에 비해 현저히 떨어져, 성장기 기간에 속하여 있는 모발이라 하더라도 자연탈모의 휴지기모 정도의 탈락강도를 유지하고 있어 쉽게 탈락되는 특징을 보인다.

3 탈모와 호르몬

1) 내분비선의 종류와 역할

(1) 뇌하수체 전엽(Anterior Pituitary)

뇌하수체는 일명 내분비계를 지배하는 선(Master gland)으로서 갑상선 자극 호르몬(TSH), 부신 피질 자극 호르몬(ACTH), 성장호르몬(GH), 난포 자극 호르몬(FSH), 황체 형성 호르몬(LH), 프로락틴(PRL)을 생성한다.

뇌하수체의 이상이 있으면 갑상선 호르몬 및 부신피질 호르몬, 성장 호르몬 등의 분비를 억제하거나 촉진시키게 되어 모발의 성장에 장애를 초래하게 된다.

일부 연구에서는 뇌하수체의 이상이 있을 때 탈모가 일어나며, 뇌하수체 호르몬의 투여로 모발의 발육이 좋아진다는 실험결과가 있기도 하다.

(2) 갑상선 호르몬(Thyroxine)

갑상선은 2개의 엽으로 구성되어 있으며 목의 전면부에 위치하고 있으며, 갑상선 호르몬은 신진대사와 매우 밀접한 관계를 가지고 있다. 쉽게 이해하기 위해서 갑상선 호르몬은 차의 엔진과 같다고 생각하면 된다. 갑상선 호르몬의 기능이 저하될 때는 차의 엔진 기능이 저하된 것과 같이 휘발유의 연소율이 떨어지고 속도가 저하되어 차의 기능을 제대로 못하는 것과 같으며, 기능 항진 시에는 과다한 엔진 기능의 상승으로 휘발유의 연소율이 증진되고 급발진과 같이 속도가 비정상적으로 증진되는 것과 같다고 생각하면 될 것이다. 갑상선 기능이 저하 시에는 모든 신체 과정이 늦어지므로 모발의 성자에 충분한 영양분 및 세포분열이 저하되므로 모발이 가늘어지고, 윤기가 없으며, 탈모와 같은 증상이 나타나게 된다.

이와 반대로 기능 항진 시에는 초기 모발의 발육은 양호하나 체온의 상승 및 땀이 많이 흐르고 쉽게 피로감을 느끼게 되고 체중이 감소됨에 따라 모발의 상태 또한 탈모의 증상이 나타나게 된다.

- 뇌하수체 호르몬(고나도트로핀) : 모든 호르몬을 통제, 조정
- 갑상선 호르몬 : 모모세포의 분열과 증식에 많은 영향
- 여성호르몬(에스트로겐) : 모발성장 촉진, 체모발육 억제
- 부신피질 호르몬(부신성 안드로겐) : 성모와 체모를 형성하는 호르몬(탈모의 원인 호르몬)
- 황체호르몬(프로게스테론) : 배란된 난포에서 생성, 남성호르몬과 동일한 역할(탈모의 원인 호르몬)

(3) 부신피질 호르몬(Corticosterone)

부신피질은 생명에 필수적일 뿐만 아니라 스트레스 상태에 매우 중요한 역할을 하며 양측 신장의 상단에 인접해 있다.

부신피질에서는 Na+ 균형과 세포외액량을 조절하는 염류 코티코이드(Mineralo- corticoid)와 탄수화물과 지방대사에 관여하는 당류 코티코이드(glucocorticoid), 음모 및 액모 등 2차 성징 및 생식기 발현과 관련된 남성호르몬 안드로겐(androgen)이 분비된다.

특히 안드로겐의 경우 부신피질의 기능저하 시 여성에서 음모와 액모의 무모증을 야기키시며, 기능항진 시에는 남성호르몬의 과다분비로 여아의 남성화, 남아의 과도한 근육비대 및 성인여성의 경우 수염이 자라고 체모가 짙어지고, 남성형 탈모가 진행되는 등의 남성화 현상이 나타나게 된다.

부신피질 호르몬은 기미, 주근깨 등 병적색소의 침착과 관련되기도 한다.

(4) 성(性)호르몬

모발의 생성은 모낭 안에 존재하는 모모세포의 분열에 의하여 이루어지는데 여기에는 호르몬이 직접적으로 관여한다.

호르몬의 작용에 의하여 모낭의 활동이 촉진되기도 하고 억제되기도 하는데 체내에 존재하는 호르몬 가운데서도 안드로겐(androgen)이라고 불리는 남성호르몬의 영향을 가장 많이 받는다.

- 성호르몬과 무관한 모발 : 눈썹, 후두부 모발, 팔꿈치와 무릎 이하에 자라는 털
- 저 농도의 남성호르몬의 영향을 받는 부위 : 겨드랑이 털, 기타 체모
- 고 농도의 남성호르몬의 영향을 받는 부위 : 성장촉진(수염, 가슴 털, 음모), 성장억제(이마에서 정수리부위의 모발), 즉 남성 호르몬은 우리 몸에서 촉진과 억제라는 이중 역할을 한다.

❹ 탈모의 유형

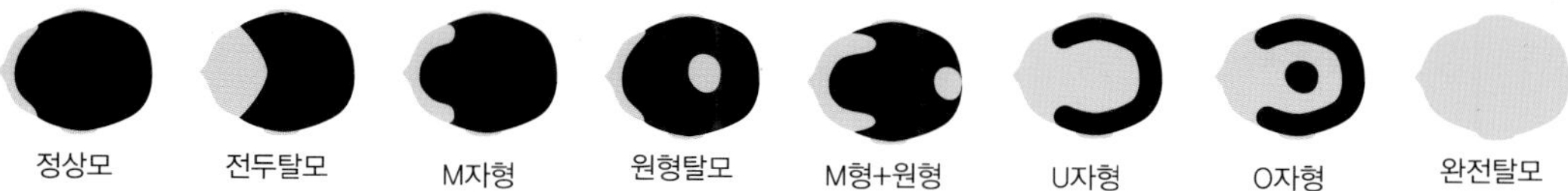

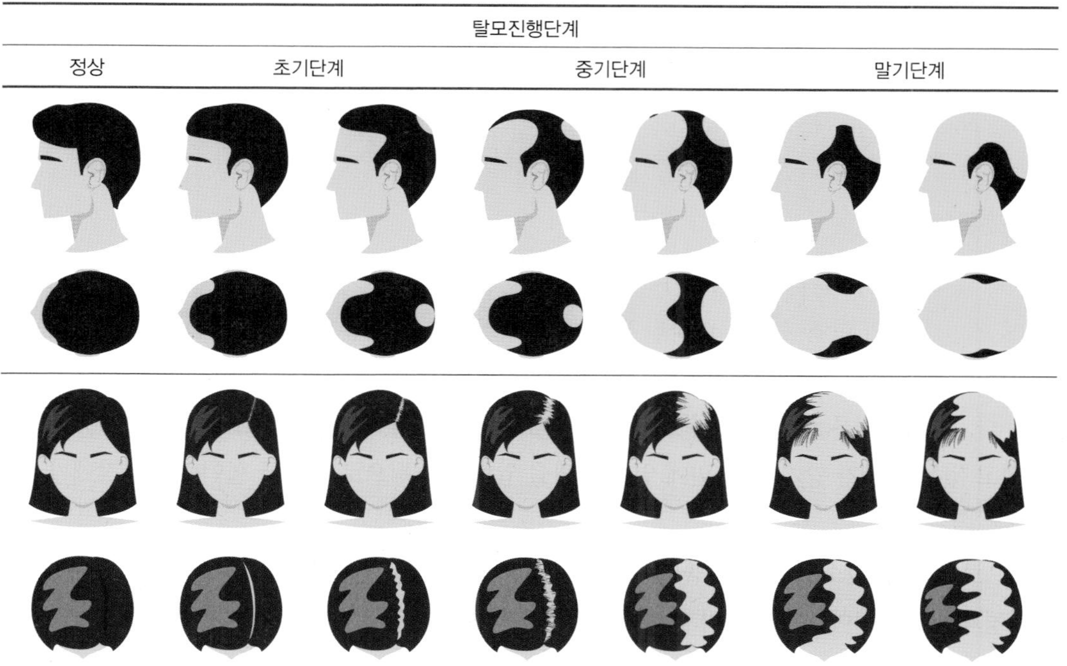

[그림 7-1] 탈모의 유형

- 스트레스성 탈모 : 원형탈모가 대표적이다.
- 유전성 탈모 : M자형과 U자형 탈모, 전두탈모이다.
- 스트레스성과 유전성 복합형 탈모 : M자형+원형탈모

※ 사회가 고도산업화 정보화 시대로 접어들면서 복합형 탈모환자가 주류를 이루고 있는 실정이다.

5 탈모의 원인

1) 식생활 영양소의 부족

대머리는 서양인에서 동양인보다 2배 이상 많으며 우리나라의 경우도 고려나 조선시대에는 대머리가 드물었으나 최근에 증가하는 이유를 식생활 패턴의 서구화에서 어느 정도 찾아야 할 것 같다. 남성호르몬을 미량 함유하고 있는 밀눈, 땅콩, 효모 등을 많이 섭취하면 여성에서는 대머리를 악화시킬 수 있다.

다이어트와 같이 영양분 섭취를 못하는 경우에도 탈모가 일어날 수 있다. - 체내 케라틴 생성에 필요한 아미노산 또는 보조영양분인 비타민이나 미네랄 부족으로 인한 탈모(출산 후 탈모, 다이어트에 의한 탈모)이다.

2) 혈액순환의 장애

머리의 혈액순환이 되지 못해 머리카락이 빠진다는 설에는 여러 가지가 있다. 예컨대 모자를 오랫동안 꽉 죄게 쓰면 두피의 혈액 순환이 나빠질 뿐 아니라 두정부가 공기 순환이 잘 안되어 온도가 높아져서 머리카락이 빠진다고 한다. 또 다른 사람은 원시인은 대머리가 없는데 반하여 지식인에게 대머리가 많다는 예를 든다. 즉 지식인은 두뇌를 많이 쓰기 때문에 보통 사람보다 뇌가 발달하고 두개골도 커지므로 두개골을 덮고 있는 피부가 당기어 그 밑에 있는 혈관을 압박하게 됨으로써 결국 혈액순환에 장애가 오기 때문이라는 얘기이다.

혈액으로 신선한 산소와 영양분 등이 운반되어 모세혈관을 통해 모유두로 전달이 이루어져야 한다. - 교감신경계가 긴장되어 모세혈관이 위축되어 모유두의 모세혈관의 활동 위축으로 인한 탈모이다.

3) 모유두 기능의 정지 및 쇠퇴 후 탈모가 일어난다.

4) 스트레스에 의한 자율신경의 혼란

흔히 "신경을 몹시 쓰니까 머리카락이 빠진다"거나 혹은 "대머리는 문명병"이라고들 한다. 이 말은 바로 대머리가 스트레스와 관계가 있음을 시사한다. 그렇다고 대머리가 아닌 사람이 "우리는 신경을 안 쓰고 스트레스가 없단 말이냐?"고 반론을 제기한다면 설명이 어렵지만, 옛날에 비해 요즘이 그리고 원시사회에 비해 문명사회에 대머리가 훨씬 많은 것으로 보아 스트레스가 식생활이나 그 밖의 다른 원인과 함께 탈모증에 관계가 있는 것 같다. 스트레스 설에 따르면 정신적으로나 육체적으로나 스트레스가 쌓이면 자율신경 실조증을 초래하여 모발의 발육이 저해된다고 한다.

스트레스는 남성형 탈모증을 유발하는데 약간의 인자는 될 수 있으나 남성형 대머리의 주된 원인은 역시 아닌 것 같으며 가끔 원형탈모증을 유발할 수 있다.

5) 내분비의 장애 : 호르몬 장애

남성호르몬의 과다 분비, 갑상선 호르몬 이상 등이 탈모 유발한다.

6) 과도 혹은 부족한 피지 분비

피지 분비는 남성호르몬의 작용에 의한 이차적 현상이지 그 자체가 대머리의 원인은 아니다. 즉 남성호르몬이 머리카락을 가늘게 하여 대머리를 만들뿐만 아니라 피지선을 비대시켜 피지의 분비를 증가시킨다. 그래서 대머리가 진행되는 사람은 비듬이 많이 생기며 하루만 머리를 감지 않아도 머리가 끈적거리게 된다.

7) 약품 부작용(접촉성 피부염) : 파마나 염색 또는 약물에 의한 탈모

모발제품으로는 화학적인 제품으로 모낭염이 생길 수도 있고, 자주 화학적인 시술을 하면 두피가 건성화 되어 탈모가 일어나는데 이차적인 원인이 될 수도 있다. 항암제와 같은 약은 세포의 분열을 막고, 모모세포의 분열도 역시 억제하여 탈모가 일어난다.

8) 노화

모낭의 노화에 의한 모모세포 분열, 증식 저하(노인성 탈모)

노화로 인한 세포의 분열능력이 저하되어 탈모가 일어날 수가 있다.

9) 유전

탈모 유전인자에 의한 탈모이다.

유전과 남성호르몬 남성형 대머리는 상염색체 우성 유전이다. B는 대머리 유전자이고 b는 대머리를 유발하지 않는 유전자인 경우 유전형이 BB이면 남자와 여자 모두가 대머리가 되며 Bb의 경우 남자는 대머리가 되지만 여자는 대머리가 되지 않는다. 그러나 Bb를 갖고 있는 여자에서 혈중 남성호르몬 농도가 높으면 대머리가 유발될 수 있다. 물론 유전형이 bb이면 남자와 여자 모두 대머리가 되지 않는다. 그러나 대머리의 유전은 복합유전이기 때문에 이처럼 간단하지는 않다. 어쨌든 대머리의 원인이 유전자에 있음은 틀림없는 것 같다. 그러나 대머리 유전자를 갖고 있다 하더라도 모두가 대머리가 되지는 않는다.

대머리 유전자의 발현에는 역시 남성 호르몬이 관여한다고 알려져 있다. 1942년 헤밀톤은 쌍둥이 중 한 명은 사춘기 이전에 거세한 결과 40세까지 대머리가 되지 않았으며 40세 때 테스토스테론(남성호르몬)을 주사하였더니 6개월 이내에 대머리가 되었다고 하였으며, 거세하지 않은 한 명은 20대에 대머리가 진행되었다고 하였다. 또한 그는 가족 중 대머리가 있는 환관에게 테스토스테론을 주사하면 대머리가 되지만 가족 중 대머리가 없는 환관에게 동량의 테스토스테론을 주사해도 대머리가 되지 않는다고 하였다.

헤밀톤의 또 한 가지 연구는 대머리들을 매우 실망시키는 것으로 대머리가 되고 난 후에 거세하면 대머리의 진행은 막을 수 있어도 머리카락이 새로 나지는 않는다는 사실이다. 따라서 대머리가 되려면 일단 유전적 소인이 있어야 하고 발현유무는 남성호르몬에 의해 좌우된다고 하겠다.

여성의 경우는 남성호르몬의 농도가 낮기 때문에 남성형 대머리가 발현되려면 적어도 친가 및 외가 모두가 유전적 소인이 있어야 한다. 물론 여성에서의 남성형 대머리

는 남자 달리 머리숱이 전반적으로 적어진다.

대머리를 유심히 관찰하면 두정부는 탈모하는데 옆머리와 뒷머리에는 머리카락이 그대로 남아 있는 경우가 보통이며, 또 머리카락은 빠져도 수염이나 가슴 털은 여전하다.

남성호르몬인 테스토스테론은 혈액을 따라 온몸에 골고루 운반되어 똑같은 작용을 할 터인데 왜 하필이면 두정부의 머리카락만 빠지느냐 하는 것이다. 그 점에 대해서는 명확한 해명이 없지만 개개의 모발이 남성호르몬에 반응하는 반응정도가 다르기 때문이라고 여겨진다.

6 탈모의 분류

1) 원형탈모증(Alopecia areata)

① 정신적 외상, 자가면역, 국소 감염, 내분비장애 등이 유발인자이다.

② 자각 증상이 없이 1~5cm 직경의 탈모가 모발, 수염, 눈썹 등에 발생한다.

③ 치료가 가능하며, 자연 치유가 가능하나, 관리 치료를 받아 원형탈모가 진행되는 것을 막아야 한다.

2) 휴지기 탈모(Telogen Effluvium)

① 정상적인 휴지기 모발이 과도하게 빠지는 현상(탈모수 : 100~400개/일)이다.

② 종류

- 견인성 휴지기 탈모 : 과도하게 머리를 땋거나 묶을 때 발생한다.
- 산후 휴지기 탈모 : 출산 후 호르몬의 변화로 빠지는 경우이다.
- 출생 후 휴지기 탈모 : 출생 후 4개월 사이에 발생, 생후 6개월부터 재생
- 성인성 휴지기 탈모 : 탈모기간이 길며, 자주 발생한다.
- 열병 후 휴지기 탈모 : 고열을 동반한 질병이 있은 후 탈모가 일어날 수 있다.
- 약물성 휴지기 탈모 : 약물에 의한 탈모가 일어날 수 있다.

③ 특별한 치료법 없고, 원인 요인 제거 시 개선된다.

3) 성장성 탈모(Anagen Effluvium)

① 세포 독성이 있는 항암제 등에 의한 탈모(예 : 항암제 투여 후)

② 남성형 탈모증(Male pattern alopecia) : 호르몬과 유전에 의한 탈모이다.

4) 기타 탈모증

발모벽, 압박성 탈모증, 매독성 탈모증, 지루성 탈모, 모낭성점액증, 두부백선, 선천성탈모증 등이 있다.

5) 모낭 관련 질환

① 모낭염 : 표재성 모낭염과 심재성 모낭염으로 구분한다.

② 독발성 모낭염 : 모낭의 염증 반응으로 침범된 부위에 반흔성 탈모증 유발될 수 있다.

③ 염증이 심하면 병원에서 우선 치료를 받은 후에 관리를 해야 한다.

BEAUTY
ART
THEORY

제8장

드라이

❶ 블로 드라이(blow dry)의 개념과 역사

블로 드라이(blow dry)란?

헤어 스타일링을 하기 위한 가장 기본적이면서도 완성도가 높은 중요한 테크닉으로 열과 바람을 이용해 모발을 건조시키고 형태를 보완하거나 새로운 형태로 연출을 꾀하는 작업이다. 한 번의 작업으로 젖은 모발을 건조시키고 스타일링까지 할 수 있는 테크닉으로서 시간이 절약되며 헤어스타일을 아름답게 연출해 준다. 블로 드라이는 최소의 작업으로 최대의 효과를 주고 부드럽고 자연스러운 헤어스타일을 구성해 주며, 다른 도구의 병용에 의해 효과는 더 커진다. 살롱에서 핸드 드라이(hand dryer)와 브러시(brush) 등을 사용하여 고객의 만족한 헤어스타일을 창조해 나가는 마무리 작업이다.

헤어커트, 퍼머넌트, 스타일링의 3요소 중 헤어 스타일링을 위한 가장 기본적이고 중요한 기술이다. 정확한 커트에 의해 형성된 헤어스타일에 스트레이트, C컬, S컬 등을 형성하여 스타일을 완성하는 기술이며 외부 자극에 의한 손상으로 손실된 모발의 윤기와 탄력을 일시적으로 재생할 수 있다.

우리나라에서의 블로 드라이의 시술은 1960년대 중반 이후 급격히 보급된 현대미용의 테크닉이다. 헤어스타일에 관한 관심은 1900년도를 전후로 외국의 문명이 유입되면서 시작하였다. 지식층에서 일본이나 그 밖의 여러 나라에 유학하면서 남성의 상투, 여성의 쪽진 머리가 실용적이 아니라는 것을 깨닫게 되어 긴 머리를 자른 것이 현대미용의 시초이다.

- 1970년대 이전 : 컬링 아이론과 롤러 세트
- 1970~1980년대 : 컬링 아이론과 블로 드라이
- 1980년대 : 블로 드라이 스타일링이 정착
- 2000년대 초 : 블로 드라이 스타일과 프레스 아이론

1) 블로 드라이(blow dry)가 유행하게 된 시대적 배경

① 여성들의 사회진출로 인한 기능적 문제해결이 쉽고 빠른 머리손질로 인한 시간절약이다.

② 자연 주의를 추구하는 사회적 분위기로 인한 자연스러운 스타일링 추구한다.

③ 헤어스타일 본래의 목적인 미적욕구 충족이다.

2) 블로 드라이의 목적과 의미

블로 드라이(Blow dry)의 사전적 의미를 살펴보면 드라이기(Dryer)로 머리를 매만지기라는 뜻을 가지고 있다. 블로 드라이는 일시적인 세트로서 헤어 스타일링을 하기 위한 가장 기본이면서도 완성도가 높은

유용한 시술이며, 드라이기의 열풍과 냉풍을 이용해 모발을 건조시키면서 두형을 보완하거나 각종 헤어스타일의 형태를 보완하며 새로운 형태로 연출할 수 있는 작업으로 정의할 수 있다. 한 번의 작업으로 모발을 건조시키고 스타일까지 연출할 수 있으므로 시간절약 면에서 효율적이다. 블로 드라이는 최소의 작업으로 최대의 효과를 얻을 수 있으며, 부드럽고 자연스러운 헤어스타일을 구성해 주며 다른 도구와의 병용에 의해 효과는 커진다.

헤어스타일링을 하기 위한 가장 기본적이면서도 완성도가 높은 테크닉으로, 건조된 모발에 적당한 수분을 공급한 다음 드라이의 열과 바람을 이용하여 헤어스타일링 리스트가 원하는 새로운 형태로의 연출을 꾀하는 작업이다.

① 모발의 흐름을 정리하여 모발에 윤기를 줄 수 있다.

② 모발을 원하는 방향으로 펼 수도 구부릴 수도 있다.

③ 모발을 원하는 방향으로 와인딩 하여 웨이브를 강하게 또는 약하게 만들 수 있다.

끝으로 말하자면 블로 드라이는 드라이기의 열풍, 온풍, 냉풍을 이용해 커트나 퍼머 등의 스타일에 완성도를 높이고, 그 밖에 연출하고자 하는 헤어스타일의 이미지를 빠르게 만들 수 있으며, 헤어스타일의 아름다움을 최대한으로 표현하는 것이다.

3) 블로 드라이 이론

블로 드라이는 수소결합에 의한 원리를 이용한 테크닉으로 모발의 함수량이 높을수록 케라틴 변성이 시작되는 온도는 낮으므로 아이론이나 드라이기를 사용하는 경우 될수록 모발의 함수율을 적게 해야만 모발손상이 방지된다. 따라서 모발은 타올 드라이하여 물기를 닦아내고 시술한다. 또한 드라이기의 적정온도는 사용각도나 거리에 따라 차이가 있으나 대개 90℃ 전후가 적합하다. 모발에 물이 닿으면 모발 내부의 측쇄 결합 중 수소 결합이 일시적으로 끊어지게 되고 모발이 마르면 다시 재결합 이 이루어진다. 이 모발의 결합이 약해진 틈을 타 열과 바람을 이용해 모발의 수불을 증발시키고 다시 결합이 이루어지기 전에 새로운 형태를 잡아주면서 건조시키면 그 형태 그대로 결합이 고정된다. 다시 말해 모발을 스트레이트로 펴거나 컬을 만들 수 있다. 그러므로 다른 형태로의 스타일을 형성시키기 위해서는 반드시 모발에 적당한 수분을 골고루 공급해 주어야 한다.

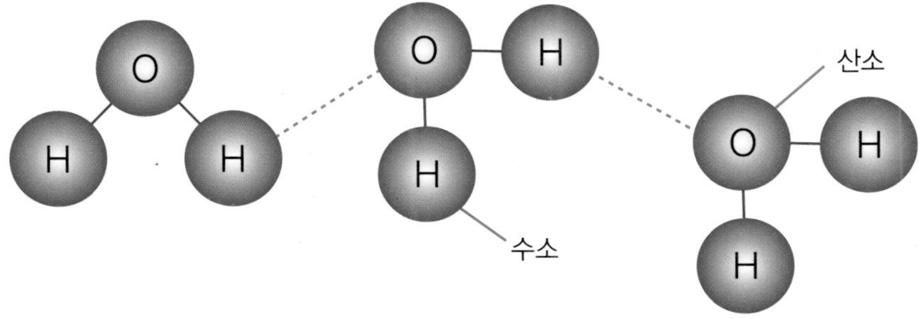

[그림 8-1] 수소결합

4) 블로 드라이어 사용방법

① 머리를 감고 수건으로 가볍게 톡톡 눌러 남은 물기를 없앱니다.

② 손가락 또는 굵은 빗으로 머리 감을 때 엉킨 머리카락을 조심조심 풀어 줍니다.

③ 드라이 열에 머리카락이 힘든 것은 사실! 그래서 머릿결의 손상을 방지하기 위해 에센스나 트리트먼트 등의 모발 보호제품을 발라줍니다.

④ 드라이 할 때에는 반드시 머리카락 안쪽부터 하도록 합니다.

⑤ 또, 열로부터 모발을 보호하기 위해 드라이를 약 10cm 이상 간격을 두고 하도록 합니다.

⑥ 열과 바람이 골고루 가도록 버튼을 온풍으로 맞추고 안쪽부터 말려줍니다.

⑦ 머리카락이 어느 정도 말랐다 싶으면 다시 찬바람으로 머리카락을 말려 줍니다.

⑧ 웨이브 헤어일 경우에는 롤 브러시로 빗질하며 드라이합니다.

⑨ 스트레이트 헤어일 경우에는 빗살 브러시로 빗질을 해가면서 드라이하도록 합니다.

5) 블로 드라이어 사용 시 주의할 점

① 블로 드라이어의 바람이 나오는 출구는 고객의 두피, 얼굴, 목으로 직접적으로 향하지 않게 한다.

② 모발에 수분이 너무 많으면 블로 드라이의 효과가 반감되므로 모발에 적당한 수분만을 남겨두고 드라이 시술을 행한다.

③ 드라이어의 코드가 고객의 어깨나 얼굴에 닿아 고객에게 불쾌감을 주지 않도록 한다.

④ 드라이 과정 중 섹션을 뜰 때 엉키지 않게 빗질 후 브러시를 회전하여 시술한다.

6) 블로 드라이(blow dry) 스타일링 시 유의 사항

① 모발에 때나 먼지, 기름기가 많은 모발, 린스나 트리트먼트제의 세척이 덜된 모발은 샴푸 후 스타일링에 들어간다.

② 블로 드라이 스타일링 시술 시에는 모발의 질에 따라 적당한 수분이 있는 상태에서 시작하여 드라이가 끝난 후에도 모발 자체의 수분 10~15% 정도가 남아 있어야 한다.

③ 드라이어 열풍의 방향은 항상 시술자를 향하도록 하며, 고객의 두피에 열풍이 가지 않도록 주의한다.

④ 판넬의 양이 적으면 힘을 덜 받고, 양이 많으면 판넬의 각도가 일정하지 않을 수 있음으로 섹션의 양은 적당하게 조절해야 한다.

⑤ 판넬은 모아 잡지 말고 평행으로 잡는다.

7) 블로 드라이(blow dry)의 중요 요소

(1) 습도(humidity)

적당한 수분이 있는 상태에서 드라이를 시작하여 드라이를 끝난 후에는 모발 자체의 수분이 10~15%가 남아 있어야 한다(수분이 없는 건조한 상태에서 드라이를 하게 되면 건조 후에도 남아 있어야 할 모발 자체의 수분이 건조되므로 모발손상의 원인이 된다).

(2) 텐션(Tension)

모발을 윤기 있게 드라이하기 위해서는 항상 롤 브러시를 회전해야 하며 고르게 힘이 들어가야 한다(롤 브러시 회전 시 모발이 롤에 끼어 잘 빠지지 않을 경우, 롤 브러시를 회전 반대방향으로 반 바퀴 풀어서 빼 준 다음 다시 그 부분에서 브러시를 회전시키면서 드라이해 나간다).

(3) 온도(Temperature)

블로 드라이 스타일링 시 드라이어의 열이 지나칠 경우, 모발의 수분량이 과도하게 소비되어 모발이 거칠어지게 되고 윤기를 잃기 쉽다(드라이 시작 시 프론트 부분은 빨리 말고 시술에 들어가더라도 네이프 부분을 드라이 하는 동안 자연 건조되기 때문에 수분조절이 가능하다).

(4) 속도(Speed)

모발의 흐름을 정리하기 위해 행하는 드라이는 빠르게 진행하는 반면, 모발의 윤기를 내기 위해 행하는 브러시 회전은 천천히 여유 있게 시술한다.

(5) 각도(angle)

미용의 모든 테크닉(커트, 펌, 드라이 등)에 있어서 각도의 개념은 모두 중요하다. 사람의 두상은 둥근 구의 형태를 띠고 있으므로 두상의 위치에 따라 각도가 달라지기 때문에 각도의 개념을 잘 이해하고 있어야 한다.

① 45도

뿌리쪽의 볼륨이 불필요한 부분이나 머리숱이 많아 지나치게 많은 볼륨을 다운시킬 때 사용된다. 네이프 라인(Nape Line) 아랫선에서 주로 사용될 수 있다.

② 90도

가장 기본적이고 편안한 볼륨을 줄 때 주로 사용된다. 골든 포인트(Golden Point)와 백 포인트(Back Point) 사이의 드라이 시 사용될 수 있다.

③ 120도

뿌리쪽의 볼륨을 가장 많이 줄 수 있는 각도이다. 두상이 유난히 다운되거나 머리숱이 적은 부분의 볼륨을 줄 때 용이하며 주로 톱 포인트(Top Point)와 골든 포인트 사이에서 많이 사용된다. 그러면 지금부터 드라이에 대해 년도 별 변천사에 대해 좀 더 알아보도록 하겠다.

8) 올바른 드라이법

① 머리를 감고 수건으로 가볍게 톡톡 눌러 남은 물기를 없앱니다.

② 손가락 또는 굵은 빗으로 머리 감을 때 엉킨 머리카락을 조심조심 풀어 줍니다.

③ 드라이 열에 머리카락이 힘든 것은 사실! 그래서 머릿결의 손상을 방지하기 위해 에센스나 트리트먼트 등의 모발 보호제품을 발라줍니다.

④ 드라이 할 때에는 반드시 머리카락 안쪽부터 하도록 합니다.

⑤ 또, 열로부터 모발을 보호하기 위해 드라이를 약 10cm 이상 간격을 두고 하도록 합니다.

⑥ 열과 바람이 골고루 가도록 버튼을 온풍으로 맞추고 안쪽부터 말려줍니다.

⑦ 머리카락이 어느 정도 말랐다 싶으면 다시 찬바람으로 머리카락을 말려 줍니다.

⑧ 웨이브 헤어일 경우에는 롤 브러시로 빗질하며 드라이합니다.

⑨ 스트레이트 헤어일 경우에는 빗살 브러시로 빗질을 해가면서 드라이하도록 합니다.

9) 헤어 아이론(Hair iron)의 역사

제일 처음 아이론의 기구를 사용한 것은 곱슬거리는 웨이브를 내기 위해 컬러미스(Calamis)라고 부르는 아이론과 같은 기구를 사용한 것은 로마시대였다.

그리고 아이론이라는 명칭을 지닌 기구가 나온 것은 1880년 프랑스 파리에서 미용 견습생인 마르셀 그라토(Marcel Grateau)가 그의 어머니에게 자연스러운 웨이브의 헤어스타일을 구사하기 위해 새로운 미용 기구인 헤어 아이론을 개발하였는데, 철을 소재로 한 둥글게 홈이 파인 자루와 그 자루를 감싸주는 또 하나의 자루를 만들어 불 에 달구어 사용하였다.

그리고 이 기구를 자신이 개업한 미용실에서 사용함으로써 전 세계에 알려졌으며, 제이 하딩이라는 여배우가 헤어 아이론을 이용한 새로운 헤어스타일을 널리 알렸으며 웨이브의 지속시간이 3주 정도였다고 한다. 1920년 르네 랑보(Rene Rambaud)에 의해 곱슬거리는 컬에서부터 웨이브를 구사하는 것에 초점이 맞춰졌고, 20세기 후반에 이르러서는 보다 더 다양한 기구들이 개발되어졌으며, 여성들 사이에 스스로 웨이브를 구사할 수 있었으며 퍼머넌트 웨이브가 급진적으로 발달함에 따라 헤어스타일의 빠른 변화에 일익을 담당하게 되었다.

우리나라는 한일합방 이후부터 핸드 드라이어의 도입기 이전인 1970년대 후반까지 뷰티 살롱에서 주로 재래식 헤어 아이론인 마셀(marcel)과 컬(curl)로 헤어스타일을 구사하였으나 가격이 너무 비싸 1주일 이상 머리를 감지 않았다고 한다. 이때 일본이나 중국 등 각지에서 공부를 하고 돌아온 신여성 등에 의해 미용이 보급되기 시작하였으나, 일본에서 미용을 배워온 오엽주 여사가 1933년 3월에 우리나라 최초의 미용실을 서울 종로의 화신백화점 내에 화신미용원을 개설하면서 헤어스타일의 변화가 더욱 확산되었다. 그 후 일본인들이 건너와 미용학교와 많은 미용실을 개설하였는데 이 시기에 우리나라에 마셀 아이론이 도입된 것으로 보인다. 아이론은 블로 드라이가 도입된 1970년대 이전까지 여성들 사이에 사랑받으며 꾸준히 이용되어지다가 블로 드라이의 확산과 함께 1970년대 후반부터 화열식 아이론인 마셀 아이론의 기술이 점차 쇠퇴해갔다. 그러다가 1990년대 후반에 열을 이용한 스트레이트 펌(일명 매직 스트레이트)이 유행하면서 전열식 아이론인 플랫 아이론이 각광받기 시작하였다. 그 이후 전열식 아이론 기를 이용한 헤어 스타일링이 급속하게 확산되면서 굵기가 다양한 컬링 아이론과 넓이가 다양한 플랫 아이론이 빠르게 보급되었다.

현재 일시적 헤어스타일링 연출은 아이론 기를 이용하는 경우와 드라이기를 이용한 블로 드라이가 함께 공존하고 있다. 지금은 편리한 전기 아이론(electronic iron)이 개발되어 일정한 온도를 유지하며 사용할 수 있게 되었다. 전기 아이론의 종류도 매우 다양해지고 전기 아이론을 이용한 여러 가지 헤어스타일의 표현 테크닉도 많이 개발되었으며, 그 기능이 퍼머넌트 웨이브에까지 영향을 미치게 됨에 따라 헤어 아이론(hair iron) 기구가 일반화 되면서 각각의 가정에서도 구비하여 거의 매일 사용하고 있다.

(1) 아이론의 개요와 정의

아이론의 사전적 의미를 살펴보면 철, 쇠라는 의미와 함께 단단하고 강한 것, 철제 기구란 뜻을 가지고 있다. 아이론은 일시적인 세트로서 헤어 스타일링을 하기 위한 기본적인 기술이며 환성도가 높고, 아이론기의 고열을 이용해 모발의 모표피를 압착시켜 윤기를 최대화 시키며 수소결합과 염결합의 원리를 이용해 스타일의 형태를 보완하거나 새로운 형태로 연출할 수 있는 작업으로 정의할 수 있다.

반드시 건조되어 있는 모발에 스타일링 하여야 모발손상을 최소화 할 수 있다. 아이론은 블로 드라이보다는 다소 경직된 느낌이나 지속성 있는 헤어스타일을 구성해주며 윤기 면에서는 최대의 효과를 얻을 수 있다.

아이론의 기본기술은 펴기(Straight), 안말음(In curve), 바깥말음(Out curve), 볼륨 C컬(Volume C curl), 웨이브(S curl)가 있다. 이상의 5가지 조합으로 디자인이 창작된다.

아이론으로 스타일링 할 때는 아이론의 온도와 회전각도, 속도를 필요에 따라 적절히 이용하는 기술이 필요하다.

끝으로 말하자면 아이론은 고열을 이용해 일시적으로 연출하고자 하는 헤어스타일의 미지를 비교적 빠르게 만들 수 있으며, 최대한의 윤기와 탄력성 그리고 지속성 있는 헤어 스타일링을 표현하는 것이다.

(2) 아이론의 원리

아이론의 고열에 의해서 일시적으로 모발의 구조에 변화를 주어 스타일링을 형성하는 방법으로서 모발 내부의 측쇄 결합 중 수소결합과 염결합을 이용한 것으로 모발내부 결합수의 수소결합은 고열에 의해 수분이 감소하면서 재결합 배열을 이루게 된다. 염결합 또한 고열에 의해 결합이 끊어졌다 다시 재결합 하게 된다. 이러한 원리를 기본으로 고열을 이용해 모발의 수분을 감소시키면서 물리적인 힘을 가해 새로운 형태의 모양을 만든다. 이때 수소결합과 염결합의 재결합으로 새로운 형태가 만들어져 고정되며, 그 형태변화는 straight, wave, curl이 된다.

그러므로 아이론으로 한번 스타일링에 실패한 모발은 다른 형태로의 전환이나 스타일링을 형성시키기 위해서는 반드시 적당한 수분을 공급한 후에 건조시켜서 다시 해 주어야 한다.

(3) 아이론의 명칭과 기능

① **그루브**(groove) : 홈이 파여 있는 부분으로 프롱이 모발을 들어 올려 볼륨과 웨이브를 만든다.

② **프롱**(prong) : 쇠막대기 모양으로 된 프롱이 그루브와 함께 형태를 변화시킨다.

③ **컬** : 마셀을 컬이 감싸주는 기구로 강한 웨이브를 만든다.

④ **손잡이** : 그루브와 프롱이 연결되어 있는 부분이다.

(4) 아이론의 종류

① 컬링 아이론

- 전통적인 그루브 아이론-기구를 직접 불 위에 올려놓는 것이다.
- 전열 헤어 아이론-전기나 가스로 인해 자동으로 전열이 된다.
- 증발식 전열 아이론-전기나 가스가 자동으로 전열되면서 증기가 나온다.

② 매직 아이론

- 스트레이트(팬널이 넓은 모양)-긴 모발을 펼 때 사용한다.
- 볼륨 매직기(둥근 모양)-볼륨과 웨이브 컬을 만들 때 사용한다.
- 플랫 아이론(집게 아이론)-여러 가지 기구 모양으로 되어 있어 다양한 형태를 연출할 수 있다.

③ 아이론의 온도와 장단점

아이론의 온도는 120°~140°가 적당하며, 가열 테스트가 필요하며 물을 놓고 식힐 때 물이 튀면 열의 온도가 강한 것이다. 티슈를 사용하여 아이론으로 집었을 때 누렇게 되거나 갈색으로 변하면 기구를 회전하여 식혀 준다. 또는 물을 적셔진 수건을 사용할 수도 있다.

④ 컬링 아이론

- 장점 : 긴 모발과 짧은 모발 : 뿌리까지 볼륨 줄 때
  모발의 양이 적은 사람 : 웨이브를 만들 때
  제품을 사용하지 않아도 스타일 연출이 가능하다.
- 단점 : 초보자인 경우 온도조절이 어려우며, 잡는 법과 작동방법에 많은 시간이 소요된다.

⑤ **매직 아이론**

- 장점 : 자동으로 온도조절이 되므로 초보자가 사용하기에 편리하다.
- 단점 : 짧은 모발에 볼륨을 주거나 버진 헤어에 강한 웨이브 연출하기가 어렵다.

✽ 매직 아이론 온도의 적당한 사용방법

① 건강 모발-170~180℃ 사용하되 기술이 필요하며 동작이 빨라야 한다.
② 보통 모발-150~160℃로 온도를 유지한다.
③ 약한 모발-130~140℃로 온도를 유지한다.

아이론을 사용할 때는 손상된 모발, 염색, 탈색, 백모 등에 따라 온도를 조절하여 사용한다. 건조된 모발에 300℃ 정도의 열을 가하면 분해되고 130~150℃ 이상에서는 모발 변색이 시작된다. 습한 모발은 70℃ 이상에서 변성이 나타난다.

BEAUTY
ART
THEORY

제9장

피부관리의 개요 및 일반 이론

1 피부미용의 역사와 개요

피부미용의 역사는 고대 이집트시대부터 청결함에 관심을 갖고 목욕제도를 만들어 그리스와 로마인들에게 전해줌으로써 그리스와 로마인들은 목욕탕을 세우는 등 체계적인 관심을 갖게 되었으며, 목욕 후에는 직접 만든 정유가 함유된 로션이나 연고를 발라 피부를 매끄럽게 하였다.

이집트의 여왕 클레오파트라는 몸, 얼굴, 두발, 손톱에 향수를 사용하였으며, 아로마 목욕(aromatherapy bath)을 하였다고 전해진다.

1) 이집트

고대문화의 대부분이 종교와 관계하여 발달하였듯이 이집트시대의 미용은 종교의식과 함께 신전 앞에서 깨끗해지고 싶은 정화의식으로 행해졌다. 대관식에서는 반드시 제사장이 왕에게 향유를 뿌리도록 되어 있었다. 이렇게 향유를 바르는 일은 산사람에게는 물론 고인에게도 매우 중요한 관례였으며, 그들이 숭배하던 형상에도 화장을 해줌으로써 주술적인 효과를 바라기도 하였다. 이러한 믿음이 미이라의 보존기술을 발전시켰다고 볼 수 있다. 이집트인들은 향유로 피부손질을 한 이외에도 올리브유, 꿀, 우유, 계란노른자, 염료, 흙을 피부미용재료로 사용했다. 이 중 클레오파트라의 유명한 미용법으로 나귀우유와 진흙을 사용하여 목욕하는 방법은 오늘날까지 잘 알려져 있다.

이집트인은 또한 청결을 효과적인 미용법으로 중요하게 생각하여 체계적인 목욕법을 만들었으며 후에 그리스와 로마에 전해 주었다.

2) 히브루

청결과 건강에 대한 관심으로 이집트에서 화장품과 향수를 유대지역에 사가지고 가 얼굴피부와 두발, 치아, 손톱관리를 위해 다양한 화장품을 만들었다.

3) 그리스

그리스어인 'kosmeticos'에서 'cosmetics'라는 말이 유래되었다.

청결함을 중시하여 욕실을 지었고 피부와 손톱관리를 발전시켰으며, 향수와 화장품은 직접 만들어서 종교와 미용목적으로 사용했다. 그리스 여성들은 백분으로 된 제품을 얼굴에 발랐으며, 뺨과 입술에는 진사(적색 황화수은)를 사용했다. 이 진사는 연고에 섞거나 가루로 발랐는데 현대 화장품에도 응용되고 있다.

서기 200년경에는 갈렌이 장미수 37.5%, 벌꿀왁스 12.5%와 올리브 오일 50%를 섞어 최초의 현대적인 화장품인 콜드크림을 개발하였다.

4) 로마

로마인들은 남녀 모두 피부미용에 관심이 많아 향수, 오일, 화장품을 많이 사용한 시기이다. 남성들은 얼굴의 털을 제모하였으며, 여성들은 옥수수, 밀가루, 버터, 빵, 우유, 또는 좋은 포도주 등으로 피부손질 제품을 만들어 사용하였다. 로마의 목욕탕은 거대한 공중탕 건물로 남탕과 여탕이 따로 있었고, 목욕 후에는 오일류와 꽃, 샤프란, 아몬드 및 기타 성분으로 만든 향수를 사용했다. 야채에서 뽑은 색소로 입술과 볼에 화장을 하고 눈에 색조 화장을 하였으며, 모발염색과 표백하는 방법을 체계화시켰다.

5) 중세

미용문화도 종교의 영향을 받은 시기로, 보통 로마가 멸망하는 476년부터~1450년까지를 말한다. 피부와 모발관리용 화장품을 사용하였으며, 부유층에서는 향이 있는 오일로 목욕을 하였고, 여성들은 볼과 입술에 색조화장을 하였다. 이때 영국의 대학에서는 미용학과 의학을 같이 가르쳤다.

6) 르네상스시대

중세에서 현대로의 변환기인 르네상스 시대에는 피부미용에서 다양한 변화가 일어났다. 얼굴은 정제된 화장수로 관리하였는데 화장수는 알코올, 채소농축액, 우유 꿀을 혼합하여 만들었다. 귀부인은 악취방지용으로 향 장갑에 향수를 넣어 휴대하고 다녔다. 또한 이마를 넓게 보이기 위해 눈썹과 헤어라인을 깎아 모양을 내는 미용법 으로 눈썹이 없는 것이 지성미를 표현한다 생각하였으며, 볼과 입술은 연하게 화장하고 눈에 색조 화장은 하지 않았다.

7) 16~17세기(1588~1603)

엘리자베스 시대라 불리는 이 시기에는 안면 마스크가 대단히 유행하였다. 로션류와 마스크는 달걀껍질, 백반, 붕사, 아몬드, 양귀비씨 같은 성분으로 만들었으며 포도주, 우유, 버터, 과일, 야채 등을 향료와 혼합하여 화장품으로 사용하였다. 이 시대에는 눈 화장은 거의 유행하지 않았고 볼과 입술 색조화장은 유행하였다.

8) 18세기

프랑스의 왕비인 마리앙트와네트의 시대였던 이 시기는 1755년부터 1793년까지로 사치와 낭비가 풍미한 시대였다. 이 당시의 귀족들은 우유와 딸기로 목욕을 즐겼으며, 다양한 화장품을 사용하면서 사치스런 생활을 하였다. 그들은 녹말가루로 분을 만들어 페이스 파우더로 사용했으며, 얼굴의 여드름 등 결점을 감추기 위해 작은 실크헝겊을 사용하였다. 눈썹을 그리고 눈꺼풀에 반짝이는 화장을 하였으나 짙은 화장은 하지 않았다.

9) 19세기~20세기 초반(빅토리아 시대)

빅토리아 시대라 불리는 이 시기에는 1837년에서 1901년까지로 영국의 빅토리아 여왕이 재임했던 시기이며 피부미용에 관해 국가 정책적으로 제한하여 가장 검소한 시대였다. 여성들은 색조화장 대신 자연스럽게 화사하게 보이기 위해 볼을 꼬집고, 입술을 살짝 깨물기도 하였으며, 남녀 모두가 청결과 피부 손질에 관심이 있었던 기록이 있으며, 화장 대신에 피부의 건강과 아름다움을 보존하기 위해서 꿀, 계란, 우유, 과일, 야채 등을 원료로 만든 마스크나 팩을 만들어 사용하였다.

10) 20세기

1912년 폴란드 화학자 C.풍크에 의해 비타민이 발견되고, 1920년대에는 산업화 현상으로 미국에서 새로운 번영이 시작되어 여성들은 무성 영화 속 스타들의 의상, 화장, 헤어스타일의 영향을 받았으며, 다양한 크림과 오일류 및 로션류가 피부, 모발, 몸 관리용으로 제조되었다.

1930년대에 이르러서는 호르몬이 함유된 화장품이 개발되어 효과 면에서 각광을 받았으나 부작용이 있어 대중용으로는 사용이 금지되었다.

1947년 프랑스에서는 바렛 교수가 전기적 또는 기계적인 수단으로 피부를 통해 영양 물질을 깊숙이 침투시켜 주면, 신진대사에 영향을 미친다는 것을 증명하여 전기피부 미용의 토대를 마련함으로써 기기를 이용한 피부관리의 효과를 증명하였다.

1950년대는 전쟁 후 번영은 패션, 의상, 헤어스타일 및 화장에 새로운 변화를 가져왔는데 미용실이 번창했고, 피부관리 및 보디 마사지 클리닉이 등장했으며, 많은 가정에서는 미용용품과 화장품을 예전보다 광범위하게 사용했다.

1960년대에는 화장품으로 얼굴윤곽을 살리는 것이 유행되었고, 1970~1980년대는 화장품 제조업자들이 피부 및 모발 손질과 화장을 위한 다양한 신제품을 출하했으며 미용에 눈부신 변화가 있었다. 개개인의 개성을 최대한 살리는 헤어스타일과 화장의 화려함, 남녀 모두 과학적인 피부관리에 대한 관심으로 피부미용실이 증가하였으며 살롱에서는 다양한 과학적인 방법에 의한 시술이 행해지게 되었다.

11) 21세기

오늘날의 남녀 모두는 과학적인 피부관리와 화장품 사용을 통해 피부의 건강과 아름다움을 향상시키면서 특히 자연 그대로의 피부 건강과 아름다운 것을 목표로 하고 있다. 이를 위해 자연에서 추출한 원료를 기초로 하고 있으며, 피부과학을 토대로 고도로 발달되는 생약학, 생화학, 전기학 등 과학기술을 그 수단으로 하고 있다. 이러한 고객들의 과학적인 피부관리와 화장품사용에 대한 관심이 갈수록 증대되어 피부 관리와 화장품 분야에서 전문적 지식을 갖춘 전문가와 피부관리사의 서비스는 또한 증가할 것이다.

2 피부미용의 의미와 영역

1) 피부미용의 의미

피부미용은 두발을 제외한 얼굴과 신체피부의 모든 기능을 정상적으로 유지시켜 건강한 피부를 유지하며, 얼굴과 신체미용의 모든 문제점들을 학문적 이론을 바탕으로 전문적 기술 등을 사용하여 피부를 아름답게 가꾸는 전신미용술을 의미한다. 이러한 피부미용은 그 기능에 따라 보호적 피부미용, 장식적 피부미용, 심리적 피부 미용, 의학적 피부미용으로 세분화 할 수 있으며, 피부미용은 현재 국내에서 외국의 영향을 받아 피부관리, 스킨케어, 코스메틱, 에스테틱 등 다양하게 불리우고 있다.

2) 피부미용의 영역 분류

(1) 신체부위에 따른 영역

신체부위에 따라 크게 안면관리(안면일반피부관리/안면특수피부관리)와 전신관리(부분관리/전신일반관리/체형, 비만관리 등)로 분류할 수 있다.

(2) 관리방법에 따른 영역

① **아로마테라피**(aromatherapy)

향기요법이라 하며, 향기의 효과뿐 아니라 신체와 정신적으로 효과적이어서 신체의 여러 문제를 해결하는데 사용되어진다. 피부미용에서의 에센셜오일은 마사지 시 이용되어 스트레스와 긴장을 풀어주며 신진대사촉진과 노폐물 배설 등을 촉진하여 피부를 건강하고 부드럽게 도와준다.

② **경락마사지**(Meridian)

한의학의 경락개념을 마사지에 연결시켜 체계화 시킨 방법으로서 정체된 신체 부위의 기, 혈의 흐름을 원활하게 소통시키기 위해 수기를 이용하여 경락에 적절한 압력과 자극을 주는 마사지이다.

③ **림프드레나지 요법**(lymphatic dranage)

1930년 덴마크생물학자이며 마사지사인 Emil Vodder에 의해 최초로 창안된 후 1957년 1957년 비엔나 시데스코(CDESO) 세계대회에서 피부미용사들에게 소개되어 대중화되기 시작하였다. 에스테틱에서는 건강한 피부에 림프드레나쥐를 실시하며, 전염방지(바이러스, 박테리아, 이물질로부터 보호)와 예방을 주된 목적으로 림프순환을 촉진하여 세포의 대사물질의 제거를 용이하게 해줌으로써 세포재생 및 신체 자체의 면역능력을 증대시켜주는 기능이 있다.

④ **탈라소테라피**(thalassotherapy)

그리스어인 thalasso에서 유래한 것으로 바다를 의미한다. 인체의 치료능력을 높이기 위하여, 바닷물의 특성과 해수면의 비타민, 무기질과 미량원소들로 된 제품을 사용하여 피부와 모발을 치유하고 재생을 목적으로 하는 것으로 하이드로테라피(hydrotherapy)와 유사하다.

⑤ **컬러테라피**(colortherapy : 색체요법)

색은 우리의 몸과 마음에 많은 영향을 준다고 한다. 이러한 색에 관한 심리학을 바탕으로 각각의 색이 가지는 분위기와 색이 주는 힘을 이용해 심신의 건강을 지키는 효과를 얻는 것이 컬러테라피이다.

⑥ **반사요법**(refiexology)

중국에서 지압요법의 한 종류로 이용되어져 오다가 1913년 Dr. william Fitzerald에 zone therapy가 행해졌다. 이 후 60, 70년대에 본격적인 반사요법으로 행해지게 되었으며 손 반사마사지와 발 반사마사지가 있다. 반사마사지의 원리는 인체의 기가 인체 내의 특정통로를 통하여 흐르며, 인체의 해당 반사구에 압박을 주면 신체부위의 에너지 흐름이 원활하게 되어 생리기능이 정상화된다.

⑦ **아유르베다**(Ayurvedic Massage)

인도의 전통의학을 기본원리로 아유르베다라는 말은 산스크리트어에서 '생명'을 뜻하는 아유르(ayur)와 '지식'을 뜻하는 베다(veda)가 결합하여 생긴 단어이다. 따라서 그 의미를 조합하면 '생명 과학'이 된다. 좀 더 한정된 의미로 보면 아유르베다는 인도의 전통의학으로 질병을 예방 인체를 조화롭게 하는 치료예방요법이다.

⑧ **스파요법**(spahterapy)

물의 열, 부력 및 마사지를 이용해 인체의 열을 자극, 몸의 평온과 스트레스를 해소시키고 질병예방 및 인체시스템에 균형을 부여하는 치료요법이다.

⑨ **스톤마사지**(stone massage)

열전도율이 높은 현무암을 이용한 마사지 방법으로 아메리카 인디언으로부터 유래되어 인도의 전통의학인 아유르베다와 접목된 힐링 방법을 최근 미국에서 에스테틱에 적용, 체계화시켜 세계적으로 스파살롱에 전파된 마사지 방법이다.

3 피부의 구조

피부는 인체를 둘러싸고 있는 가장 겉면에 존재하며 체내의 모든 기관을 외부의 자극으로부터 보호하고 영양분 교환 및 감각을 인지하는 등 다양한 역할을 한다. 피부의 총면적은 1.6~1.8m^2이고, 무게는 체중의 20%를 차지하며, 두께는 사람, 연령, 신체부위, 성별에 따라 다양하게 나타나는데 대개 1.6mm(눈꺼풀)~6mm(허벅지)이다. 피부는 크게 표피, 진피, 피하조직의 3층으로 구성되어 있고 피부조직의 생리현상과 관계가 깊은 수분과 지방, 단백질 및 무기질로 이루어져 있다.

1) 표피(epidermis)

표피는 피부의 제일 바깥층으로 무핵층과 유핵층으로 구분된다. 무핵층은 피부의 바깥쪽으로부터 각질층, 투명층, 과립층으로 형성되어 있으며, 유핵층은 경계가 뚜렷하지 않은 유극층과 기저층으로 이루어져 있다. 표피는 기저층에서 발생한 새로운 세포가 모양이 변하며 점점 위쪽으로 올라가 최후에는 각질이 떨어져 나가는 과정인 각화과정(kerati- niation)을 계속하여 되풀이 한다.

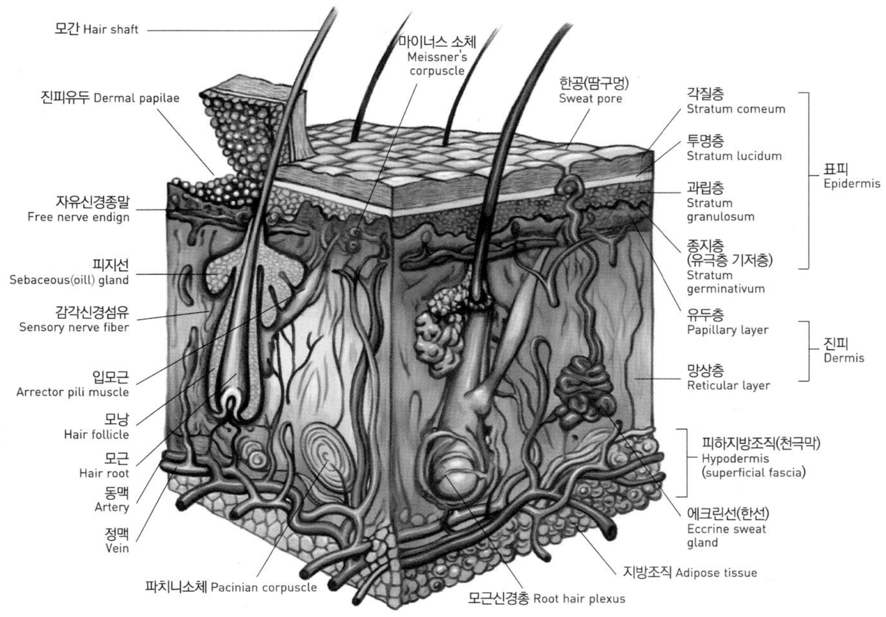

[그림 9-1] 피부의 구조

① **각질층**

표피의 가장 위층으로 편평하고 핵이 없는 다수의 죽은 각질세포가 15~20겹 정도로 존재하며 수분의 함량은 약 10~20% 정도이다. 이러한 각질층은 죽은 세포로 구성되어 피부 밖으로 탈락하게 되는데 머리에는 비듬, 피부에서는 때로 나타나며 이러한 박리현상에 걸리는 기간은 약 28일 정도이다.

② **투명층**

빛을 차단하는 투명층은 손바닥이나 발바닥 등 비교적 두꺼운 층에만 존재한다. 엘라이딘(elaidin)이라는 반유동적인 단백질성분이 있어 투명하게 보이며 수분을 튕겨내는 성질이 있어 외부로부터의 물질 침투를 방지하는 역할을 한다.

③ **과립층**

2~3겹으로 구성되어 있으며 케라틴의 전구물질인 케라토히알린(keratohyalin) 과립이 있어 빛을 굴절시키는 작용을 한다. 또한 과립층에는 얇은 막(레인막 : rein membrane)이 있어 각질층 외부로부터 이물질의 흡수를 막고, 반대로 피부 내의 수분이 밖으로 증발하는 것을 막아준다.

④ 유극층

약 6~8개의 층으로 구성된 유극층의 세포모양은 다각형으로 핵을 갖고 있으며 세포와 세포사이가 가시 모양의 돌기로 연결되어 있어 가시층이라고도 한다. 또한 유극층에는 면역기능을 담당하는 랑게르한스세포가 존재한다.

⑤ 기저층

표피 중 가장 아래에 위치하고 있으며 진피와 물결모양으로 경계를 이루고 있으며 이러한 물결모양이 뚜렷할수록 젊고 탄력 있는 피부라고 할 수 있다. 기저층은 각질형성세포 및 색소형성세포가 있는 중요한 층으로 상처를 입게 되면 재생이 어려워 흉이 남게 된다.

2) 진피

표피의 바로 아래에 위치한 진피는 표피보다 20~40배가량 두꺼우며, 두께는 약 2~3mm로 실질적인 피부이다. 주요성분은 교원섬유인 콜라겐(collagen)과 탄력섬유인 엘라스틴(elastin)이며 서로 그물모양으로 짜여져 있어 피부의 생기와 탄력을 유지해준다.

진피는 경계가 뚜렷하지 않은 상층의 유두층과, 하층인 망상층으로 이루어져 있다. 또한 모세혈관, 림프관, 한선, 피지선, 털 등이 뻗어 있어 피부의 영양 및 지각기능을 담당하는 중요한 기관이다.

3) 피하조직

진피의 아래층, 피부의 가장 아래층으로 지방세포들이 축적되어 있는 느슨한 결합조직으로 진피보다 두꺼운 층이다. 지방이 포도알처럼 뭉쳐 있으며 두께는 부위, 연령, 성별, 영양상태 등에 따라 다르다. 피하조직은 피부와 근육 및 내장을 보호하는 완충 역할을 하며 보온과 여분의 칼로리를 저장하는 기능도 가지고 있다.

4 피부의 부속기관

1) 한선

한선은 땀을 분비하는 곳으로 전 신체에 대략 200만 개가량 있으며 1일 정상 분비량이 성인의 경우 0.6~1.2ℓ이고 99%의 물과 1%의 나트륨, 칼륨, 요소, 단백질 등으로 이루어져 있다. 전신에 존재하는 한선은 체온 조절을 다스리는 소한선과 신체 특정 부위에만 존재하면서 사춘기 이후에 기능을 발휘하는 대한선으로 나눌 수 있다.

(1) 종류

① **소한선**(에크린샘 : Eccrine sweat gland)

전신에 분포되어 있으며 특히 손바닥과 발바닥에서 많이 분비되는 소한선의 액체는 냄새가 거의 없고 투명한 것이 특징이다. 출생 직후부터 땀을 분비하며 더울 때나 운동할 때는 더 많이 흘리게 된다. 피지와 더불어 피부를 보호하며 습기를 주어 피부의 건조를 막아준다. 일반 성인의 신체에는 2백만~4백만 개의 에크린선이 있다.

② **대한선**(아포크린샘 : Apocrine sweat gland)

모공을 통하여 세포성분의 액체상태로서 분비되는데 특이한 냄새와 뿌옇고 탁한 것이 특징이다. 소한선보다 형태가 크며 주로 겨드랑이, 유두, 음부, 귓속 등의 특정부위에만 존재한다. 특히 체질에 따라 대한선에 세균이 침입하면 냄새가 심해지기 때문에 체취선이라고도 한다. 2차 성징의 하나로 사춘기 때 기능이 가장 활발한 대한선은 인종적으로 흑인, 백인, 동양인 순으로 많다.

(2) 땀의 이상분비

① **다한증**

땀의 분비가 많아지는 것을 의미한다.

종류로는 신체일부에만 나타나는 국한적 다한증과 신체전반부에 나타나는 전신적 다한증, 음식이나 냄새에 의한 미각다한증, 후각다한증 등이 있다. 이외에 신체가 허약하거나 질환 등에 의해서도 나타날 수 있다.

② **소한증**

땀의 분비가 감소되어 땀을 적게 흘리는 것을 의미하며, 원인으로는 갑상선 기능의 저하, 금속성 중독, 신경계통의 질환 등을 들 수 있다.

③ **취한증**(액취증)

흔히 암내하고도 하며 심할 경우 옷 색깔까지 변색시킬 수 있다. 이러한 냄새는 아포크린샘 자체에서 나는 것이 아니고 아포크린샘에서 분비되는 분비물이 세균으로 인하여 부패되면서 발생하는 악취를 의미한다.

④ **한진**(땀띠)

땀이 피부표면으로 분비되는 도중 땀샘의 입구나 땀샘 중간의 한 곳이 폐쇄되어 배출되지 못한 땀이 쌓여 발생하며, 성인보다 소아에게서 많이 발견된다.

2) 피지선

피지선은 모낭의 벽에 주머니 모양으로 붙어서 모공으로 피지를 분비하기 때문에 대개는 털에 부속하여 존재하므로 일명 모낭선이라고도 한다. 간혹 털과 무관하게 피지를 분비하는 경우도 있는데 이를 독립피지선이라 하며 입술, 구강점막, 눈꺼풀, 젖꼭지 등이 대표적이다. 피부 표면에 윤기부여와 방수 역할을 하는 기름기인 피지를 분비하며 내분비 계통의 지배를 받는 피지선은 손바닥과 발바닥을 제외한 거의 전신에 존재하고 분포 정도는 안면의 경우 평균 800개/cm^2이며 팔 다리의 경우 50개/cm^2로 특히 이마 턱, 등, 가슴 등의 부위에 잘 발달되어 있다. 1일 피지의 분비량은 1~2g 정도이나 환경과 성별 등에 따라 차이가 있으며 대개 남성이 여성보다 피지량이 많다.

3) 털(Hair, 모발)

털은 포유동물에게만 존재하며 생태학적으로 상피조직에서 생성되며 태아기 2개월째부터 나타난다. 사람의 전신에는 약 130~140만 개의 털이 있는데 이 중 약 10만 개 정도가 두발로 위치하게 된다. 일반적으로 두발의 85~90%는 성장기의 모발로 서 일정기간 동안 남성은 3~5년, 여성은 4~6년, 속눈썹은 3~5개월, 눈썹 2~3년 정도로 휴지기를 맞게 되는데 반해 휴지기 모발이라 불리는 10~15%의 모발은 성장이 정지된 상태로 있다가 점차 자연스럽게 빠지게 된다.

(1) 털의 구성성분

케라틴(80~90%)이라는 경단백질이 주성분으로 케라틴은 18가지 아미노산으로 조성되어 있는데, 털은 이 중에서 시스틴, 글루타민산, 아스파라긴산, 알기닌, 세린, 스레오닌, 티로신, 페닐알라닌 등의 아미노산으로 이루어져 있다.

(2) 털의 형태

털의 굵기에 따라 취모, 연모, 성모로 구분하며 털의 길이에 따라 장모, 단모로 구성한다.

① 취모 : 부드럽고 섬세한 엷은 색의 털로 태아의 피부에 있는 털

② 연모(생모) : 성인 피부의 대부분을 덮고 있는 섬세한 털

③ 성모(경모) : 굵은 성인의 머리카락 눈썹, 속눈썹, 수염, 겨드랑이 및 음부의 수질을 포함하고 있다.

④ 장모 : 긴 털로 머리카락, 수염, 음모, 액와의 털

⑤ 단모 : 짧은 털로 눈썹, 속눈썹, 콧털, 귓털

⑥ 털이 없는 곳 : 손바닥, 발바닥, 입술

(3) 털의 구조

① 모간 : 피부표면 밖으로 나와 있는 부분을 말한다.

② 모근 : 피부 속 모낭 안에 있는 부분을 말한다.

③ 모낭 : 모낭은 털을 만들어내는 기관으로 모근을 싸고 있다.

④ 모구 : 전구 모양으로 이곳에서부터 털이 성장한다. 모질세포와 멜라닌세포로 구성되어 있다.

⑤ 모유두 : 모구와 맞물려 있는 부분으로 혈관과 림프관을 통해 털에 영양을 공급하여 발육에 관여한다.

⑥ 입모근 : 모낭의 측면에 위치한 근육으로 모포의 내부 층과 털 사이 공간에 들어있는 피지를 눌러 분비하여 외부로 내보낸다.

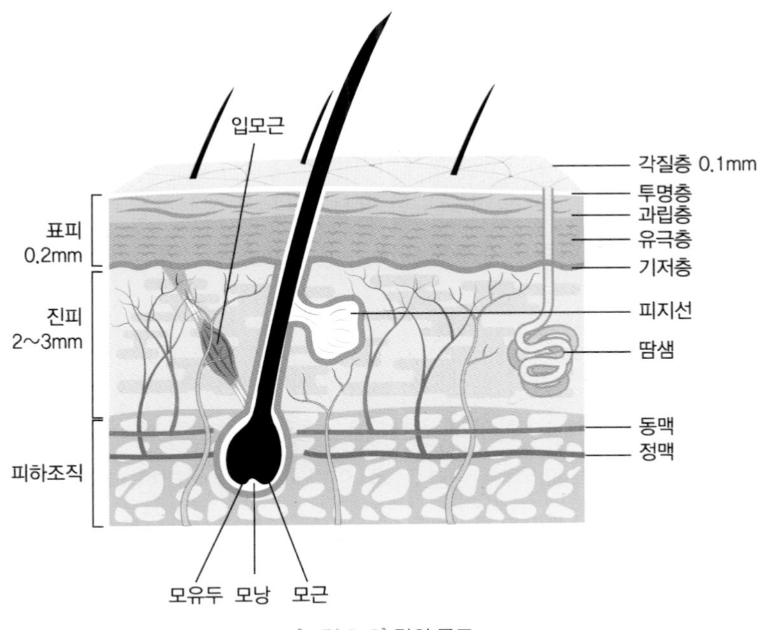

[그림 9-2] 털의 구조

(4) 털의 단면

① 표피

모표피라고도 하며 털의 가장 외부에 위치하여 모피질을 보호한다. 각질화 된 세포로서 비늘이 서로 겹쳐진 모양을 하고 있다.

② 모피질

모발 중 가장 두껍고 중요한 부분으로 중간층에 위치하며 점차 자라면서 핵을 소실하게 된다. 방추형의 결합세포로 모피질 사이에 멜라닌을 함유하고 있다.

③ 모수질

털의 맨 안쪽 중심부에 자리하고 있는 부분으로 각화된 입방형, 즉 벌집 모양 또는 원형모양의 세포가 느슨하게 연결되어 있으며 공기, 연 케라틴, 영양소 등을 함유하고 있다.

(5) 털의 이상증세

① 조모증

여성의 전 신체에 털의 수와 성장이 남성처럼 나타나는 증상으로 아버지의 유전인자가 딸에게 유전된 것이다. 원인으로는 호르몬장애, 부신피질의 질병, 난소의 종양 등을 들 수 있다.

② 다모증

신체에 털이 증가하는 것으로 여성에게 많이 나타나는 증상이다. 원인으로는 내분비의 장애로 부신이나 난소에 종양 등의 이상이 있어 과도한 남성호르몬을 생성하는 여성에게서 나타나나 대부분의 여성들에게 나타나는 다모증은 가계에 의해 유전적 요소나 신경질환 등에 많은 원인이 있다.

③ 탈모증

두발이나 신체의 털이 여러 가지 원인으로 인하여 빠지는 것을 의미한다.

원인으로는 유전과 질병(매독), 환경적 스트레스, 호르몬의 변화(피임제복용), 화학제와 의약품(항암제 등), 영양의 결핍(철분과 미네랄부족) 등으로 들 수 있다. 따라서 이러한 다양한 원인으로 원형탈모증, 휴지기탈모, 성장기탈모, 남성탈모증, 매독성탈모증, 내분비성탈모증, 지루성탈모증, 압박성탈모증 등으로 구분할 수 있다.

4) 손톱·발톱

손·발톱은 모발과 마찬가지로 경단백질인 케라틴과 이를 조성한 아미노산 특히 시스틴으로 주로 구성되어 있으며, 이외에 기질 0.1~1%, 유황 3%, 칼슘, 마그네슘, 구리, 아연, 철 등의 미네랄과 미량원소들로 구성되어 있다. 수분은 7~10%로 피부에 비해 적은편이며 손·발톱의 경도는 함유된 수분의 함량이나 각질의 조성에 따라 좌우된다.

(1) 손·발톱의 건강

① 조상(네일베드)에 강하게 부착되어 있다.
② 단단하고 탄력이 있으며 둥근 아치를 형성한다.
③ 반투명한 핑크빛을 띠며 매끄럽고 광택이 나야 한다.
④ 세균에 감염되지 않아야 한다.
⑤ 수분이 약 7~10% 함유되어야 한다.

(2) 손·톱의 구조

① **조근**(네일루트, Nail root)

표피의 유핵층에 위치한 손톱과 발톱의 성장 장소로 새로운 세포조직이 형성되므로 매우 부드럽고 얇다. 이 부위의 부상 시에는 손·발톱에 장애가 발생한다.

② **반월**(루놀라, Lunula)

완전히 각질화 되지 않은 조체의 베이스 부분의 흰색의 반달모양을 하고 있다.

③ **조체**(네일보디, Nail body)

조판(nail plate)이라고도 한다. 큐티클에서부터 손톱 끝까지 연장되는 손톱 본체를 의미한다. 조체 자체에는 모세혈관이나 신경조직이 없다.

④ **조상**(네일베드, Nail bed)

조체를 받쳐주는 역할을 하며 조체 밑에 위치한다. 조체 밑 부분으로 지각신경 조직과 모세혈관이 존재하여 모세혈관은 손톱이 핑크색을 띠게 하는 역할도 한다.

⑤ **자유연**(프리에지, Free edge)

네일베드가 끝난 지점부터 손톱 끝부분까지를 지칭한다.

⑥ **조소피**(큐티클, Cuticle)

손톱주위를 덮고 있는 피부를 지칭한다. 미생물 등 세균의 침입으로부터 손·발톱을 보호한다.

⑦ **조구**(네일그루브, Nail grooves)

조상 양측면의 음푹 파인 손·발톱의 홈을 의미한다.

⑧ **조벽**(네일월, Nail wall)

조구를 덮고 있는 양측 피부를 의미한다. 외적 충격이나 압박으로부터 손·발톱을 보호한다.

⑨ **조하막**(Hyponychium)

손톱 끝 밑에 있는 얇은 피부로 박테리아의 침입으로부터 손톱과 발톱을 보호한다.

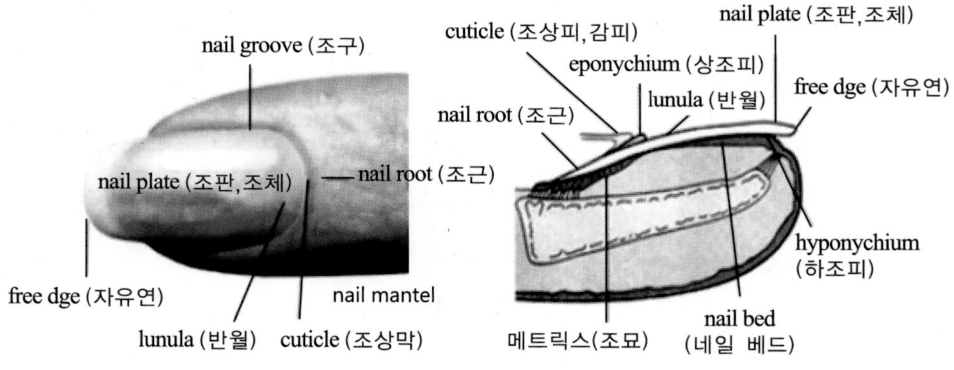

[그림 9-3] 손톱의 구조

5) 유선

유선은 젖을 분비하는 기관으로 남성과 여성 모두에게 존재하지만 남성의 경우 소년기에서 성장을 멈추는 반면, 여성의 경우는 사춘기 이후 여성 호르몬인 에스트로겐과 항체 호르몬 프로게스테론 등의 자극을 받아 계속 커지게 된다. 수유기엔 유즙분비 호르몬인 프로락틴과 태반 락토겐에 의하여 유즙분비가 촉진된다.

5 피부의 생리적 기능

1) 보호기관으로서의 역할

(1) 체온조절의 기능

외부의 온도가 높아지거나 낮아지거나 우리 인체는 일정한 체온을 유지(항상성)한다. 이러한 체온의 항상성 유지 작용에 각질층, 헤어, 땀샘 혈관이 중요한 역할을 하고, 체온의 항상성 유지를 위해 피부는 체외 기온과 반응하여 혈액순환의 양이나 땀의 분비량으로 조절한다. 즉 외부온도가 36°C 이상 상승되면 혈관을 확장시켜 발한 작용이 일어나고, 외부온도가 28°C 이하로 내려가면 피부표면과 혈관 및 입모근이 수축하여 체온의 발산을 막아준다.

(2) 외부충격으로부터의 보호기능

피하조직의 지방, 진피의 탄력, 각질층의 비후(일종의 굳은살) 등은 외부의 타박이나 압박 등의 물리적 자극, 피부의 피지막과 같이 알칼리 성분과 독극물을 중화하여 외부의 화학적인 자극으로부터의 피부를 보호한다.

(3) 세균침입으로부터의 보호기능

피부표면의 산성막은 pH5.2~6.0 약산성으로 세균 및 미생물의 침입을 억제한다. 또한 피지 중의 지방산도 세균을 억제하는 보호기능을 가지고 있다.

(4) 광선으로부터의 보호기능

피부가 자외선에 노출되면 홍반현상, 색소침착 등이 발생한다. 그러나 자외선에 피부가 노출될 경우 멜라닌 세포가 자외선을 흡수하여 피부를 보호한다.

2) 감각기관으로서의 역할

피부 내에 있는 신경의 말단인 감각소체에 의해 압각, 촉각, 통각, 온각, 냉각 등의 감각을 느끼게 되고 피부의 이러한 신호로 뇌는 위험을 인식하고 즉시, 몸의 각 기관에 지령을 해 위험으로부터 멀어지도록 한다. 이러한 감각기관은 대략 1cm^{2}의 면적에 통각은 200개, 촉각은 25개, 냉각은 12개, 온각은 2개 정도가 존재한다.

3) 호흡기관으로서의 역할

피부호흡이라 피부내의 신진대사 결과에 의해 생기는 CO_2를 피부 밖으로 보내고 신선한 산소를 흡수하는 것을 의미한다. 지나치게 유분이 많은 화장품은 피부 호흡을 불가능하게 한다.

4) 흡수기관으로서의 역할

건강한 피부는 이물질의 침투를 막고 각질층, 한선, 모공을 통해 지방이나 수분에 용해된 물질을 흡수한다.

- 흡수가 용이한 물질 : 지용성비타민 A, D, E, F, 스테로이드계 호르몬, 유기물로 가는 페놀, 살리실산, 금속으로는 수은, 비소, 납, 유황 등이 속한다.

5) 저장기관으로서의 역할

피하조직의 지방은 우리 신체 중 가장 큰 저장기관의 하나로서 각종 영양분과 수분을 보유하고 있다가 신체가 에너지를 필요로 할 때 에너지 급원으로 사용한다.

6) 분비 및 배설기관으로서의 역할

내분비와 외분비 작용이 있으며 아름답고 건강한 피부의 특징인 피부의 매끄러움과 윤택 등은 외분비 작용과 아주 밀접하다고 할 수 있다. 주요한 외분비 작용은 땀과 피지의 분비작용으로 피부표면에 습기와 윤기를 주어 피부의 일정한 pH를 조절한다. 땀은 물 이외 요오드, 브롬, 비소 등의 약물을 배설하기도 한다.

6 피부와 광선

수 천년 전부터 광선요법이 건강을 촉진하는 효능이 있다는 사실이 알려짐에 따라 치료에 사용되어 왔고, 100년 전 부터는 인공적으로 만든 광선이 치료의 목적으로 사용되고 있다. 광선의 파장과 주파수에 따라 저주파 광선과 고주파 광선으로 구별하기도 하고 태양광선의 경우는 파장에 따라 자외선(약 6%), 적외선(42%), 가시광선(52%)으로 나누기도 한다.

1) 자외선

자외선은 살균력이 강해 화학선이라고도 하며, 비타민D를 활성화 시키므로 건강선이라고도 한다. 하지만 피부가 자외선에 과잉 노출될 경우는 피지의 산화 작용으로 각질화가 가속되고 피부의 탄력성이 떨어지며 색소침착으로 피부노화의 주원인이 될 수도 있다. 또한 자외선은 각종 피부암 및 백내장 등의 장애를 유발하기도 한다.

자외선의 강도는 고도, 지형, 날씨, 계절, 하루의 시간 등에 많은 차이가 있으며, 자외선은 파장의 범위에 따라 UV-A, UV-B, UV-C로 나눌 수 있다.

(1) 종류

① UV-A

- 장파장(320~400nm)으로 진피 깊숙이 침투한다.
- 색소침착 및 콜라겐을 손상시킨다.
- 일상생활과 가장 쉽게 접하는 생활광선이다

② UV-B

- 중파장(280~320nm)으로 표피와 진피의 상부까지 침투한다.
- 유리창에 의해 어느 정도는 차단된다.
- 피부건조, 색소침착, 일광화상(sun-burn)을 일으킨다.

③ UV-C

- 단파장(200~290nm)으로 가장 강한 자외선이다.
- 최근 오존층의 파괴로 생태계를 위협하는 요소이다.
- 피부암의 원인이 된다.

(2) 자외선 차단법

자외선 차단제는 주름방지나 기미 등의 미용적 효과는 물론 일광 알레르기가 있는 사람에게는 중요한 예방책 중의 하나이다. 따라서 피부를 보호하기 위한 효과적인 차단법은 자외선을 산란시키는 방법과 자외선을 흡수하는 방법이 있다.

① **자외선 흡수**

안티라닐산메칠 등의 성분을 가미한 자외선 차단크림(썬크림, 썬밀크, 썬블럭) 등을 바르면 차단크림 속의 성분이 화학적인 흡수작용에 의해 빛을 흡수하여 자외선이 피부 속으로 침투하는 것을 소멸시킨다.

② **자외선 산란**

자외선과 가시광선을 반사 또는 분리시키는 불투명한 물질 초미립자 산화아연이나 이산화티탄 등의 성분을 가미한 파운데이션, 파우더나 투웨이케이크 등의 화장품을 발라 빛을 굴절시킨다.

❋ 자외선 광독성 : 특히 이산화티탄은 자외선을 받으면 활성산소를 발생시킨다. 이산화티탄 자체로는 독성이 없지만 빛을 받으면 독성이 생긴다. 이것을 광독성이라 한다.

(3) 자외선 차단지수(sun protection factor=SPF)

자외선 차단지수란, 피부가 자외선으로부터 보호되는 정도 및 시간을 지수로 나타낸 것으로 화장품 제조회사나 개인의 자가 보호능력에 따라 차이가 있다. 그러나 일반적으로 SPF1은 약 10분의 차단효과가 있다고 계산하면 된다.

❋ SPF15일 경우 : 10분×15=150 즉, 2시간 30분 정도 보호된다고 생각하면 된다.

2) 적외선

적외선은 태양광선 중에 60%를 차지하며 열작용이 있어 혈액순환 및 신진대사를 촉진시킨다. 적외선은 피부미용의 경우 피부긴장을 완화시키고 팩의 건조 및 영양성분의 침투를 도와주는데 이상적인 사용방법은 피부에서 20~60cm 띄우고 5~15분간 적외선을 쪼여주는 것이 좋다.

3) 가시광선(Visible rays)

① 황광선은 통증(충혈부위)을 완화시키며 주로 목뒤나 긴장되기 쉬운 부위에 사용한다.

② 적광선은 크림이나 연고 위에 사용하면 침투효과가 크고 세포조직을 부드럽게 한다.

③ 청광선은 열선이 거의 없고 신경을 안정시키며 벗겨진 피부를 튼튼하게 한다.

7 피부와 영양

피부의 진정한 영양은 체내로부터 혈액에 의해서 공급되어지는 것으로 화장품이나 그 밖의 의약품에 의해서 보충되는 것이 아니다. 따라서 충분한 영양섭취와 규칙적인 생활 및 운동, 휴식 등을 취하는 것이 좋다. 또한 혈액은 pH7.4 약 약알칼리이므로 혈액이 알칼리성에 가깝게 하는 음식물을 섭취하고, 자극적인 음식물은 피하는 것이 좋다.

1) 탄수화물과 피부

① 역할 : 신체의 중요한 에너지원으로 혈당을 유지시키고 장의 연동운동을 돕는다.

② 결핍증세 : 체중이 감소하며 기력이 감소한다.

③ 과잉증세 : 혈액의 산도를 높이며(산성체질), 체중증가의 원인이 되다.

④ 함유식품 : 쌀밥, 고구마, 감자, 빵 등

2) 지방과 피부

① 역할 : 생활에 필수적인 에너지원이며 신체의 체온 조절 및 피지선의 기능을 조절하여 피부의 건조를 방지하며 피부를 윤기 있게 해준다.

② 결핍증세 : 체중이 감소하며 피지분비저하로 피부가 거칠어진다.

③ 과잉증세 : 콜레스테롤과 관련된 질병인 비만, 동맥경화, 심장병 등을 유발한다.

④ 함유식품 : 식물성-참깨유, 올리브유,동물성-돼지기름, 버터, 베이컨 등

3) 단백질과 피부

① 역할 : 생명체의 세포구성단위로서 세포 및 신체조직을 생성시키며 대뇌의 활동, 골격의 형성, 내장과 피부근육에 깊이 관여한다.

② 결핍증세 : 영양실조, 빈혈과 발육불량, 면역성감퇴, 피부노화, 부종 등이 나타난다.

③ 과잉증세 : 혈액순환장애, 불면증, 이명 현상 등이 나타난다.

④ 함유식품 : 식물성단백질-콩, 녹두, 깨, 잣 등 동물성단백질-쇠고기, 돼지고기, 닭고기, 생선류 등

4) 비타민과 피부

비타민은 소량으로 생명에 큰 영향을 미치는 중요성분으로서 체내의 생리작용을 조절하며, 특히 비타민D를 제외한 비타민은 체내에서 생성할 수 없으므로 외부에서 섭취하여야 한다.

비타민은 크게 지용성비타민과 수용성비타민으로 분류되어지는데 비타민 A, D, E, F, K, U는 지용성비타민들이고 비타민 B복합체, C, L, P와 비오틴, 폴산, 콜린, 이노시톨 등은 수용성비타민이다.

(1) 비타민A(항질병비타민)

① 역할 : 피부의 상피조직 보호 비타민으로 건성피부의 경우 각화 정상화로 피부 재생을 도우며, 화농성 여드름 유발을 방지하고 피부노화에도 큰 효과를 준다.

② 결핍증세 : 야맹증, 피부건조, 피부염증 발생, 각화이상

③ 과잉증세 : 탈모를 유발시킨다.

④ 함유식품 : 당근, 호박, 귤, 감 등

(2) 비타민 B1(항신경성비타민)

① 역할 : 신경을 정상적으로 유지시키는 역할을 하며 민감성피부에 면역성을 길러준다.

② 결핍증세 : 각기병, 부종, 변비 등

③ 함유식품 : 녹황색채소, 우유, 난황, 돼지고기

(3) 비타민 B2(항피부염성비타민)

① 역할 : 피부 내에 쉽게 흡수되어 모세혈관의 혈액순환을 촉진시키고 모세혈관성피부, 알레르기성피부, 광예민성피부, 지루, 여드름피부 등에 진정효과를 가져온다.

② 결핍증세 : 구각염, 각막염

③ 함유식품 : 쇠간, 정어리 치즈, 아몬드

(4) 비타민 B6

① 역할 : 피지의 과다분비를 억제하는 비타민으로 모든 피부의 이상증세에 대처하는 효능을 가지고 있다.

② 결핍증세 : 피부의 이상증세, 피지분비과다, 부종 등

③ 함유식품 : 간, 콩, 육류, 난황 등

(5) 비타민 B12(항악성 빈혈비타민)

① 역할 : 헤모글로빈 생성 시 중요한 비타민으로 피부의 새 세포형성에 관여하며 여드름성 피부, 위축된 피부와 모세혈관확장 피부에 진정효과가 있다.

② 결핍증세 : 악성빈혈

③ 함유식품 : 간, 조개, 김 등

(6) 비타민 C(피부미용, 항산화성비타민)

① 역할 : 멜라닌 색소의 증상을 억제하고 광선에 대한 저항력을 증가시키며 모세혈관벽을 튼튼하게 하고 진피의 결체조직을 강화시킨다.

② 결핍증세 : 괴혈병, 빈혈 등

③ 함유식품 : 신선한 야채와 과일

(7) 비타민 D(항구루병비타민)

① 역할 : 칼슘이나 인의 대사에 관여, 뼈와 치아구성, 피부병인 습진과 각화증의 관리 시에 뛰어난 효능 갖고 있다.

② 결핍증세 : 구루병(곱사병), 골연화증.

③ 함유식품 : 간, 난황, 우유, 버섯 등

(8) 비타민 E(항산화성비타민)

① 역할 : 토코페롤이라고도 하며 피부의 상처를 치유하는 효능, 세포의 에너지를 증강시키므로 늘어진 피부, 노화방지나 세포재생을 돕는 역할을 한다.

② 결핍증세 : 피부노화, 성기능장애, 불임, 유산 등

③ 함유식품 : 곡물의 배아, 버터, 난황 등

(9) 기타 비타민의 역활

① 비타민K : 혈액의 응고에 관여하며 비타민P와 함께 모세혈관의 벽을 튼튼하게 해주고 피부염과 습진에 좋은 효과를 보인다.

② 비타민P : 세포조직을 강화시켜 알레르기치료 및 부종방지의 효과를 보인다.

③ 비타민H(Biotin) : 피부병 가운데 염증을 유발하는 것에 치유효과가 있다.

5) 무기질과 피부

에너지원은 없으나 신체의 발육과 신진대사의 기능을 원활하게 이루어지도록 도와주는 조절영양소의 역할을 한다.

(1) 칼슘(Ca)

골격이나 치아를 구성하며 혈액을 응고시킨다. 결핍되면 골(뼈)이상, 지혈약화 등의 문제가 생기고 치즈, 우유, 콩 등에 많이 함유되어 있다.

(2) 인(P)

탄수화물과 지방의 대사에 관여하며 결핍되면 발육이 부진하다. 함유식품으로는 새우, 오징어, 치즈, 쇠고기 등이 있다.

(3) 철(Fe)

헤모글로빈의 구성성분이며 질병에 대한 저항력을 증진시켜준다. 결핍증상으로는 빈혈, 함유식품으로는 간, 굴, 김, 팥 등이다.

(4) 나트륨(Na)

pH를 조절해주고 신경자극을 전달해준다. 결핍 시는 근육의 경련, 두통, 소화불량 등의 증상이 나타나며 함유식품으로는 젓갈, 절인생선, 간장, 미역 등이다.

(5) 요오드(I)

갑상선과 부신의 기능을 원활하게 해주어 피부를 건강하게 하며 모세혈관의 기능을 정상화시킨다. 결핍 시는 갑상선증, 크레틴병, 유방암의 원인이 될 수도 있으며 요오드 함유식품으로는 해조류나 생선 간유에 많이 함유되어 있다.

8 피부의 유형

피부의 유형은 피부의 색깔, 매끄러움과 거침, 탄력성처럼 육안으로 보이는 요인들에 의하여 분류되는 것이 아니라 땀샘과 기름샘의 기능 감소와 증가에 따라 결정되는 것이다. 또한 피부의 유형은 개인의 연령, 성별, 유전인자, 신체조건, 심리상태, 영양 상태와 계절, 환경 등에 따라 다르다.

1) 건강한 피부란

① 한선과 피지선의 기능이 좋아 피부 표면이 촉촉하며 윤기 있어야 한다.
② 혈액순환이 잘 되어 영양공급이 원활하며 분홍빛의 안색을 띠어야 한다.
③ 피부의 유·수분의 균형이 적당하여 피부가 부드럽고 모공이 섬세하여야 한다.
④ 피부의 신진대사 기능이 좋아 각질의 두께가 적당하고 표면이 매끄러워야 한다.
⑤ 콜라겐 섬유와 엘라스틴 섬유가 튼튼하여 피부의 탄력성이 좋으며 잔주름이 적어야 한다.
⑥ 피부의 장애(색소침착, 여드름요소 등)가 없는 청결한 피부이어야 한다.

2) 피부유형에 따른 관리법

(1) 정상피부(normal skin, 정상피부)

기름샘과 땀샘의 활동이 정상적인 피부상태로서 피부의 생리기능 모두가 정상적인 활동을 하는 피부를 의미한다.

① 특징

- 피지와 땀의 분비가 적당하여 표면이 매끄럽고 윤기가 있어야 한다.
- 혈액순환이 원활하므로 혈색이 좋고 피부가 촉촉하다.
- 단단한 조직으로 신축성과 탄력성이 좋다.
- 세균에 대한 저항력이 있다
- 화장이 오래 지속된다.

② 관리법

- 평상시에 정상피부를 유지하기 위한 기초 손질을 충실하게 한다.
- 균형 잡힌 식사와 원활한 신진대사를 가능하게 하는 비타민B2를 충분히 섭취한다.
- 충분한 수면과 규칙적인 생활을 한다.

(2) 건성피부(dry skin)

① 특징

- 외관상으로는 좋아 보이나 피지와 땀의 분비가 저하되어 건조하고 윤기가 없다.
- 피부두께가 얇아 눈가나 입꼬리에 잔주름이 쉽게 잡힌다.
- 세안 후 피부가 당기거나 하얀 각질이 일어나고 심하면 버짐이 생긴다.
- 나이가 들거나 겨울엔 더욱 건조해지며 저항력이 떨어져 피부가 예민해진다.

② 관리법

건성화의 원인은 유·수분의 부족으로 인하여 야기되므로 원인을 파악하여 관리한다.

- 건조한 실내에 적당한 습도(40~70%)를 유지한다.
- 뜨거운 물과 차가운 물은 피하고 미온수를 사용한다.
- 세안 시 탈지력이 강한 비누사용은 삼가고 무자극의 클린징제를 택한다.
- 보습효과가 뛰어나고 비타민A와 E가 함유된 영양화장수, 에센스, 영양크림 등을 사용한다.
- 혈액순환과 신진대사를 원활하게 하는 마사지와 팩 등으로 유·수분을 공급해준다.

③ 건성피부의 종류 및 관리법

㉠ 수분 부족의 건성피부

- 원인 : 선천적, 비타민A결핍, 과다한 일광욕과 지나친 사우나, 잘못된 다이어트
- 관리법 : 비타민A 섭취 및 보습효과가 좋은 화장수, 수분에센스, 수분크림, 수분팩 등으로 피부에 수분을 공급하는 것을 목적으로 한다.

㉡ 유분부족의 건성피부

- 원인 : 선천적, 유분이 많이 함유된 화장품의 장시간 사용 등
- 관리법 : 비타민A와 E가 함유된 음식 섭취 및 화장품을 사용하고, 마사지를 정기적으로 행하여 기름샘을 자극함으로써 피지분비를 증가시키는 것을 목적으로 한다.

㉢ 유분과 수분 부족의 건성피부

- 원인 : 외부의 심한 냉난방으로 인한 피부의 수분 증발, 지루성, 여드름성 피부를 피지분비 억제의 목적으로 심하게 관리하는 경우
- 관리법 : 수분부족 피부 관리법+유분부족 피부 관리법을 적절하게 적용한다.

(3) 지성피부(Oily Skin)

① 특징

- 과다하게 분비되는 피지로 인해 피부는 늘 번들거리며 끈적임이 있다.
- 모공은 점차 넓어지고 피부 결은 거칠어지며 각질층은 두꺼워져 피부가 두터워 보인다.
- 두꺼운 편이며 나이가 들어도 주름이 별로 형성되지 않는다.
- 나이가 들어 안드로겐(androgen) 기능이 저하되면 피부가 건성화, 예민화 된다.
- 과다한 피지 분비는 피지와 각질 등으로 모공입구(follicle)가 막히게 되면 여드름 유발의 원인이 된다.

② 관리법

- 마사지보다는 클린징(철저한 세안) 위주로 피부를 청결하게 하는 것이 중요하다.
- 소염, 진정, 모공을 수축시켜주는 성분이 함유되어 있는 화장수를 사용한다.
- 비타민B군이 함유된 식품을 섭취 하며, 당분이 함유된 식품이나 기름진 음식은 피한다.
- 잦은 세안 또는 피지분비의 과량에 맞춰 산뜻한 수분타입의 화장품을 사용한다.

(4) 복합성피부(combination skin)

① 특징

- 피지분비량의 불균형으로 2가지 이상의 피부유형이 나타난다.
- T-zone 부위의 제외한 다른 부위는 건성화 되어 심하게 당긴다.
- 피지가 많은 곳은 여드름이나 뾰루지가 나고 모공이 크고 거칠다.
- 화장품에 의한 면포(comedo)형성이 잘 된다.

② 관리법

두 가지 피부타입이 복합적으로 나타나므로 화장품(화장수, 크림, 팩 등)을 부분적으로 피부상태에 따라 다르게 적용한다.

(5) 예민피부(민감성피부 : sensitive skin)

건성, 지성, 여드름, 노화된 피부 등 어느 피부 타입에나 민감한 피부가 있을 수 있으며, 개인에 따라 그 원인과 반응에 차이가 있을 수 있다. 이 민감성 피부는 계절이나 주변환경, 심리 상태에 의한 피부 변화가 보통 피부에 비해 빠른 편이다.

① 특징

- 외관상 피부결은 섬세하여 깨끗해 보이나 건조화가 쉽게 이루어진다.
- 외부자극에 대한 저항력이 약하여 면포와 수포, 두드러기도 동반한다.
- 자극에 민감하여 외부온도에 의해 피부가 쉽게 피곤함을 느낀다.
- 피부의 색소침착현상이 잘 일어난다.

② 관리법

- 지나치게 높은 온도나 낮은 온도를 삼간다.
- 자극을 주지 않는 무향, 무색소의 민감성타입 화장품을 사용한다.
- 강한 핸들링을 이용한 마사지는 금하고 재규어나 림프마사지를 시행, 피부를 진정시킨다.
- 면역과 저항력강화로서 피부안정과 염증방지, 세포재생을 주목적으로 피부 관리를 행한다.

(6) 노화피부

① 특징

- 기름샘과 땀샘의 분비기능이 저하된다.
- 피부의 윤기나 광택이 저하된다.
- 결체조직의 위축으로 피부가 늘어지고 주름이 많다.
- 멜라닌세포의 기능약화로 검버섯, 기미 등의 색소침착이 많아 보인다.

② 관리법

- 규칙적으로 피부관리를 한다.
- 보습, 보호, 활성화 관리에 중점을 둔다(콜라겐, 천연보습인자, 비타민A, E가 함유되거나 활성산소를 억제시키는 성분이 함유된 화장품으로 관리한다).

(7) 여드름피부(acne)

① 특징

- 남성호르몬의 분비가 늘고, 피지의 분비가 활발해진다.
- 피지선에서 세균이 증식함으로써 염증을 유발시키며 각질도 두꺼워진다.
- 스테로이드제의 연고사용, 화장품, 스트레스등도 원인 요소가 될 수 있다.

여드름의 발전단계

- 여드름 피부 1도(면포성 여드름) : 가벼운 여드름
- 여드름 피부 2도(염증성여드름) : 적절한 관리가 필요하다.
- 여드름 피부 3도 : 구진과 농포가 심하며, 치료 후에도 흉이 남을 수 있다.
- 여드름 피부 4도 : 전문의의 치료가 필요하다.

② 관리법

- 여드름치료의 최선의 방법은 청결한 관리이다.
- 유분기가 많은 화장품은 피하는 것이 좋다.
- 맵고, 짜고, 단음식이나 지방질의 음식과 요오드가 많이 함유된 음식은 피하도록 한다.

(8) 과색소침착(hyper pigmentation : 기미와 주근깨)

기미가 자외선이나 여성호르몬, 정신적인 요인 등에 의해 생긴 것이라면 주근깨는 얼굴에 없었던 것이 생긴 것이 아니라 피부세포에 잠재적으로 있던 것이 자외선에 의해 짙어짐으로써 눈에 띄게 된 것이다.

① 특징

- 피부가 자외선에 노출되어 강하게 자극을 받으면 멜라닌 합성으로 피부색이 진하게 된다.
- 기미는 안면의 뺨 부위, 이마, 눈 밑, 코밑에 주로 나타나며 색깔이 균일하지 못하다.
- 내적원인인 여성호르몬의 분비증가, 세포의 노화와 위축, 피로와 스트레스 등으로 기미가 형성된다.
- 외적원인인 자외선, 화장품, 스테로이드계 연고제, 수술 후에 기미가 나타난다.
- 주근깨는 유전적 요인이 크며, 자외선에 의해 멜라닌 세포가 증가하면서 색소가 형성된다.

② 관리법

- 자외선으로부터 피부를 보호한다(외출 시 자외선 차단제, 모자, 양산 등 사용).
- 정신적, 육체적 스트레스를 최소화 한다.
- 피부를 과도한 자극으로부터 보호한다.
- 비타민C가 함유된 음식물을 많이 섭취한다.
- 보습, 미백성분이 함유된 화장품을 사용한다.

(9) 모세혈관확장피부

① 특징

- 표피층이 얇아져 진피층 내의 실핏줄이 피부표면으로 나타나는 붉은 피부를 말한다.
- 피부의 당김이 느껴지며 특히 달아오르는 느낌이 잘 나타난다.
- 피부세포의 성장이 빨라 각화과정이 정상보다 빠르며 각질층도 얇아지게 된다.
- 가느다란 혈관이 늘어나 혈관이 두꺼워져 모세혈관 확장현상이 나타난다.

② 관리법

- 비타민P 및 K ,비타민C, 비타민B 등을 충분히 섭취하여 혈관벽을 튼튼하게 한다.
- 콜라, 카레, 겨자, 마늘, 죽순과 고추 등의 혈관확장인자가 포함되어 있는 것은 피한다.
- 온냉 교차 타월을 이용하여 온도에 대한 적응력을 높이도록 한다.
- 각질제거제는 되도록 사용하지 말고 세정 팩을 이용한다.

9 피부관리의 이해

1) 안면 피부관리 순서와 피부분석

(1) 피부관리 순서

① 준비물

화장티슈, 화장솜, 면봉, 해면 4~6장, 팩 브러시, 팩볼, 스파츌라, 랩 및 호일, 여드름 압출용기구, 눈썹 수정용 가위 및 족집게, 정리대, 스티머 외 기기들, 고객의 피부 유형에 따른 제품 등을 고객이 오시기 전에 미리 준비해 놓는다.

② 피부관리 절차

- 고객 상담
- 고객 관리실내로 관리 가운 착용 후 침대로 안내한다.
- 고객가운을 입도록한 후 편안하게 침대에 눕게한다.
- 터번으로 헤어 정리 후 색조화장(눈화장, 입술) 제거
- 피부유형에 맞는 클렌징 제품을 선정하여 안면, 목, 테콜테 부위 클렌징 실시

- TISS UP 및 해면으로 닦기
- 피부유형에 맞는 화장수를 선택하여 화장 솜을 이용하여 안면, 목, 데콜테 부위를 닦아낸다(잔여분 제거 및 pH발란스).
- 피부분석(확대경, 우드램프 이용 : 아이패드)
- 피부유형에 따른 적절한 필링제을 선택하여 각질제거 및 딥클렌징 또는 1차 팩(팩 : 진정 및 보습)
- 해면으로 필링제 또는 1차팩 제거 및 습포
- 다시 화장솜을 이용 화장수로 닦아내기
- 눈썹가위와 눈썹칼을 이용하여 모양을 정리한 후 족집게로 불필요한 눈썹(성장방향)을 정리한다.
- 여드름성 요소가 있는 경우, 솜 또는 적출용기구로 제거한 후 소염화장수로 압출부위를 소독한다.
- 고농축 영양액인 에센스나 세럼, 또는 앰플를 손 또는 기기(갈바닉, 이온토프레시스, 초음파) 등을 이용하여 피부에 침투시킨다.
- 피부유형에 맞는 마사지크림 및 영양제품(나이트트림, 24시간크림, 에멀션 등)을 선택하여 피부에 맞는 적절한 마사지 기법(매뉴얼테크닉)을 시행한다.
- 온습포(해면사용 후 온습포 가능함)
  - 피부유형에 맞는 2차 팩(마스크)
  - 팩(마스크)은 제품특성에 따라 10~30분경과 후 제거(팩에 따라 해면이나 온습포로 닦아내거나 닦아내지 않고 그대로 흡수하는 경우가 있다.)
  - 피부유형별 화장수로 닦아내기.
  - 눈관리 제품(아이크림 & 젤 타입 등)을 바른 후 피부유형별로 필요한 영양농축액, 크림 & 썬크림의 순서로 마무리한다.
  - 고객을 가볍게 스트레칭 시킨 후 침대에서 일어나게 하여 어깨와 등을 가볍게 유연법, 강찰법 등을 사용 근육의 긴장을 풀어준다.
  - 관리를 받는 동안 불편한 점이 없었는지 문의하고 가정관리 조언과 다음 예약을 확인한다.
  - 사용한 침대와 제품, 기구 등 주변을 신속히 정리하고 다음고객을 맞을 준비를 한다.

(2) 피부 분석

① 고객카드작성요령

- 고객이 처음 관리실을 방문하여 피부관리를 시작하게 되었을 때 관리시작 전에 반드시 고객카드를 상세히 작성한다.

◆ 고객카드 기재를 통해 고객의 관리내용과 피부상태의 변화 등을 파악하여 지속적이고 효과적인 관리를 위한 자료로 삼는다.

◆ 고객카드는 고객의 신상, 피부의 유형진단, 피부관리 기록의 3부분으로 나누어 기재한다.

㉠ 고객신상

직업, 알레르기유무, 피부병력, 질병, 의약품복용여부, 식생활상태, 기호식품, 정서상태 및 스트레스, 평상 시 화장품사용과 피부관리 습관, 일광노출 상태와 일광 예민상태 등을 기재한다.

㉡ 고객의 피부유형 진단

고객의 체형을 체형학의 분류(스포츠형, 비만형, 허약형)에 의해 기재한 후 외부적 영향(날씨, 풍토, 제품, 음식 등)이나 내부적 영향(질병, 스트레스, 기관장애)에 의해 언제라도 피부유형, 상태 등이 달라질 수 있으므로 항상 관리 전에는 피부의 변화를 문진, 견진, 촉진 등을 통하여 살피는 것이 중요하다.

㉢ 피부관리 기록 작성

고객 관리표에는 먼저 관리한 날짜를 기입한 후 관리 순서에 따라 사용한 제품명과 기기, 관리내용을 기입하고 판매했거나 추천할 가정용제품, 조언 등을 기록한다.

② 피부분석방법 및 진단

피부분석 방법으로는 피부의 변화를 문진, 견진, 촉진 등을 통하여 살피는 것이 중요하며, 피부진단은 유분량, 수분보유량, 각질화, 모공의 크기, 탄력성, 예민성, 혈액순환의 상태에 관하여 평가한다. 이외에 기미 등의 색조침착증상들, 모세혈관확장 등의 혈관장애 증상들, 여드름증상들(면포, 구진, 농포, 낭종 등), 한관종, 비립종 등 여러 가지 피부이상 등을 면밀히 조사하여 진단표의 기타란에 기재하며 최종적으로 전체적인 피부유형을 평가하여 기재한다.

③ 피부분석 기기

㉠ 우드램프(Wood Lamp)

자외선을 이용한 광학 피부분석기로서 피부표피의 색소침착, 여드름, 피지, 염증, 민감상태, 보습상태가 다양한 색상으로 나타나며 측정할 때는 고객과의 거리를 5~6cm 정도 떨어진 위치에서 행한다.

㉡ 확대경

육안의 3.5~5배가량 확대되어 보이며 주름, 색소침착, 면포 등 육안으로 판별할 수 없었던 피부상태를 명확히 판별할 수 있다.

㉢ **피부 분석기**(Derma scope, Skin Scope)

피부표면의 조직, 두피와 모발상태를 30~800배가량 확대하여 분석할 수 있는 기기이다. 일반적으로 피부와 두피의 상태는 80배율, 두피의 모공, 모근, 모발의 큐티클상태는 200~300배율, 모발의 큐티클상태를 더욱 정확하게 판단하여야 할 때는 800배율의 렌즈를 사용하여 확대 분석한다.

모니터를 통해 상태를 관찰하고 필요한 영상을 프린터를 통해 볼 수 있어 사진으로 출력할 수 있으며, 관리 전과 관리 후의 상태를 바로 사진으로 비교하여 볼 수 있어 변화된 모습을 신속하게 판별해 낼 수 있는 장점이 있는 기기이다.

㉣ **유분, 수분, pH 측정기**

피부 표면에 기기의 도자를 접촉시키면 피부 표면의 유분 및 수분과 pH 정도가 수치로 나타나는데 피부부위별로 기준치에 의해 그 정도를 판독하는 것으로 세안 후 3시간이 지난 후 측정하는 것이 정확하다.

2) 피부관리의 실제

(1) 세안

세안은 피부미용에 있어서 가장 먼저 시행되는 과정으로 아름답고 건강한 피부를 위해 가장 중요한 과정이라 할 수 있다.

피부는 피부자체 생리기능에 의해 피부내부에서 분비되는 피지, 땀, 각질 그리고 외부로부터의 먼지, 환경오염, 메이크업 등을 피부표면으로부터 깨끗이 씻어내는데 그 목적이 있다.

① **세안제의 종류**

㉠ 물 : 물은 산화된 피지, 크림, 로션류의 유성화장품은 잘 씻어내지 못한다.

- 얼음 : 모공수축, 혈관을 수축시키며 여드름, 염증, 종기 등을 완화시키는 효과가 있다.
- 찬 물(10~15℃) : 세정효과는 떨어지지만 피부에 긴장감과 유분의 손실을 막을 수 있다.
- 따뜻한 물(21~35℃) : 세정효과 크며, 각질제거용이, 혈관을 가볍게 확장 혈액순환을 돕는다.
- 뜨거운 물(35℃ 이상) : 세정효과가 크며 각질제거가 용이하지만 오랜 기간 사용 시 피부의 탄력을 저하시킨다.

ⓒ 비누

유지와 계면활성제의 혼합체인 비누는 피부의 노폐물, 먼지, 때 등의 제거를 목적으로 한다. 알칼리 성분으로 세정효과는 우수하나 피부의 산성막을 파괴하며 피부표면의 pH를 상승시킨다.

ⓒ 클렌징제

클렌징 화장품의 선택은 피부상태와 사용한 화장품 또는 더러움의 종류에 따라 달라진다.

◆ 포인트 메이크업 리무버(point make-up remover)

눈과 입술화장을 지울 때 사용되는 전용 리무버로 눈물과 비슷한 pH를 가지고 있어 눈에 들어가도 자극이 되지 않으며 유성의 색조화장을 효과적으로 제거할 수 있는 장점이 있다.

◆ 클렌징 밀크(cleansing milk)

수중유형 O/W(oil in water)로 친수성을 띠며 촉촉하고 끈적임이 없어 정상, 건성, 노화, 민감피부 등 모든 피부타입에 사용이 가능하며 물에 쉽게 제거되므로 이중세안이 필요 없어 피부에 자극을 주지 않는다.

◆ 클렌징 크림(cleansing cream)

대표적인 유중수형 W/O(water in oil)타입으로 유화된 유분과 수분의 용해 작용에 의해 유성성분과 메이크업을 제거하는데 효과적이다. 또한 세정력이 뛰어나나 반드시 이중 세안이 필요하며 잔여물이 피부에 남을 경우 피부 트러블의 원인이 되기도 한다.

◆ 클렌징 오일(cleansing oil)

물과 친화력 있는 수용성오일 성분을 배합시킨 제품, 자극이 없으며 노화피부, 건조하고 예민한 피부에 사용된다.

◆ 클렌징 젤(cleansing gel)

오일성분이 첨가되지 않은 세안제로 주로 지방에 예민한 피부, 알레르기 피부, 지방에 민감한 피부, 지성, 여드름 피부 등에 적합한 제품이다. 물에 쉽게 제거되나 클렌징 효과는 다소 약하다.

◆ 클렌징 워터(cleansing water)

메이크업 리무버처럼 눈화장이나 입술화장의 부분화장을 지울 때 사용이 가능한 액상 형태로 산뜻하고 시원한 느낌의 워터타입 클렌징 제품은 내추럴 화장이나 가벼운 화장을 지우는데 효과적이다.

◆ 폼 클린징(form cleansing)

부드러운 크림 형태로 물과 함께 거품을 내어 사용한다.

비누성분과 피부에 자극이 적은 계면활성제에 글리세린, 솔비톨, 유성성분을 첨가하여 세정력을 조정한 것으로 수성 세안 시 피부의 자극을 최소화하는 특징이 있다.

◆ 클렌징 티슈(cleansing tissue)

한 장 씩 뽑아 쓸 수 있는 티슈타입은 가벼운 화장을 제거하거나 화장을 고칠 때 사용 되며 간편하고 편리하게 사용된다. 메이크업을 자주 하는 모델이나 연예인들이 신속하게 화장을 제거할 때도 널리 사용되며 성분에 따라 피부에 보습막을 형성하거나 피부를 진정시키는 효과를 내기도 한다.

(2) 화장수

세안 후 화장수를 사용하는데 화장수는 토닉, 토너, 스킨, 토닉로션, 후레쉬너, 아스트리젠트 등의 다양한 이름으로 불러진다.

화장수는 세안 후 남아 있는 잔여물을 닦아내는 작용, 피부의 각질층에 수분공급 작용, pH밸런스를 조절하는 작용에 목적이 있다.

(3) 필링

필링이란 '껍질을 벗기다'라는 의미지만 피부 관리에서는 피부 각질층의 죽은 세포들을 인위적으로 제거하여 새 세포의 재생을 촉진하는 것을 의미한다.

① 물리적 필링

녹두, 살구씨, 아몬드, 조개껍질 등을 미세하게 갈아서(스크럽) 손, 브러시, 돌 등의 연마기를 이용한 물리적 자극으로 각질을 제거하는 방법이다. 보통 각질 상층부 1~3층이 제거되며, 예민성피부는 사용하지 않는 것이 좋다.

② 효소적 필링

단백질을 분해하는 효소가 함유된 제품을 바르고 온도와 수분을 유지시키며 표피상층부 5~7층의 각질이 제거된다. 에스테틱 분야에서는 딥클렌징 단계에서 이용되어지며 파파야, 우유, 바나나 등에서 추출해낸 효소를 원료로 사용한다.

③ 화학적 필링

화학적 필링은 화학물질, 천연물질을 이용하여 표피 또는 그 이상 진피의 망상층의 일부까지 인위적으로 제거해내는 방법으로 화학적 박피술이라고 한다. 사용되는 대표적인 물질은 T.C.A(trichloroacetic acid), 벤졸퍼옥사이드(benzoil peroxid), 페놀(phenol), 레틴산(retinoic acid), 설파(sulfur),

AHA(alpha hydroxy acid) 등 대부분이 의약품이므로 의약분야에서 의사의 지시에 따라 사용되어진다. 이 중 AHA는 사탕수수(glycolic acid)), 우유(lactic acid), 사과(tataric acid), 포도(malic acid), 감귤류(citric acid)에서 추출해낸 천연과일 산으로, 농도에 따라 AHA 10%이하는 에스테틱 분야에서 화장품으로 많이 활용되며 AHA 40~70%는 진피층까지 영향을 미쳐 의학 분야에서 주로 사용된다.

④ **기기를 이용한 딥클린징**

㉠ 진공흡입기

모공 내와 피부표면의 피지를 유리진공관(ventouse)을 이용하여 불필요한 노폐물을 제거하며 동시에 혈행을 촉진시키고 마사지 효과도 갖는다. 지성 피부, 복합성 피부에 적용이 가능하며 민감 피부, 염증성 여드름 피부는 사용을 금한다.

㉡ 디스인크러스테이션(disincrustaion)

갈바닉(Galvanic) 전기를 이용한 방법으로 안면에 적용 앰플을 바르고 기기를 작동시켜 피지 등의 노폐물을 유화시켜 딥클렌징을 하는 것이다. 지성피부, 여드름 피부에 효과적이다.

㉢ 전동 브러시(brushing machine)

클렌징 제품을 도포하고 피부에 자극이 적은 천연모 브러시를 기기에 연결시켜 회전 속도를 조절하며 클렌징 하는 방법이다. 민감 피부에는 사용을 금한다.

(4) 습포

습포는 타월에 물기를 적절히 묻혀 접어서 온장고나 냉장고에 미리 넣어 두어 사용한다. 온습포와 냉습포는 피부관리 단계(클렌징, 딥클렌징 후 마스크나 팩 사용 중 또는 사용 후 등), 피부유형이나 계절에 따라 적절하게 사용하도록 한다.

① **온습포의 효과**

혈액순환촉진, 모공확장으로 피지나 면포 등 기타 불순물 제거, 죽은 각질제거 등의 효과로 피부관리 시 클렌징, 딥클렌징 단계에서 사용하면 효과적이다.

② **냉습포의 효과**

혈관수축으로 염증완화, 모공수축으로 피부수렴, 긴장, 탄력감부여, 자극받아(강한 필링 후, 일광화상 후, 여드름압출 후, 제모 후 등) 붉어진 피부에 진정에 효과적으로 피부관리 마무리단계에서 사용하면 좋다.

③ 습포 시 유의 사항

예민성 모세혈관 확장피부는 지나치게 뜨겁거나 차가운 습포를 금하며 타월은 반드시 소독된 것을 사용하고 여드름균 등의 세균에 감염되지 않도록 유의한다.

(5) 영양 고농축액

① 앰플관리

- 천연 동, 식물에서 얻어진 다양한 재료를 방부제 첨가 없이 일회용으로 사용할 수 있도록 진공상태의 유리병(2~5mm)으로, 24시간 이내에 사용해야 유효성분이 변질이 없다.
- 피부유형과 필요성에 따라 보습용 앰플, 모공축소용 앰플, 예민성피부용 앰플, 색소침착 및 미백 앰플, 노화피부용 앰플, 지성피부용 앰플 등의 종류가 다양하다.
- 사용방법에는 앰플이 직류전기에 의해 피부에 침투하도록 하는 방법, 깨끗이 세안된 피부에 앰플을 가볍게 펴 바른 후 손으로 누르듯이 피부 내로 영양을 공급하는 방법 등이 있다.

② 리포좀

인지질 등으로 만들어진 미세한 구상형태의 입자로서 그 생김새가 신체의 세포막과 유사한 지질 이중층 구조로 되어 있다. 원래는 생체 세포막의 인공모델로 개발된 것으로 독특한 구조 때문에 생체막과 친화성이 우수하고 유효성분이 피부 내로 침투가 용이하며 골고루 세포 내로 전달된다. 특히 리포좀에는 히아루론산(Hyaluronic)이 충만하여 좋은 보습효과를 준다.

(6) 마사지(매뉴얼테크닉)

어원은 'masso'라는 그리스어에서 유래되어 오늘날 'massage'라는 말로 명칭되었으며, 인체조직의 기능회복을 위해 신체를 마찰하거나 두드리거나 주무르는 행위를 의미한다.

① 마사지(매뉴얼테크닉)

마사지는 원시시대부터 통증을 경감시키기 위해 사용되었고, 고대 그리스나 로마시대의 의사들도 질병의 치료와 고통을 완화시키는 방법으로 마사지를 사용하였다. 그리스의 히포크라테스에 의하여 의학적인 효능이 입증된 것으로 추측된다. 중세시대에는 마사지의 발전이 거의 없었으나, 16세기 들어와서 프랑스의 의사 암브로이세 파레(Ambroise pave)를 통하여 다시 등장했다. 1813년 페리헤릭 링(Per Henrik ring)에 의해 스웨덴의 마사지 동작이 체계화 되었다. 오늘날 서양과 동양을 막론하고 마사지 기술이 끊임없이 발전하고 있다.

과거의 단순히 건강하고 아름다운 피부를 유지하도록 하는 것에 목적을 두었으나, 최근에는 다양해지는 욕구, 사회의 변화, 환경의 변화로 인하여 자연의학, 대체요법(Alternative therapy), 또는 보완의학(complementary medicine)과 접목되어 '아름다움을 위한 건강으로서 접근'이라는 개념으로, 인체의 균형을 회복하기 위해 여러 가지 테라피적인 관리기법들이 피부미용에 응용되어지고 있다.

② 안면(얼굴표정)**의 근육과 기능**

안면근의 해부학적 특징은 대부분의 피하근막에 부착하고 뼈로 된 구조물에 부착하는 경우는 드물다. 피하에 있어 피부가 당겨져 표정을 변화시키므로 표정근이라 하며 안면신경의 지배를 받는다.

- 전두근 : 이마의 주름을 만든다.
- 후두근 : 두피의 주름형성 및 이맛살을 편다.
- 측두근 : 음식을 씹을 때 턱을 움직이게 한다.
- 안륜근 : 눈을 감거나 뜨게 한다.
- 추미근 : 미간에 주름을 만든다.
- 비근 : 콧구멍을 넓게 만들거나 코 위를 주름지게 한다.
- 상순거근 : 윗입술을 들어올리게 한다.
- 소협골근 : 윗입술을 들어올리게 한다.
- 대협골근 : 입술 끝을 올리거나 웃게 한다.
- 협근 : 입술 끝을 들어올리거나 웃을 때 쓰인다.
- 광경근 : 목을 보호하며 목주름을 만든다.
- 구륜근 : 입을 다물거나 앞쪽으로 내밀게 한다.
- 구각하제근 : 입술 끝을 내린다.
- 하순하제근 : 아래 입술을 내린다.
- 소근 : 수축 시 보조개를 형성한다.

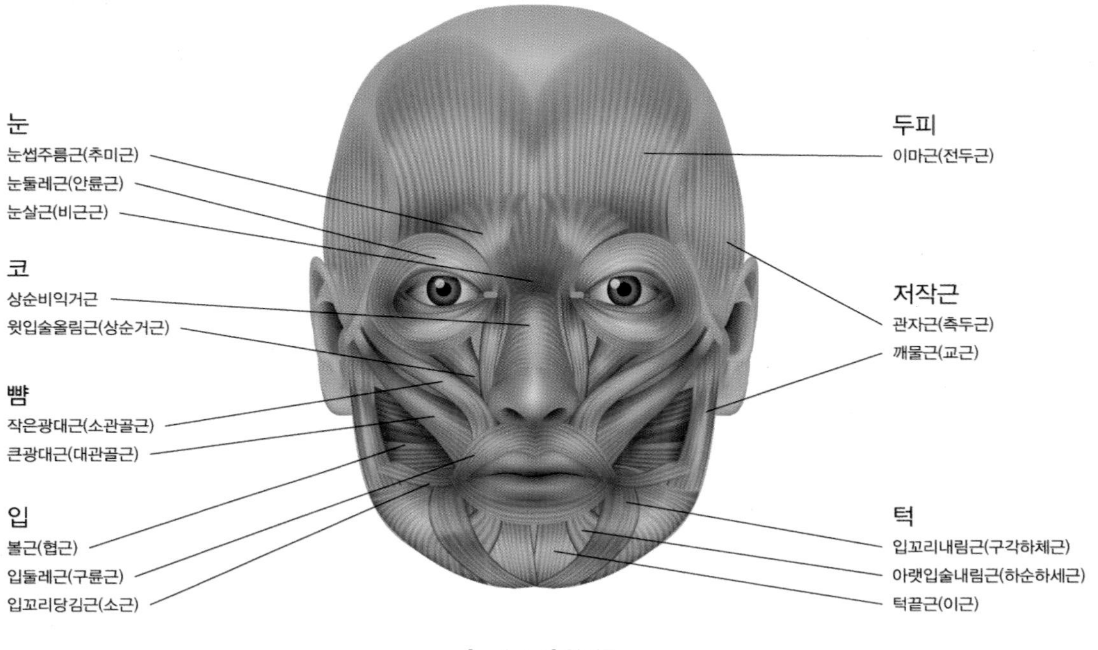

[그림 9-4] 안면근

③ 마사지의 효과 및 목적

마사지의 효과는 꾸준한 관리로 규칙적이고 체계적으로 끈기 있게 할수록 큰 효과를 기대할 수 있다.

- 마찰에 의해 피부의 온도가 적당히 상승하면 피부의 호흡작용이 왕성해지고, 적용된 화장품의 유효물질의 경피 흡수력이 높아진다.
- 피부의 세정작용(피지, 각질, 노폐물 제거 등)을 도와 피부를 청결하게 한다.
- 혈액과 림프액의 원활한 순환으로 피부 내 산소와 영양공급을 도와 신진대사를 촉진시킨다.
- 근육을 이완시키고 강화시켜주며, 모세혈관벽을 튼튼하고 혈액 및 림프순환을 원활하게 한다.
- 결합조직의 긴장도가 높아지고, 탄력성 또한 커져 노화가 지연, 억제된다.
- 심리적 안정감을 부여하여 피로를 회복시킨다.

④ **마사지를 삼가야 하는 경우**

- 임산부의 가슴, 배 마사지는 삼간다.
- 외상, 염증 또는 피부 외부에 질환이 있는 경우
- 화장품 등의 부작용으로 알레르기 반응이 일어났을 경우
- 일소 후 피부에 홍반 현상이 나타났을 경우
- 정맥 벽이 부분적으로 확장된 경우

⑤ **마사지**(매뉴얼테크닉)**의 기본 동작**

㉠ 경찰법(stroking : 쓰다듬기)

손가락의 바닥 면을 이용하여 피부를 가볍게 문지르는 방법으로 마사지 시작과 마무리 시 얼굴과 전신에 사용된다. 피부온도를 높이고 피부상층의 표피세포에 직접 작용하는 것으로 한선이나 피지선의 기능을 개선하는 효과가 있다.

㉡ 강찰법(friction : 문지르기)

양손가락 끝과, 손바닥, 주먹 등을 이용하여 강하게 문지르는 방법이다. 모세혈관의 충혈을 높이고 물질대사를 촉진시켜 노폐물 제거에 효과적이다.

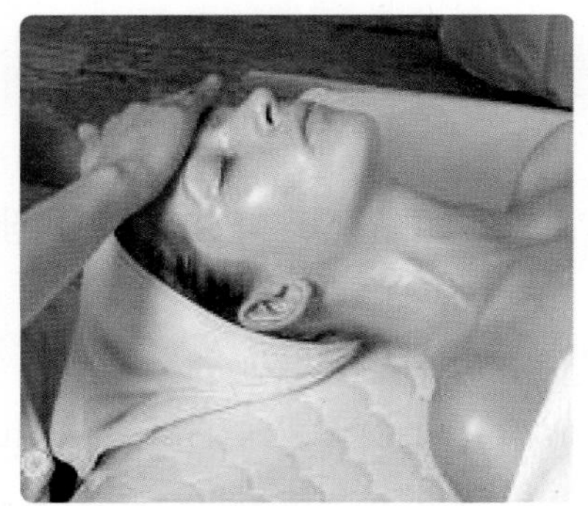

[그림 9-5] 경찰법

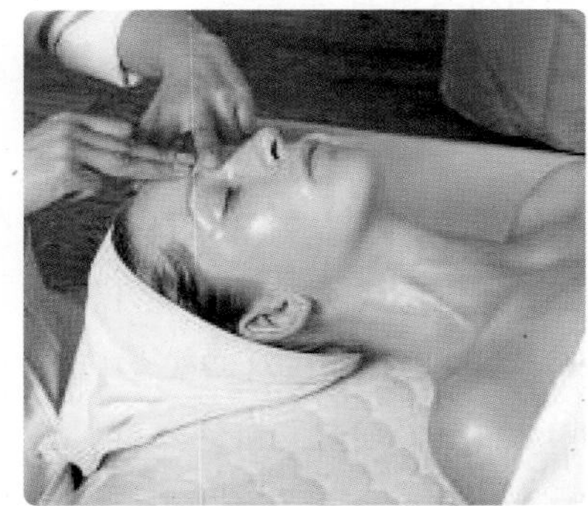

[그림 9-6] 강찰법

㉢ 유연법(kneading : 주무르기)

피부와 근육을 가볍게 주물러서(폴링, 롤링, 처킹, 린징) 부드럽게 해주는 방법이다. 노폐물의 배설을 돕고 정맥과 림프선의 작용을 높여서 피부를 건강하게 하는 데 효과적이다.

㉣ **진동법**(Vibration : 떨기)

손가락이나 손바닥 전체를 이용해서 피부나 심부조직에 진동이 전해지도록 떠는 방법으로 근육을 이완시키고, 지각신경에 쾌감을 주는 동시에 혈액의 흐름을 촉진시키고 근 경직을 풀어준다.

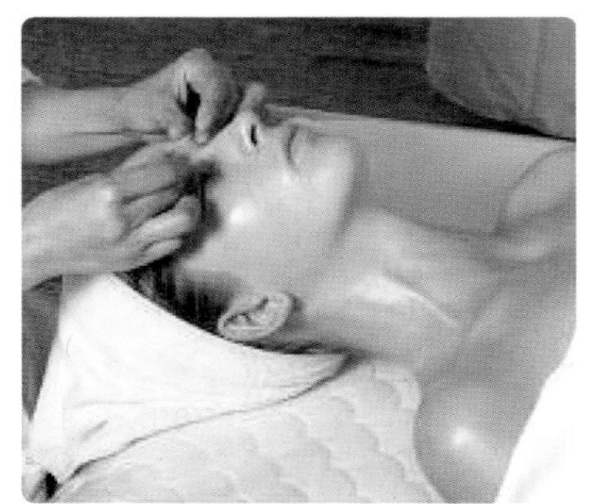

[그림 9-7] 유연법

[그림 9-8] 진동법

㉤ **고타법**(percussion : 두드리기)

피부의 근육을 손가락 끝, 손바닥, 손등, 손날, 주먹 등을 번갈아 사용하여 상대의 피부나 몸을 리드미컬하고 가볍게 두드리는 방법이다. 고타법의 종류로는 태핑(손가락의 바닥 또는 옆면을 세워서), 슬래핑(손금 있는 부분의 바닥면으로), 커핑(손을 컵 모양으로 오목하게 구부려서), 해킹(손등), 비팅(주먹을 살짝 비틀어지고) 등이 있다. 고타법은 신경이나 근육의 기능을 높여주는 효과가 있으나 상처나 예민한 부분, 뼈가 돌출된 곳, 근육이 심하게 처진 부분은 피하는 것이 좋다.

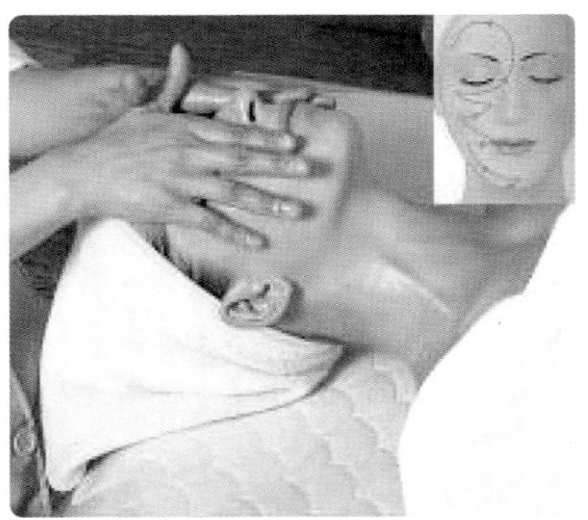

[그림 9-9] 고타법(태핑)

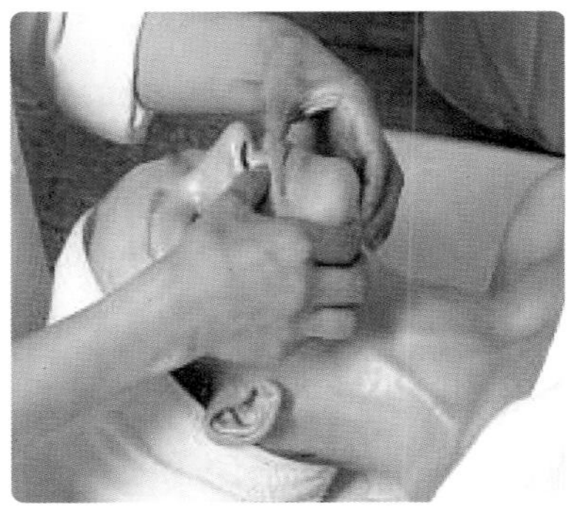

[그림 9-10] 압박법

ⓑ 압박법 : 누르기

손바닥, 손가락, 팔꿈치, 발바닥 등 신체의 돌출부위를 사용하여 지속적 또는 간헐적으로 인체 표면에 압력을 가하여 누르는 방법으로 전신의 혈액순환을 조절하고 호르몬 분비의 기능을 강화시킨다.

(7) 마스크와 팩

팩(pack)이란 단어는 영어의 'package', '둘러싸다'란 의미에서 유래된 말로 엄격히 말하면 원래 마스크와 그 개념이 구분된다. 그러나 근래에는 두 가지가 혼동되어 사용되고 있다.

① **팩**(마스크)**의 효과**

- 혈액 및 림프순환 촉진
- 신진대사 촉진
- 피지, 노폐물 흡착 등으로 피부 청정효과
- 불필요한 각질제거 효과
- 염증완화, 살균효과
- 보습, 세포재생, 탄력강화
- 진정 및 미백효과

② **팩과 마스크의 차이점**(방법상)

㉠ 팩

피부에 바른 후 공기가 통할 수 있도록 하며 일정시간이 지나면 젤이 굳어져 외부의 공기 유입과 수분증발을 차단하여 피부를 유연하게 하고 유효성분의 침투를 용이하게 한다.

㉡ 마스크

바른 후 굳어져 외부와의 공기를 차단하여 막을 형성하므로 수분, 열, 이산화탄소 등의 통과가 어려우며, 피부 팽창, 혈액순환과 신진대사촉진, 모공과 모낭확장, 피부온도 상승효과가 있다.

이러한 마스크와 팩은 피부유형이나 목적에 따라 선정하며, 이에 따라 효과가 달리 나타나는데 진정효과, 수렴효과, 세포재생의 효과, 긴장효과, 염증 완화의 효과, 보습효과, 혈액순환의 촉진 및 살균 효과 등을 가지고 있다.

③ 팩(마스크)의 분류

㉠ 제거방법에 따른 분류

◆ 필-오프 타입(peel off type, film type)

젤 또는 액체 상태로 되어 있으며 건조되면서 얇은 필름막을 형성한다. 필름막을 떼어낼 때, 불순물 및 죽은 각질세포가 함께 제거되어 딥클렌징, 피부청정효과가 있다.

◆ 워시-오프 타입(Wash off type)

크림, 젤, 거품, 클레이, 분말 등 다양한 형태로 되어 있으며 팩을 바르고 제품에 따라 10~30분의 적정시간이 지난 후 젖은 해면과 습포를 이용하거나 미온수로 세안하여 제거해낸다.

◆ 티슈 오프 타입(Tissue off type)

흡수가 잘되는 크림이나 젤 형태로 대부분 되어 있어 10~15분 후 흡수되지 않은 여분의 제품을 티슈로 가볍게 닦아내거나 굳이 닦아내지 않고 그대로 두어도 무방하다.

◆ 패치 타입(patch type)

- 패치 형태로 되어 있어 패치를 그대로 피부에 사용하는 것과 화장수나 물에 적신 후 피부에 붙여 사용하는 두 가지 형태가 있다.
- 팩 재료의 형태에 따른 분류

㉮ 크림 형태

사용감이 부드러우며 보습, 유연효과가 뛰어나 유분부족피부, 노화 피부, 거칠고 상한 피부, 민감성피부에 사용하면 좋다. 제품을 바른 후 10~20분의 일정 시간이 지나면 제품은 그대로 있고 유효성분만 흡수된다.
물로 씻어내는 워시 오프타입과 닦아내는 티슈오프타입이 있다.

㉯ 분말 형태

약초(허브) 추출물, 해초추출물, 한방재료, 효소 등 다양한 원료를 분말화한 형태로 도포 직전에 물이나 화장수, 겔 등의 액체와 혼합하여 사용한다.
분말형태의 팩은 크림형태에 비해 유효성분의 흡수가 느리므로 팩 위에 스팀, 온습포, 적외선 등을 이용하여 흡수를 촉진시킨다.

㉰ 겔(젤) 형태

수성의 겔형태로 만들어진 팩으로 대부분 투명하고 상큼하고 촉촉한 느낌을 준다. 특히 아이겔, 알로에젤 등과 같이 보습과 진정효과를 부여하고자 할 때도 많이 사용되는 제조형태이다.

㉱ 클레이 형태

진흙, 점토 등이 주성분으로 카올린, 탈크, 아연 이산화티탄 등의 분말성분과 물, 에탄올, 글리세린(보습제) 등의 보습성분을 혼합하여 만든 제품형상이다. 분말에 비해 쉽게 마르지 않고 일정시간이 경과하면 수분이 증가하면서 조금씩 건조될 수 있다.

우수한 흡착능력은 피지 등 피부노폐물의 제거에 효과적이므로 건성, 노화피부보다는 복합성, 지성, 여드름성 피부에 적합하다.

㉲ 무스형태

무스형태로 크림, 클레이형태의 팩에 비해 양을 많이 사용해야 하며 가벼운 느낌을 준다. 용기를 잘 흔들어 사용하고 15분 후에 제품에 따라 제거하거나 흡수시켜준다.

㉳ 시트형태

콜라겐이나 다른 활성성분을 건조시켜 시트의 형태로 제조하여 정제수 또는 특수용액에 적셔 얼굴에 덮어 사용하는 팩이다.

㉴ 부직포 함침타입

부직포에 화장수, 에센스를 함침 시킨 것으로 차갑고 상쾌하며 사용법이 간단하다.

㉵ 왁스(파라핀)형태

발열작용을 이용, 모공이 열리고 피지와 불순물이 배출되며 피부의 영양 흡수력이 강화되어 피부의 탄력성과 보습력이 증대된다. 중성, 건성 노화 피부에 좋고 민감성 피부와, 모세혈관 확장 피부에는 사용하지 않는다.

ⓛ 팩의 원료에 따른 분류

- 천연 팩 : 천연재료를 피부에 얹는 방법으로 과일이나 야채 등을 이용한 팩
- 제품 팩 : 화장품회사에서 인위적, 화학적으로 만든 팩
- 한방 팩 : 한방재료를 이용한 팩

④ **특수마스크**

㉠ 석고마스크

석고마스크는 얼굴의 윤곽을 만들어 준다는 의미로 고무마스크와 함께 모델링마스크(modelling mask)라고 부르기도 한다. 제품회사에 따라 다양한 색상의 분말형태로 정제수, 또는 화장수, 석

고용 특수용액 등과 섞어 바르면 1~2분 후 석고가 점차 응고되며 온도가 올라가 피부에 약 10분간 열(38~42)이 지속된 후 서서히 온도가 내려가 차가워진다.

얼굴, 가슴, 등, 다리, 등의 신체부위에 적절하게 사용할 수 있다. 강한 필링 시술 후 또는 방금 목욕이나 사우나를 한 고객에게는 사용을 금한다.

ⓛ 벨벳마스크(콜라겐 마스크)

송아지 진피에서 추출해 낸 순순 천연콜라겐 성분이 90% 이상 함유된 것이 효과적으로 벨벳과 같은 감촉 때문에 벨벳마스크라 한다. 사용 시 마스크를 피부에 부착하기 위하여 정제수 또는 화장수로 적셔 활성 성분을 흡수시킨다. 벨벳마스크는 보습효과가 뛰어나 잔주름개선, 노화피부, 건성, 필링 후 재생관리 등으로 사용하면 효과적이다.

ⓒ 고무마스크(Seaweed mask, Algae mask)

주로 해조류에서 추출한 활성성분이 주성분인 마스크이며, 최근에는 허브, 한방 성분 등 목적에

[그림 9-11] 석고마스크 그림 삽입

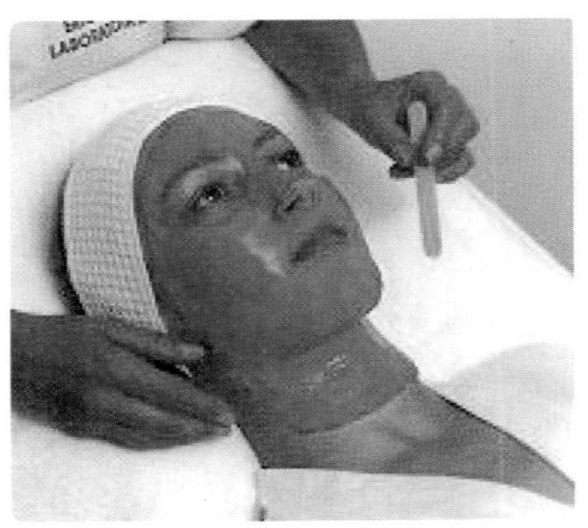

[그림 9-12] 고무마스크 그림 삽입

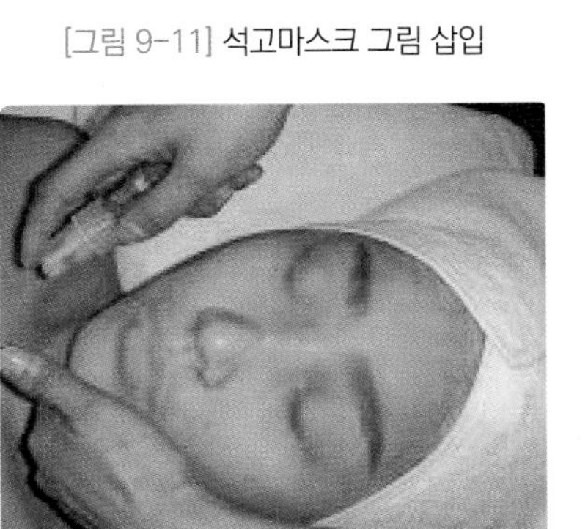

[그림 9-13] 콜라겐마스크 그림 삽입

따라 추가적으로 다양한 성분이 함유된 파우더 상태로 되어 있어 제품에 따라 물이나 특수용액, 젤과 혼합하여 바르면 고무막과 유사하게 응고되면서 마스크의 활성성분이 흡수된다. 일반적으로 얼굴용 마스크는 진정효과를 주어 모든 피부에 사용될 뿐만 아니라 예민 피부, 여드름 피부에도 효과적이다.

이외에도 비타민, 재생성분, 보습성분 등을 함유한 패드형태의 패드마스크, 석고마스크와 같이 발열작용을 이용하여 활성성분을 침투시키는 왁스 마스크 등이 있다.

(8) 피부관리 후 마무리

- 팩 제거 후 화장수로 피부결을 정돈한다.
- 피부상태에 맞는 앰플, 에센스, 아이크림, 영양크림, 자외선 차단제 등을 피부에 잘 흡수시켜 준다.

고객이 클렌징부터 팩 제거 후 마무리까지 장시간의 피부미용관리로 오랫동안 움직임 없이 누워 있었기 때문에 부분적으로 생길 수 있는 근육경직을 해소하고, 고객이 좀 더 편안하고 상쾌한 상태로 관리를 마무리함으로써 고객만족도를 최대화시킨다.

⑩ 제모

1) 제모

제모란 신체에 있어서 불필요한 모발을 제거하는 방법으로 모발 때문에 피부가 매끈한 상태로 보이지 않는다거나 솜털에 의해 화장품이 피부에 잘 밀착되지 않을 때, 또는 노출 부분에 모발이 많아 외관상 아름답지 못할 때 실시한다. 주로 얼굴의 솜털, 코밑 부위, 겨드랑이, 팔, 다리부위, 비키니라인 등의 털을 제거한다. 제모하는 방법은 다양하나 피부미용실에서는 대체로 제모용 왁스를 사용한다.

(1) 제모의 종류

① **일시적인 제모**(Depilation)

㉠ 모간만을 제거하는 방법

면도(shaving), 자르기(cutting), 제모크림 사용

㉡ 모근까지 제거하는 방법

warm wax, cool wax, plucking(쪽집게 : tweezer)을 이용하여 뽑는 방법 사용

② **영구적인 제모**(Epilation)

전류를 이용한 제모법으로 정확한 기기사용법을 교육받은 후 실시하지 않으면 흉터를 남길 수 있는 위험이 있다.

㉠ 전기 분해술(Epilation, Electrolysis)

- Galvanic(직류방식) : 직류 충전을 통하여 모유두를 파괴하므로 그 모낭에서는 모발이 재생되지 않는다.
- Short Wave(단파방식) : 최근에는 레이져로 모유두를 파괴시켜 영구 제모하는 방법들이 이용되고 있다

㉡ 전기 응고술(Coagulation)

- 영구제모(Epilation) 바늘로 실시할 수 있다.
- 거미점(혈관종, Spinnen Naevus)의 경우 0.5mm정도 깊이 바늘로 찌른 후 수 초간 전기를 통했다가 끊는다.
- 모세혈관확장증(Teleangiektasien),쥐젖(Skin tag)도 응고술이 가능하다.

㉢ 레이저 요법

체모의 멜라닌 색소에만 반응하는 특수한 파장의 빛 에너지로 모근을 파괴한다.

(2) 제모 전 준비

① **준비물**

침대, 정리대(trolley), 가운, 왁스히터(wax heater), wax, 나무스패출러, 알코올(혹은 아 스트린젠트), strip(광목, 부직포), 솜(탈지면), 눈썹가위, 족집게, 냉타올, 장갑, 탈컴파우더(talcum powder) 혹은 전처리 로션, 쓰레기통, 보디클렌저, 왁스제거용 오일, 진정로션 또는 크림

② **준비과정**

㉠ 제모용 왁스를 적당한 온도로 가열시킨다(적당한 온도는 60~65℃이다).
㉡ 왁스가 떨어질 것을 대비, 제모 할 부위 주변에 미리 종이나 타월을 깔아둔다.
㉢ 고객을 편한 자세로 준비한다.

(3) 시술절차

① 시술자의 제모 할 부위를 소독한다.
② 털이 난 방향을 체크한다(제모하기 적당한 털의 길이는 0.6cm~1cm가 적당하다).
③ 파우더(혹은 전처리 로션)도포
④ 왁스 온도 체크-시술자 팔목 안 쪽
⑤ 털이 난 방향으로 나무 스패출러로 가능한 얇게 왁스 도포
⑥ 도포한 부위에 부직포를 붙이고 털이 난 방향으로 누른다.
⑦ 털이 난 반대 방향으로 부직포을 빠르게 떼어낸다(떼어내기 직전 시술자의 한 손은 제모 할 부위의 반대 방향에서 피부를 당긴다).
⑧ 즉시 냉습포를 탈모 된 부위에 얹어 진정시킨다(아픔도 약간 경감됨).
⑨ 제모한 부위에 진정용 제품(화장수, 로션, 크림)을 바른다.

(4) 제모 시 주의사항

① 장시간 목욕 또는 사우나 직후는 피한다.
② 산후, 출산 전후
③ 민감 피부
④ 썬탠 직후
⑤ 피부 질환자 및 사마귀, 점, 상처부위
⑥ 정맥류 등 순환기 장애가 있는 사람
⑦ 당뇨병 환자
⑧ 간질 환자

(5) 제모 후의 주의사항

① 24시간 이내 사우나, 입욕, 비누칠 및 선텐을 하지 않는다.
② 향수를 뿌리거나 불결한 손으로 제모된 부위를 만지지 않는다.

11 전신관리

1) 전신관리의 기본개념

전신관리는 안면피부를 제외한 신체 모든 부위를 대상으로 하는 피부미용의 관리영역으로 신체부위 전체를 대상으로 관리함을 목적으로 하며 보디 마사지 방법에 있어서도 다양한 테라피들이 사용된다.

전신관리는 관리목적에 따라 피부탄력관리, 튼살관리, 건강관리 등 순수한 전신 피부관리 영역과 셀룰라이트, 비만관리, 체형관리 등으로 크게 분류한다. 이러한 관리를 위해서는 일반적으로 보디필링, 보디마사지, 보디팩 & 마스크 등의 과정를 거치며 스파를 비롯하여 각종 피부미용기기, 광선기기를 이용하기도 한다.

(1) 전신관리의 목적 및 효과

① 전신관리의 목적

전신마사지는 신체의 진정효과와 림프배액을 촉진하며 혈액순환을 활발하게 하고 결체조직을 강화시킴으로써 근육의 이완과 조직의 탄력 증진을 도와주고 전신의 피로회복과 함께 긴장완화에 도움을 주는 데 목적이 있다.

② 전신마사지의 효과

㉠ 전신피부에 탄력성과 흡수성 증가

피부 온도를 높이고 모공을 확장시켜 피부를 통한 유효성분의 흡수를 높인다. 결합조직의 긴장도를 강화하고 피부의 탄력성을 증가시켜 노화를 지연 또는 억제한다.

㉡ 혈액순환과 림프순환의 촉진효과

마사지는 피부나 근육의 혈행을 좋게 하고 전신의 혈액순환을 개선한다. 또한 림프순환을 촉진하여 정맥으로 배설하지 못한 노폐물의 배설을 돕는다.

㉢ 교정효과

관절이나 그 주변을 마사지함으로써 경직되고 굳어진 관절낭, 인대, 건 등을 풀어주어 노폐물의 축적을 막아주는 기능을 한다.

㉣ 전신 조절 효과

전신의 자율신경이나 내분비선에 영향을 주어 신체의 불균형을 조절하여 심신(心身)의 조화를 기한다.

㉤ 내장기능의 회복

복부마사지 및 등, 배부의 마사지는 그 부위의 신체의 결림이나 통증을 해소할 뿐만 아니라 반사적으로 호흡기, 순환기 또는 위장기능을 좋게 한다.

㉥ 근육의 이완 및 강화효과

경직된 근육에 물리적 자극을 주어 근육의 경결, 위축을 해소하고 강화하는 효과를 가진다.

㉦ 반사작용효과

신경, 근육, 내장 등의 반사기전에 의하여 간접적인 자극을 가하여 내장의 기능을 강화시키는 역할을 한다.

㉧ 신진대사의 촉진

혈행의 증가로 조직으로의 영양물질이나 산소의 공급이 원활해져 신진대사가 촉진된다.

㉨ 내분비 기능의 조절

근육이나 피하조직에 자극을 주어 혈행을 좋게 하고 내분비기능을 조절한다.

㉩ 신체의 면역력 증가

혈액순환과 림프순환이 개선되고 내분비 기능이 정상화됨에 따라 신체의 자연 면역력이 증가된다.

㉪ 심리적 안정감

안정된 상태에서 전신관리를 받음으로써 심리적인 안정감과 행복감을 느낄 수 있다.

③ 전신 관리 전 주의사항

전신관리를 하기 전에 반드시 알아 두어야 할 주의사항이 있는데, 다음과 같은 경우에는 절대로 무리한 트리트먼트를 해서는 안된다. 또한 질병이 있을 경우에는 관리를 받기 전에 전문의와 상의하도록 한다.

- 피부나 근육, 골격에 질병이 있는 경우
- 피부가 세균에 감염되었을 경우
- 골절상으로 인한 통증이 나타날 경우
- 골격에 종양이 나타날 경우
- 심한 관절염에 걸렸을 경우

- 근육과 건이 파열되었을 경우
- 건강상태가 좋지 않을 경우
- 임신 초기 또는 말기에는 가슴과 복부마사지를 삼간다.
- 썬번, 제모 후 등의 자극된 피부, 각종 피부질환이 있는 경우

2) 전신관리의 종류

전신관리의 종류로는 크게 마사지(매뉴얼테크닉), 피부미용기기를 이용한 관리로 구분하며 이외에 식이요법, 운동요법, 약물요법, 수술요법, 행동수정요법 등이 있다.

(1) 마사지(매뉴얼테크닉)

손과 기구를 이용하여 전신을 관리하는 방법으로 경락, 림프, 스웨디쉬, 아로마테라피, 아율베다, 롤핑요법, 보웬요법, 타이, 스포츠, 지압(Shiatsu), 추나(Tuina), 폴라리티 테라피(polarty therapy), 로미 로미(Lomi-Lomi), 컬러테라피, 쥬얼리테라피 등 다양한 종류의 매뉴얼 테크닉들이 시행되고 있다.

(2) 미용기기를 이용한 관리

전신에 사용되는 초음파, 고주파, 중주파, 저주파, 엔더몰로지, 진공흡입기, 프레셔테라피 기기 및 광선 등의 원리를 이용한 미용 기기들로 관리하는 방법을 말한다. 미용기기의 사용은 피부미용 분야에 있어 주로 수기요법, 즉 손의 테크닉에 의존하던 기존의 방식에 미용기기를 함께 시행함으로써 과학적이고도 일관된 관리를 가능하게 한다.

① 초음파(Ultrasound)

초음파는 진동주파수가 17,000~20,000Hz(20kHz : 1초에 20,000파동 이상) 이상으로 매우 높아 인간의 귀로 들을 수 없는 불가청 진동파이다. 인간의 감각으로 인지되는 가청음파, 즉 소리는 어떤 물체가 앞 ,뒤로 아주 빠른 속도로 움직일 때 생기며, 그 진동이 공기 분자 사이로 울려 퍼져 우리의 귀에 들리게 되는데 이것을 음파라 한다. 이런 음파 중 매우 빠른 음파를 초음파라 하며, 이 것을 피부미용에 적용하면 인체조직과 피부 세포 간에 아주 미세한 진동을 일으켜 열과 역학적 에너지를 만들어 신진대사를 촉진시킨다.

㉠ 저초음파(스킨스크러버)

- 스크러버 프로브핸들방식이며 주로 클렌징, 딥크렌징& 스켈링 목적으로 사용.
- 1초 동안 28,000회의 초음파 에너지 진동에 의해 모공속의 피지와 불순물을 제거하며 처리면을 살균한다.
- 28,000Hz의 초음파는 물의 파동에 부딪히기 때문에 물을 보다 강력하게 일으켜 세정작용을 함과 동시에 강한 에너지의 바이브레이션 효과로 피부세포 재생과 리프팅에 관여한다.

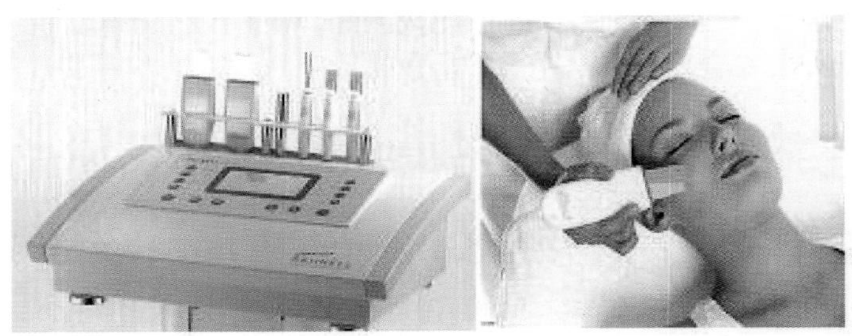

[그림 9-15] 스킨스크러버

㉡ 고 초음파

전극형 둥근헤드 방식이며, 주로 리프팅이나 영양침투를 목적으로 사용된다. 또한 보디 관리 시에는 온열효과로 인하여 셀룰라이트를 분해하는 목적으로 사용된다.

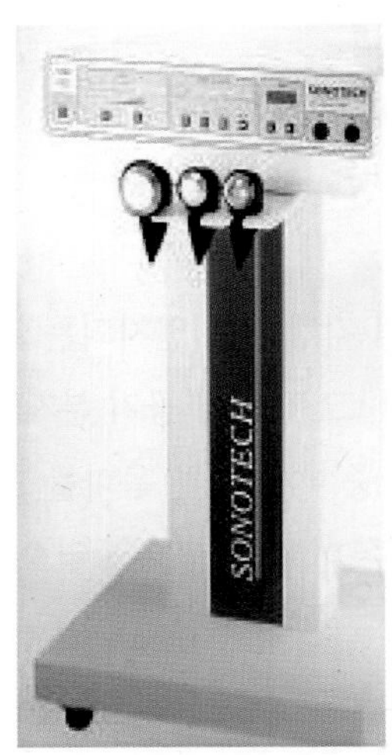

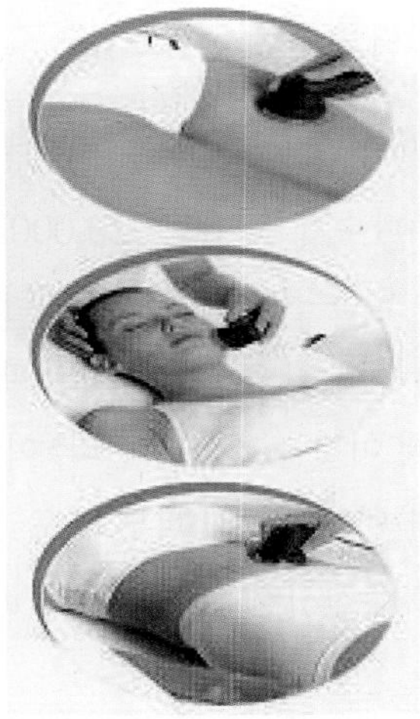

[그림 9-16] 고초음파(둥근 헤드 방식)

② **저주파**

저주파는 주파수 1Hz이상 1,000Hz 이하의 전류를 말한다. 일반적으로 저주파 전류는 주파의 크기가 낮아 근육을 수축하고 이완하는 모습이 쉽게 보이나 느낌이 강하고 날카로워 안정감이 들지 않는다는 점과 교류전류를 사용한다는 특징이 있다.

✽ 미용관리의 효과

① 근육과 신경에 자극과 활력을 주어 통증을 완화시킨다.
② 신진대사의 활발한 작용으로 노폐물제거를 촉진시킨다.
③ 근육의 이완과 수축을 통해 탄력을 준다.
④ 혈액순환을 촉진하여 피부 거칠어짐을 방지, 매끄럽게 해준다.

(3) 중주파(Middle frequency current)

중주파란 피부저항을 가장 적게 받아 안정감이 뛰어난 주파로 1,000~10,000Hz까지의 교류전류를 이용한 것을 말한다.

특징으로는 저주파에 비해 높은 주파수로 자극하기 때문에 피부저항이 낮아져 전류로 인한 통증이나 불쾌감이 없으며, 근육통증 개선과 체형관리 시 셀룰라이트와 지방분해 관리에 적극 이용된다. 또한 저주파에 비하여 치료 시 에너지 손실이 적어 체내에 전기가 잘 전달되어 전력 손실이 적다.

✽ 미용관리의 효과

① 신경계와 근육계의 근수축과 이완으로 운동효과가 나타난다.
② 조직 긴장 및 혈관의 긴장증가, 정맥과 림프순환이 증진되어 부종과 염증을 완화시킨다.
③ 셀룰라이트 분해와 지방분해에 효과적이다.
④ 자율신경계 자극을 통해 국소부위의 혈액이 증가되고 신진대사를 촉진시킨다.

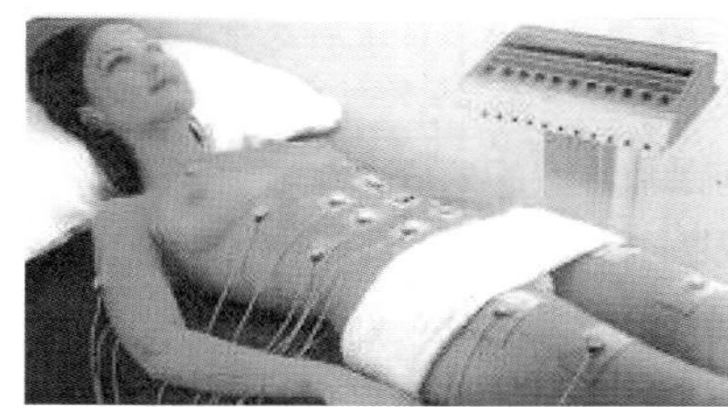
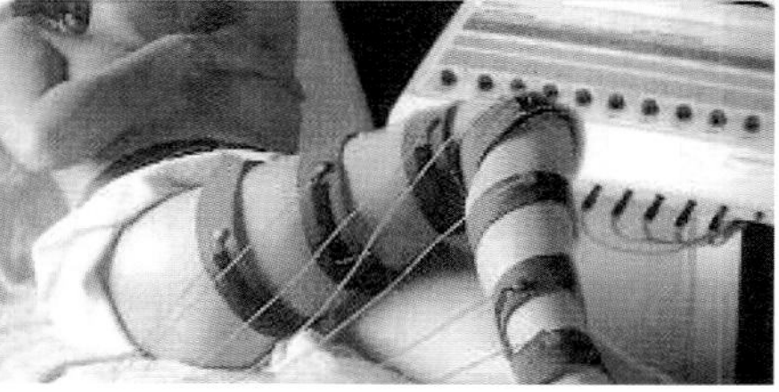

[그림 9-17] 중주파

(4) 고주파

10만 Hz 이상의 높은 주파수를 가진 교류전류를 말한다.

조직에 전기에너지 또는 전자에너지가 가해지면 조직을 구성하는 분자들이 진동하면서 서로 마찰되어 열에너지로 전환되기 때문에 발열현상이 나타난다. 인체내부에서 열을 스스로 만들어내어 인체에 효과적으로 작용하는 원리를 가지고 있어 심부발열투열 치료기라고도 한다. 이러한 고주파를 이용한 살롱트리트먼트 기기로는 유리막대의 다양한 악세서리 기기를 이용한 안면관리용과 지방분해용 전신 체형기기인 R.F 시스템이 있다.

미용관리의 효과

① 조직온도의 상승으로 혈관이 확장되고 이에 따라 혈액량이 증가되어 순환을 촉진시킨다.
② 온열효과로 피지선의 활동을 증가시켜, 건성과 탈수된 노화피부 적용 시 피부를 윤택하게 한다.
③ 통증완화 작용과 피부진정효과를 준다.
④ 세균과 독소의 살균작용을 한다.
⑤ 지방 및 셀룰라이트 분해, 림프순환을 촉진한다.

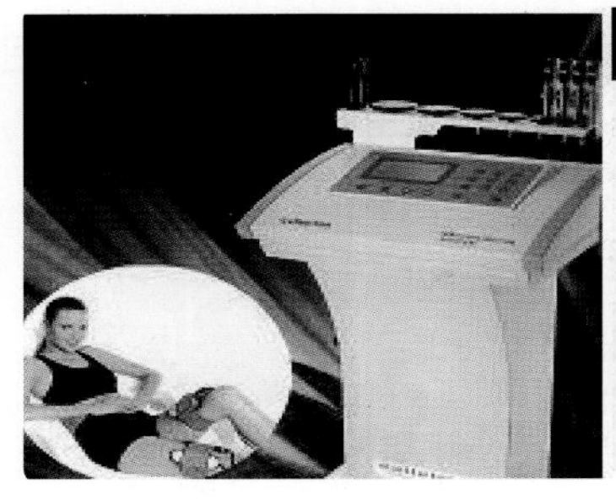
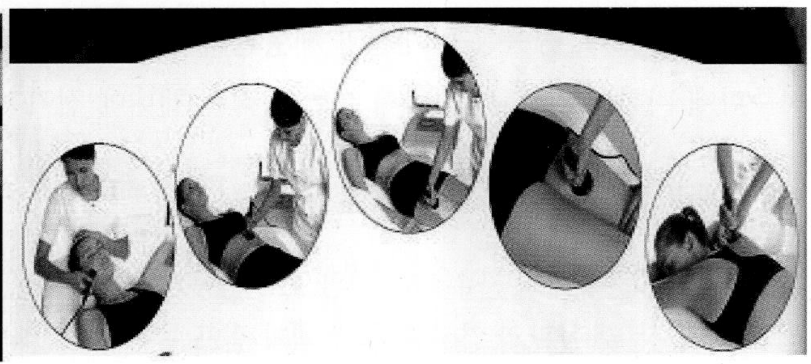

[그림 9-18] R.F시스템 고주파

(5) 엔더몰로지(Endermoiogy)

엔더몰로지의 사전적 의미는 '피부의 결합조직 이상을 치료한다'이다. 즉 진공음압에 의해 피부를 당겼다 놓았다 반복하며, 피부에 물리적인 자극을 주어 지방을 분해하는 방법이다. 다시 말하면 지방세포를 둘러싸고 있는 이상 섬유질의 고리와 엉김을 풀어주고, 혈액과 림프순환을 촉진시킨다는 의미이다.

❋ 미용관리의 효과

① 혈액순환, 림프순환 효과
② 강력한 흡인력의 부황요법
③ 부드럽고 리드미컬한 바이브레이션마사지
④ 다양한 롤 마사지 효과
⑤ 셀룰라이트 분해효과
⑥ 신진대사촉진, 피부탄력증가
⑦ 가슴, 힙 탄력효과 등

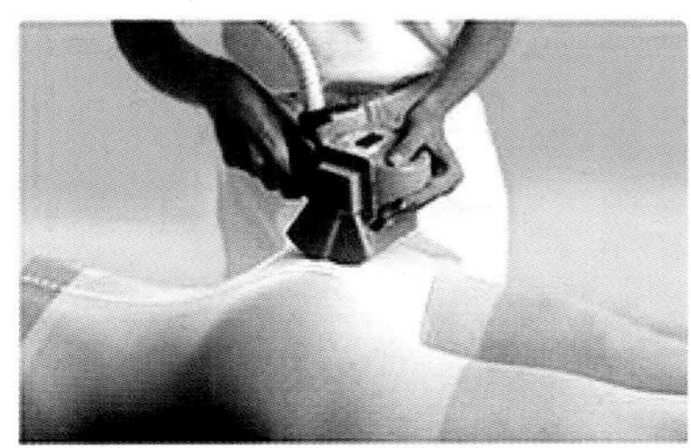

[그림 9-19] 엔더몰로지

(6) 진공흡입기

진공으로 빨아드리는 공기압이 작용하는 유리컵을 피부에 접촉하여 피부를 흡입하므로 피부의 혈액순환과 림프순환을 증가시켜 혈행과 노폐물 배설을 촉진하는 효과가 있다.

❋ 미용관리의 효과

① 림프의 흐름의 촉진으로 노폐물제거 용이
② 림프액이 조직에서 빠져나감으로 인해 부종감소
③ 진공흡입으로 이한 혈액순환 촉진
④ 지방제거와 셀룰라이트 분해효과
⑤ 근육의 이완

(7) 바이브레이터 진동기기

바이브레이션(진동)에 의해 온몸순환을 촉진시키는 마사지 기기로 주로 체형관리를 위해 많이 활용되며 근육운동과 지방분해 효과를 제공한다. 또한 바이브레이터의 여러 종류의 액세서리는 인체에 미치는 효과가 손을 이용한 마사지의 효과와 흡사하다.

미용관리의 효과

① 근육이완과 근육통해소 및 직간접 근육운동 촉진
② 혈액순환을 촉진, 신진대사 증진
③ 노폐물배출 촉진을 도와 세포재생촉진
④ 지방분해 효과

(8) 프레셔테라피(Pressuretheraph)

일명 압박요법이라 하여 신체 부위에 적당한 압력을 가하여 세포 사이에 정체된 체액을 제거하며 정맥과 림프의 순환을 도와주는 요법을 말한다. 이때 행해지는 물리적 요법은 인체에 무리하지 않게 가해지며 말초신경으로부터 자극하여 혈액순환을 촉진한다.

미용관리의 효과

① 근육통완화, 운동효과
② 혈액순환 촉진 및 개선
③ 체형관리, 지방분해
④ 권태 및 부면 해소 등

(9) 광선을 사용하는 기기

광선을 이용하는 관리는 전자기 스펙트럼의 일부인 적외선, 자외선, 가시광선을 이용하여 신체의 일부 또는 전신을 이용하는 관리를 말한다. 적외선을 이용한 신체조직의 열공급과 자외선의 교란을 이용한 태닝효과(Tanning effect) 및 피부 병변치료 등 피부미용뿐 만 아니라 의약분야에서도 빛을 이용한 관리는 매우 다양하게 이용된다.

① **적외선**

적외선은 적색의 불가시광선으로 파장 770~220nm 사이의 전자기파이다.

적외선의 파장은 물질을 구성하는 분자에 흡수되기 쉬우며 그 결과 분자는 격렬하게 운동한다. 이 분자운동이 곧 열이므로 적외선은 물질을 따뜻하게 하는 성질이 강하다. 이러한 적외선을 이용한 기기들은 온열작용으로 인해 혈관이 팽창하여 혈액순환이 증가되고, 림프순환을 촉진하여 노폐물과 독소배출 등을 원활하게 하고, 영양성분의 흡수를 촉진시킨다. 적외선을 이용한 미용기기로는 적외선램프, 원적외선 마사지기, 원적외선사우나, 원적외선 비만기기 등이 있다.

② **자외선**

자외선은 인체에 가장 큰 손상을 줄 수 있는 광선으로 400~15nm 사이의 파장을 지닌 전자기파의 일부로 장파장(UVA). 중파장(UVB),단파장(UVC)으로 나뉜다. 자외선은 살균력이 강한 화학선으로 피부에 흡수되어 피부의 건강유지와 활력의 향상, 비타민D 생성 및 구루병 예방에 꼭 필요한 광선으로 긍정적인 영향을 미친다. 반면 자외선의 부정적인 영향으로는 세포와 조직을 손상시켜 노화를 촉진시키기도 하며 암을 유발 수 있으므로 자외선 노출에 유의하여야 한다. 자외선을 이용한 피부미용기기로는 자외선등, 선탠기, 자외선소독기 등이 있다.

(10) 가시광선을 이용한 기기

빛이란 공간을 서로 다른 주파수와 에너지를 가지고 움직이는 전자기 파장으로 눈에 보이는 부분(가시광선)을 말한다. 가시광선을 이용한 기기는 색상필터를 이용, 390~ 650mm의 가시광선 파장에 해당되는 인공광선을 방출시키는 기기로서 색상테라피를 인체에 적용 시키기 위해 개발된 광선기기로 흔히 컬러테라피기기라 한다.

컬러테라피 기기

빛은 우리 인간에게 있어서 가장 중요한 에너지의 근원이 되며 ,빛이 주는 색채 효과는 매우 다양하고 적용되는 분야 또한 크다. 색을 이용한 치료의 기원은 고대이집트와 중국에서 찾을 수 있는데, 이집트인들은 강렬한 태양을 에너지의 근원으로 숭배했던 태양에너지인 붉은색을 이용해 질병 치료에 이용하였으며 민족적 신앙으로 사용하였다. 수세기 동안에 이르러 색깔이 인체에 생리적, 심리적으로 미치는 영향에 대하여 효과가 밝혀졌으며 빛을 이용한 방법은 질병치료 뿐만 아니라 생활속에서도 유용한 효과를 얻고자 할 때 많이 사용되어 왔다.

오늘날에도 색을 이용하여 질병을 치료하는 의학분야 뿐만 아니라 피부미용 분야에서도 컬러테라피를 이용한 관리는 피부에 다양하게 접목되어지고 있다. 이러한 컬러테라피의 장점은 시술결과가 즉각적으로 나타나며 부작용이 전혀 없다는 데 있다. 직경 5~8mm의 접착 컬러 씰(조각)을 피부 경혈 혹은 컬러가 반응하는 표면에 붙여 치료하는 경우와 치료용 컬러테라피 기기를 인체의 치료 부위에 맞는 컬러를 색상 필터를 이용하여 일정시간 조사하는 방법이 있다.
이는 컬러가 갖고 있는 색의 온도와 빛의 파장을 이용하는 요법이므로 약물복용에 따르는 부작용이라든지 바이러스 및 세균에 대한 감염의 위험없이 매우 안전한 치료법이다.
컬러테라피기는 인체에 유용한 효과 및 여드름, 상처, 홍반, 습진, 탄력부족 피부, 셀룰라이트 등의 피부증상에 맞게 적합한 색상의 광선을 적용시켜 피부 및 체형개선 효과를 증진시키는 데 목적이 있다.

❋ 컬러테라피에 적용되는 색채와 효과

색상	효과
빨강(Red)	혈액순환증진, 세포재생활동 및 활성화 근조직이완, 셀룰라이트개선, 지루성여 드름개선 등
주황(Orange)	신진대사촉진, 내분비선 기능조절, 신경 긴장이완, 튼살관리, 건성 및 문제성 피부, 알레르기성 민감성 피부관리, 세포재생작용 등
노랑(Yellow)	소화기계 기능강화, 신경자극, 신체정화작용, 결합섬유생성촉진, 수술 후 회복관리, 피부의 조기노화 예방관리, 슬리밍과 튼살관리 등
녹색(Green)	정화와 활력재생으로 신경안정 및 신체평형유지, 지방 분비기능 조절, 심리적 스트레스성 여드름, 비만, 홍반 및 반점, 색소관리 등
파랑(Blue)	염증과 열 진정효과, 부종완화, 모세혈관확장증 관리, 지성 및 염증성 여드름 관리, 기분전환 등
보라(Violet)	모세혈관확장, 화농성여드름, 기미 및 주근깨관리, Na, K 대사 평형유지, 식욕 조절, 전신 셀룰라이트, 슬리밍관리, 이상적 피부상태유지

BEAUTY ART THEORY

BEAUTY
ART
THEORY

제10장

메이크업의 이해

1 메이크업의 정의

1) 메이크업(화장)이란?

메이크업(Make-up)이란 페인팅(painting), 토일렛(toilet), 드레싱(dressing) 등으로 화장(化粧)을 의미하며, 얼굴 또는 신체의 결점을 보완 수정하고 장점을 부각시켜 개성 있고 아름답게 꾸미고 표현하는 것을 말한다.

이런 메이크업의 용어가 구체화되기 시작한 것은 17C 영국의 시인 리챠드 크라슈(Richard Crashou)에 의해 처음 사용되었다. 리챠드 크라슈의 시구절에서 "메이크업이란 여성의 매력을 최대한 높여주는 행위"라고 메이크업이란 단어를 최초로 사용하였다.

그리고 보다 이전에 분장의 뜻을 지닌 페인팅(painting)의 용어는 셰익스피어(Shakespeare)의 희곡에서 처음 등장하여 16세기에 이탈리아의 르네상스에 전래된 것으로 짙은 화장, 즉 분장을 의미한다. 이는 16~17세에 연백을 원료로 만든 분을 페인트(paint)라 불렀으며, 후에는 백납분에 색상과 향료를 섞어 만든 다채로운 안료로 얼굴에 색칠하는 것을 페인팅(painting)이라 하였다.

그리고 20세기 헐리우드 전성기에는 맥스 팩터(Max Factor)가 '메이크업'이란 용어를 대중화시켜 오늘날 화장의 의미로 넓게 사용되고 있다.

최근에는 마뀌아쥬(Maquillage)라는 프랑스어를 접하는데, 이는 분장의 뜻을 지닌 연극의 용어로 화장, 분장의 의미로 오랜 역사를 지닌 어휘이다. 또 다른 표현의 뚜알렛(toilette)는 1510년 영국에 전해져 토일렛(toilet)으로 변화된 것으로 가벼운 화장을 포함한 몸치장의 전반을 포함한 의미로 사용된다.

우리나라에서도 메이크업의 의미를 지닌 다양한 어휘가 있었는데, 이는 '꾸밈의 정도'를 세분화하여 사용하였던 것을 알 수 있다. 본래 화장과 화장품은 우리나라 고유 어휘가 아니며, 이는 개화기 이후 일본에서 유입되어 사용되었던 어휘로 가화, 가식으로 '거짓꾸밈'의 의미를 내포한다.

화장에 대한 우리 고유의 어휘로는 담장, 농장, 염장, 응장, 야용, 성장으로 가꾸는 행위와 가꿈의 정도에 따라 표현이 달랐다. 여기에서 담장은 피부를 희고 깨끗하게 가다듬는 기초화장을 의미하고, 농장은 색채화장의 정도를 표현한 것이다. 그리고 염장은 짙은 색채화장으로 기생이 했던 분대화장으로 요염한 색채의 표현정도, 응장은 신부화장으로 혼례 때 하는 의례차림을 의미한다.

또, 야용은 박색을 미인으로, 노인을 젊어 보이게 하는 분장의 정도를 의미하고, 성장은 야하거나 화려한 의미를 내포하고 있다.

2) 화장품이란?

화장품(Cosmetic)은 현대적의미로 "인체를 청결 또는 미화하기 위하여 도찰(塗擦) 살포(撒布) 등 이와 유사한 방법으로 사용되는 물품으로써 인체에 대한 작용이 경미한 것"이라고 정의되고 있다. 화장품은 영어나 불어로 코스메틱(cosmetic)이며, 독일어로는 코스메틱(kosmetic)이다.

그 어원은 그리스어 코스메티코스(cosmeticos)로서 "잘 정리하다", "잘 감싼다"는 의미를 지닌다. 코스메티코스(cosmeticos)란 무질서, 혼돈의 의미인 카오스(chaos)의 반대 개념인 코스모스에서 유래된 것으로, 그 의미는 질서 있는 체계와 조화를 뜻한다.

즉, 화장품은 인간을 잘 감싸서 질서 있게 조화시키는 도구인 것이다. 이러한 점에서 화장은 토털 패션으로서 전체적인 조화를 고려한 질서 있는 아름다움이라고 말할 수 있다.

2 메이크업의 기능(기원설)

1) 장식적 기능

인체를 보다 아름답고 개성 있게 창조하여 자신의 이미지를 높일 수 있는 기능.

(1) 장식설(decoration theory)

스타르(starr)는 "지구상의 모든 종족들 중 의복을 착용하지 않은 종족은 있으나 장식을 하지 않은 종족은 없다"는 주장처럼 인간은 미적 감각의 표현으로 신체를 장식하려는 본능적인 충동이 있으며 자기 몸을 아름답게 신체를 장식하려는 본능적인 충동이 있으며 자기 몸을 아름답게 장식하고 싶은 욕망으로부터 메이크업이 시작되었다는 것이다.

또 장식설을 주장한 플뤼겔(Flugel)은 인간이 몸을 장식하는 목적은 이성에게 성적 매력을 주기 위함과 장식한 사람의 힘, 용기를 과시하기 위한 트로피즘(trophysm) 적에게 경고를 위한 테러리즘(terrorism), 악령을 쫓거나 행운의 기원을 위한 토테미즘(totemism)과 계급, 종족표시를 위한 신분상징을 의미한다.

장식에는 신체적(corporal)인 것과 외면적(external)인 측면으로 구별하는데, 신체적인 표현은 신체의 변형이나 처리를 나타낸다.

그리고 외면적인 장식은 신체에 부착하는 장신구로 일시적인 것과 영구적인 것으로 구별할 수 있다. 일시적인 장식은 메이크업, 머리모양의 변화처럼 쉽게 제거될 수 있는 형태를 말하며, 영구적인 것은 말 그대로 영구적으로 제거될 수 없는 상흔, 문신, 신체형태의 변형을 말한다.

(2) 유인설(immodesty theory)

이성에게 성적 매력을 과시하기 위하여 화장이 필요했고, 시작되었다는 견해이다. 진화론을 주장한 찰스 다윈(Churless Dawin)은 “동물의 수컷과 암컷은 이성의 주위를 끌기 위하여 동물은 울음소리를 낸다. 거기에 대하여 인간은 화장이나 몸치장으로 이성과 타인의 시선을 끈다. 그래서 인간은 아름다운 메이크업과 좋은 의복을 입으려 노력하고 그런 사람이 승리를 차지한다.”라는 말이 있다.

이성의 관심을 끌고 성적 매력을 나타내기 위하여 신체를 아름답게 채색하고 장신구를 사용하여 치장을 하였다.

2) 보호적 기능

물리적, 자연적 환경으로부터 보호하는 기능

(1) 보호설(protection theory)

보호설은 신체를 곤충이나 동물, 적 또는 초자연적인 기후로부터 몸을 보호하기 위해 의상과 신체장식이 시작되었다는 던랩(Dunlap)의 학설이 있다. 인간은 자연환경으로부터 신체를 보호하기 위하여 문신 또는 동, 식물의 다양한 색채로 몸에 채색을 하였던 것이 오늘날 메이크업의 시작을 의미하는 설이다.

예를 들면 추운 기후로부터 보호하기 위하여 동물기름을 발랐고, 또 자연의 먼지, 곤충, 강한 태양열로부터 눈을 보호하기 위한 검은 먹, 즉 코울(kohl)을 사용한 예를 들 수 있다.

특히 보호설에는 심리적인 면과 신체적인 면을 들 수 있는데, 심리적은 측면은 동물의 가죽, 뿔, 이빨 등으로 신체를 장식함으로써 자신의 용맹, 힘, 우월성의 과시와 함께 그것들이 보호해준다는 정신적인 지주가 되었다.

신체적인 측면은 기후, 외부자극으로부터 보호하기 위하여 얼굴과 신체에 페인팅과 문신을 함으로써 위안을 얻었다.

3) 사회적 기능

화장을 통하여 사회적인 승인을 얻을 수 있는 기능

(1) 신분설

신분설은 계급, 신분, 부족, 남녀 성별의 구별을 위하여 신체 채색에서 메이크업이 시작되었다는 견해이다. 아프리카 부족들 사이에 행해지는 특이한 장식으로 문신, 귀걸이, 코걸이, 팔찌 등 부족의 신분이나 다른 종족과의 구별을 위하여 행해졌던 것을 볼 수 있다.

특히, 통치자, 즉, 추장은 자신의 위엄과 절대적인 권위의 상징을 위하여 신체의 일부를 보통 사람과 차별화하기 위하여 여러 가지 색료로 채색과 장식을 하였다. 이는 신분의 차이를 뚜렷이 구분하는 표시였고, 위엄이었으며 절대적인 통치권의 수단으로 이용하였다.

신분표현은 보편적인 현상으로 가문의 부, 개인의 업적, 지위를 나타내기 위한 수단으로써 중세 유럽에서는 귀족, 왕족의 색상으로 자주색이 일반인의 의복에서 제한되었다. 이는 귀하고 값진 것은 최고의 신분표현과 상징이었던 것을 알 수 있다.

(2) 종교설

인류의 모든 기원은 무속신앙에서 비롯되었다. 이는 사냥, 다산, 질병, 재앙으로부터 보호와 복을 기원하는 의식으로 메이크업이 시작되었다는 설이다. 주술적, 종교적인 행위로 몸에 채색을 하거나 향나무 잎의 즙을 몸에 바르고 제단에 향을 피웠다. 즉, 목욕을 하고 향과 색료로 채색을 하였던 것은 위엄과 고결함, 신성함을 상징하기 위함이었다. 이러한 근원은 고대 여러 국가에서 발견된 유물, 유적에서 당시 종교의식을 위한 메이크업의 기원을 발견 할 수 있다. 특히 고대 이집트는 영혼불멸의 내세관 사상으로 향유로 메이크업을 하여 피라미드에 미이라를 안장했던 것을 알 수 있다.

4) 심리적 기능

외모를 꾸밈으로써 자신의 만족감을 충족하는 기능

(1) 본능설

인간은 태어나면서부터 '아름다움'에 대한 본능의 욕구를 가지며, 이는 자신을 타인에게 보다 우월하고 아름답게 보이려는 인간의 생태적인 본능으로 화장이 시작되었다는 설이다. 인간은 아름다움, 자신감으로 타인보다 우월하게 생각하고 인정받기를 원하는 자기애가 강하다. 이는 타인으로부터 추종받기 위하여 외형적으로 표현이 가능한 메이크업, 장식에 대한 강한 본능으로 나타난다. 아름다움과 그 아름다움을 간직하고자 하는 인간의 자기도취증(narcissism), 즉 자신의 신체를 아름답고 매력있게 표현함으로써 기쁨을 얻고자 하는 욕망을 메이크업의 가장 강하고 근본적인 동기로 보고 있다.

3 메이크업의 역사

1) 원시시대 메이크업

원시시대의 메이크업은 사회적 지위와 종교적인 의식에 의하여 행하여졌다. 주로 '먹'과 같은 검정색 물질을 사용한 문신으로, 이는 신체 손상의 풍습과 기호, 부족계급과 소소집단의 표시, 용기와 재력의 과시 그리고 남존여비 등 여러 가지 목적으로 사용되어진 경우가 많다.

현재는 얼굴에 채색하는 것을 '메이크업'이라 하고 이는 미를 표현하고 개성을 강조하는 것으로 당연시 되고 있다. 오래전에는 제례와 특별한 의식에만 채색을 하여 행복을 기원하거나 귀신을 물리치는 의미를 가졌다. 입술에 붉은색 연지를 바르는 것은 여성들의 사회진출을 상징하는 것이라고 하나 반대로 얼굴에 문신, 색을 바르는 것은 남녀 차별을 위해 사용되어진 일도 있다.

[그림 10-1] 원시시대 보디페인팅과 문신

알타이(altaic) 산속 바짜리 고분에서는 전신에 동물의 문신을 한 60세 가량의 남자가 출토되었다. 이것은 기원전 400년에서 300년 전의 것으로 유럽 사람들도 문신을 하는 풍습이 있었던 것을 짐작할 수 있다.

남방 오세아니아, 남아메리카에서 각 민족의 발상에 관한 신화 속에 문신이 민족의 징표로 행해졌던 것을 알 수 있다. 페루(peru)에서 발굴된 선사시대 남녀의 팔 안쪽에 문신이 새겨져 있는 것은 이를 증명하는 좋은 예이다.

이처럼 과거에는 문신을 메이크업으로 생각하였고, 물론 오늘날에도 미개발국에서 행하여지고 있다. 또, 강한 색채와 나뭇잎을 태운재로 얼굴에 색을 바르는 일 역시 현재에도 미개발국에서 메이크업의 의미로 남아 있다.

얼굴에 백색선을 그리고 흙을 물에 반죽하여 몸에 바르는 이런 행위는 무속신앙, 즉 종교적인 측면에서 비롯되었고 특히 주문을 위해 사용하였다. 또 신체를 보호하기 위한 목적으로 풀잎의 즙을 짜서 신체에 발라 독충으로부터 보호하고 강한 태양열로부터 피부를 보호하기 위해 사용되었다.

이처럼 원시시대의 메이크업은 페인팅에 가까운 채색과 문신이 지배적이었으며, 이는 장식적인 의미보다는 종족과 계급 및 주술적이고 원시적인 종교 신앙에서 비롯되어졌음을 알 수 있다. 또한 이처럼 원시시대의 메이크업은 자연에서 채취한 식물의 즙, 동물, 광물에서 채취한 다양한 색채로 얼굴에 채색하는 형태였다.

2) 고대 메이크업

(1) 이집트(Egypt)-아이 메이크업

고대 이집트(Egypt)는 4대 문명발상지로 북위 20~30도에 위치하고 그 중심부에 나일강(nail)이 흐른다. 나일강은 봄부터 가을에 걸쳐 정기적인 홍수로 상류의 비옥한 땅이 하류로 흘러 토질이 좋아 수확이 풍족하였다. 이런 나일강은 이집트의 물질생활의 원천이었으며 정신생활의 모태로서 주민의 거주지가 되었다. 자연히 메이크업과 헤어스타일은 아열대 기후에 적응할 수 있는 방향으로 발전하게 되었고, 이런 기후로 목욕과 향유가 발달하게 되었다.

[그림 10-2] 이집트 시대 메이크업

메이크업은 기후뿐만 아니라 주술과 신분 및 지위표시로 행하였으며 이는 피부보호와 장식적인 기능의 역할을 하였다.

이집트의 메이크업은 자연환경으로부터 피부, 몸을 보호하기 위한 의학적인 기능과 상징적인 장식의 의미를 지녔다. 그 예로, 코울(kohl)을 들 수 있는데, 이것은 멜러카이트(malachite)와 걸리너(galena), 안티몬(antimony)의 가루를 기름과 섞어 만든 액체이다. 눈에 칠한 이런 안티몬이나 미묵은 눈물샘을 자극하여 눈물이 흘러내리게 하여 사막의 먼지와 강한 태양으로부터 눈을 보호하기 위한 것이었다. 검은 미묵으로 눈의 모양을 마치 물고기 형태로 길게 그렸는데, 이것은 호루스라는 독수리의 눈을 상징하는 것이었다. 이 독수리는 왕을 보호하는 신성한 새로써 날카로운 눈은 '암흑에 대한 빛의 투쟁'을 의미한다. 이것은 주로 안티몬의 가루, 소성아몬드, 검은색 산화동, 붉은색을 반죽하여 나무, 상아, 금속 같은 스틱으로 그렸다. 그리고 눈꺼풀에는 공작석색인 녹청색 화장료를 사용하여 강한 색조로 음영을 표현했다.

눈썹은 검은색으로 길게 늘여 그렸고, 볼과 입술에 사용한 연지는 붉은 황토 흙인 오우커(ocher)를 양의 기름으로 반죽하여 붓으로 엷게 발랐다.

그리고 헤나로 손톱, 발톱을 염색하여 사막의 먼지로부터 보호하는 의학적인 기능과 장식적인 기능을 하였다. 문신의 원료인 헤나(hanna)는 중동지방의 식물로 꽃은 주황색의 즙을 내어 향수와 매니큐어, 잎은 머리를 염색하는 원료로 사용되었다.

또한 고온다습한 기후로 피부가 상하는 것을 방지하기 위하여 연고를 제조하여 사용하였는데, 이는 태양열로부터 피부노화를 예방하기 위한 것이었다.

또 이집트인은 향료를 풀어 목욕을 즐겼고, 나일강의 진흙인 '나트론'으로 몸을 문질렀고 '수아부(표백토와 재를 섞어 반죽)'로 각질을 제거하고, 향유로 마사지를 하였다.

몸은 금빛을 띤 황토색 기름을 발라 윤기를 띠도록 했고, 가슴과 관자놀이의 혈관을 푸른색 안료로 정맥을 그려서 금빛과 차가운 대조를 이루는 푸른빛을 부각시켰다. 그리고 가슴의 유두는 금색으로 칠하는 장식을 하였다.

이런 이집트 메이크업은 BC. 7500년에 시작되었고, 네프레티티(nefertiti) 여왕은 이집트의 메이크업을 예술의 경지로까지 승화시켰다. 그리고 클레오파트라(cleopatra) 시대에 이르러 결정을 이루었다. 특히 네프레티티 여왕은 청색 아이라인과 손톱과 발톱까지도 빨강색으로 치장했는데, 메티큐어의 색상은 신분이 낮아질수록 색채가 엷어졌으며 평민은 투명한 락커를 칠했다.

머리는 남녀 모두 가발을 착용하였으며, 가발은 그물로 된 캡(cap)에 가발재료를 땋거나 간추려 엮어서 사용하였고, 남자는 머리카락을 완전히 밀어낸 머리 위에 착용하였고 여자는 짧게 깎아낸 머리 위에 얹었다.

이렇게 짧게 깎은 머리는 종교의식과 청결관념으로 보여 지고 또한 강한 햇볕으로부터 머리를 보호하기 위함이었다.

가발은 종려나무 섬유를 사용하였고 후기에는 울(wool)이나 사람의 머리카락으로 부피를 크게 만들어 모자처럼 착용하였다.

이집트는 자연환경과 내세관을 믿는 종교의 영향으로 인하여 이집트만의 메이크업과 헤어의 역사에 많은 기여를 할 수 있었던 것을 알 수 있다. 이는 오늘날 미용의 원류가 되는 예술, 역사뿐만 아니라 메이크업, 헤어, 장신구 등 이집트의 독특한 스타일을 만들어냈다.

(2) 그리스(Greece)-동성애와 메이크업 & 로마(Roma) - 새로운 얼굴 얻음

그리스와 로마시대에 이르러서는 화장품, 화장술에 관한 연구 및 처방이 마술, 미신 종교에서 벗어나 학문적 원리에 기초를 둔 의학시기를 맞이하게 되었다. 로마의 의사였던 가렌(Garen : A.D. 130~200)은 해부학, 생리학, 위생학, 약학, 병리학, 철학 등에 풍부한 저서를 남겼고, 특히 화장품 제조에 관한 처방전과 최초로 콜드크림(Cold cream)의 원형인 시원해지는 연고를 제조하는 업적을 남겼다.

볼과 입술은 식물성 염료나 적토를 추출하여 홍조빛으로 붉게 칠하고, 비교적 단순한 의상으로 인해 머리치장에 관심이 많아져 머리를 깨끗이 하고 컬(curl)을 만들거나 잿물로 표백하고 식물의 염료를 이용하여 금발로 염색하기를 좋아했으며, 몸 전체에 향료나 오일을 사용했다.

일반 여성들은 기초적인 피부손질 외에 거의 화장을 하지 않았으나 나라에서 인정하는 대규모의 창부들은 매우 짙은 화장을 하였다. 이들의 화장은 대부분 이집트에서 전래된 것으로서 얼굴과 손바닥뿐만 아니라 유두에 붉은색의 고운 가루를 발랐으며, 엉덩이에도 회색 혹은 붉은색의 가루를 발랐다. 연백을 짙게 칠한 얼굴에 볼연지와 입술연지를 사용하고 눈썹을 길게 그렸으며 인조눈썹을 사용하기도 하였다.

귀족 남성들의 모든 사교활동은 목욕탕을 중심으로 이루어졌다고 말해도 될 만큼 그 당시의 목욕문화는 사교의 중요한 역할을 하였다. 증기탕이나 향유, 마사지, 향수 등으로 피부를 가꾸는 것이 유행하였고 상류계급의 여성들도 노예들에 의해 가사에서 해방되어 주로 몸을 단장하고 가꾸는데 많은 시간을 보냈으며, 특별히 훈련된 노예들에게 화장품을 만들게 하여 화장을 전담시켰다.

로마시대에는 남녀 모두 희고 아름다운 피부를 가꾸기 위해 냉수욕, 온수욕, 약물욕 등을 하거나 얼굴과 목, 어깨, 팔에 백납을 칠하였다.

[그림 10-3] 밀로의 비너스

[그림 10-4] 폼페이의 테피다리움

(3) 중세(비잔틴-백색화장/고딕-불건전한 메이크업과 생생한 메이크업)

중세 봉건사회는 교회의 지배력이 매우 강하여 일상생활까지 커다란 영향력을 행사하였는데, 일반 여성들은 얼굴의 미를 표현하고 가꾸는 행위를 엄격히 금지하였으며, 오직 순결과 정숙만을 강요하였다. 따라서 화장은 엄격히 금지되었고 행실이 나쁜 여성이나 특정한 직업을 가진 예능인, 연극인만이 화장을 하였다.

11세기 중세 후기에 들어와 몇 차례에 걸친 십자군 전쟁의 결과로 동양으로부터 염료식물류, 나무껍질, 석면, 산화아연, 석유, 향신료, 석탄 등 진기한 향료나 화장재료들이 전해지면서 여성들에게 조금씩 화장행위가 행해지게 되었고, 화장품과 향료 연구에 큰 계기가 되었다.

[그림 10-5] 플랑드르의 여인

입술은 작은 꽃 모양의 장밋빛 입술을 선호하였고, 얼굴을 면도하여 깨끗한 피부를 표현하였으며, 머리카락을 이마 뒤로 넘겨서 이마를 강조하였다. 금발로 염색하고 다양한 색깔의 노끈으로 묶거나 땋는 간단한 형태에서 여성들의 머리형태는 앞 중심에 가르마를 타고 앞이마를 전체적으로 내놓았으며, 뒷머리는 목덜미에 붙이는 헤어스타일이 나타났다.

3) 근세

(1) 16세기 르네상스(Renaissance)-장미빛 피부와 브론드색 머리

14세기 중반쯤부터 이탈리아를 중심으로 번성하기 시작한 르네상스 운동의 영향으로 여성의 아름다움에 대한 관심이 증가하면서 이탈리아를 중심으로 고대의 화장 패턴이 유럽각지로 확산되었다.

16세기에 르네상스는 유럽에서 전성기를 맞게 되었다. 예술의 발전, 종교개혁, 자본주의의 출현, 정복지 개척 등이 이루어지면서 점차 개인주의하 향락주의로 흐르게 되고 쾌락과 사치를 추구하였다. 따라서 과장된 의복과 장식이 귀족과 부유한 계층에 의해 더욱 강조되면서 화장품은 상류층에 의해 과도하게 사용되었다.

이 시기에는 유럽 각 나라마다의 세력을 견제하기 위해 동맹 등을 위한 왕의 빈번한 왕래와 혼인으로 각 나라의 화장술이 전해졌다. 영국에서도 대륙의 새로운 화장법이 도입되어 성행되었는데 엘리자베스 1세(1558~1603)때에는 흰피부를 선호하였으며, 여왕의 영향력으로 모든 여성 뿐 아니라 남성까지도 화장품을 사용했다. 그녀는 이탈리아 화장품과 화장법으로 희고 두껍게 분칠하여 창백한 얼굴에 입술과 머리는 붉게 물들여 강한 대조를 보였다. 여성들의 머리는 앞가르마를 타서 귀 뒤로 넘겼으나 나중에는 모

[그림 10-6] 퀸 엘리자베스

두 뒤로 빗어 넘겨 머리 장식으로 고정시켰다.

또한 앞머리는 곱슬곱슬하게 하고 뒤로는 소용돌이 모양을 높이 들어올린 하이롤 스타일이 유행하였으며, 붉은색 머리와 금발 또한 유행하여 여러 가지 머리 형태를 만들기 위하여 부분 가발이나 전체 가발을 이용하였다.

(2) 17세기 바로크(Baroque)–패치(애교점)의 유행

이 시대에는 지위가 있는 귀족들의 미적 요구가 끊임없던 시대로 흔히, '사치의 시대'라고 일컬어진다. 남자들도 머리를 길러 장식하였으며, 상류계층은 어깨까지 층층이 내려오는 구불구불하거나 곱슬머리 헤어스타일을 하였으며, 가발은 17세기 후반에 이르러서 화려한 의상과 조화되어 매우 중요하고 다양한 형태로 변화하였다.

[그림 10–7] 패치

머리카락은 회색, 갈색, 연두색, 흰색 등으로 염색하여 포마드(pomade)로 고정시켰다. 컬(curl)을 한 머리를 더욱 풍부하게 보이도록 머리위에 리본을 장식하거나 새의 깃털을 달기도 하였다. 또한 딱딱한 린넨(linen)이나 레이스(lace)를 주름 잡아 철사로 층층이 탑처럼 높이 올려 부채를 핀 것 같아 씌운 후 리본을 장식한 기교적인 퐁땅쥬(fontange)스타일이 귀족적인 의상과 함께 유행하였다.

화려한 의상과 함께 17세기에는 패치(patch), 뷰티스팟(beauty spots)등의 애교점이 크게 유행하였으며, 모양이나 크기, 붙이는 위치도 다양하여 벨벳(belvet)이나 타프타(taffeta)의 헝겊을 둥근 모양, 별 모양, 초승달 모양으로 오려서 이마나 관자놀이, 입술주변, 가슴부분 등에 붙였다. 패치는 귀족 뿐만이 아니라 하층계급까지 남녀노소 막론하고 유행하였으며, 작고 검은 뷰티스팟을 그리는 풍습은 원래 치통을 진정시키기 위하여 관자놀이에 검은 벨벳이나 호박단의 궁정용 고약을 붙이는 것에서 유래되었다고 한다.

여자들은 화려한 의상에 어울리게 진한 화장을 위하여 백납성분으로 만든 백분을 발랐으며, 머리카락은 불론드 색으로 염색하거나 깨끗이 밀고 가발을 썼다. 볼은 오렌지 또는 핑크색 계통의 진한 색조로 둥글게 칠하고, 입술은 작은 꽃잎 모양의 입술 화장을 하였다.

(3) 18세기 로코코(Rococo)–붉은 볼 화장

로코코의 어원은 프랑스어로 로카유(rocaille)와 코키유(coquill)인데, 이는 정원의 장식으로 사용된 조개껍데기나 작은 돌의 곡선을 의미한다. 이 곡선의 감각은 잔잔히 흐르는 듯 또한 경쾌하게 춤추는 듯

한 선 감각으로써 우아하고 여성적이며, 귀족적이고, 반 자연적이며, 실내적인 특색을 지닌다.

18세기까지는 바로크 시대에 유행했던 퐁당쥬(pontange) 스타일이 전성을 이루었으나 루이 14세가 사망한 후 퐁파두루(pompadour) 스타일이라는 낮은 머리형이 유행하게 되었다. 이 스타일은 머리카락을 부풀리지 않고 뒤로 빗어 넘긴 우아하고 깔끔한 머리형으로 머리 위의 리본이나 조화, 레이스, 깃털 등의 섬세하고 우아한 장식을 사용하기도 하였다.

1760년쯤에는 헤어스타일이 점차 높아지고 거대해졌으며 그 장식이 높이 쌓아졌다. 이 시대의 취향은 머리형을 예술적이고 환상적인 것의 극치로 이르게 하여 마리 앙투아네트(Marie Antoinette : 1755~1793)시대에는 높이와 장식기교에서 최고점까지 도달했었다. 마리 앙투아네트의 헤어 디자이너 레오나르도오티에 의해 고안된 헤어스타일은 모든 계급의 여자들에 의해 모방되었다.

[그림 10-8] 퐁땅쥬 스타일

[그림 10-9] 퐁파두루 스타일

4) 근대

19세기 복식을 크게 다음 4가지로 나누어 볼 수 있다.

① 고전주의(1789~1815 : Empire Style) 나폴레옹1세 시대 : 엠파이어 스타일

② 낭만주의(1815~1845 : Romantic Style) 왕정 복고 시대 : 로맨틱 스타일

③ 크리놀린(1845~1870 : Crinoline Style) 나폴레옹 3세 시대 : 크리놀린 스타일

④ 세기 말(1870~1906 : Bustle Style)시대 : 버슬 스타일

이와 같이 복식과 함께 다양한 메이크업, 헤어스타일이 더불어 발달하였다.

19세기 혁명 이후, 화장 문화는 귀족계층을 중심으로 과도하고 인위적으로 꾸미던 경향이 없어지고

얼굴에 자연스러운 미를 추구하게 되었다.

이 시기의 화장은 여성만의 전유물로서 중요시되었고 얼굴의 두꺼운 화장은 이미 유행에 뒤진 것이 되어 이는 연극이나 무대에서만 보게 되었고 일반 여성은 자연스러움을 중요시하였다. 비누와 향수의 사용이 대중화되었으며, 크림이나 로션을 쉽게 사용하여 질과 제품도 향상되었다.

[그림 10-10] 눈화장 위주의 연한 화장

특히 1866년 산화아연을 만들어 냄으로써 그 동안 여성들에게 해독을 주었던 백납분보다 훨씬 안전하고 새로운 성분이 공급되어 전 유럽과 미국으로 전파되었다. 영국에서는 빅토리아 여왕의 영향이 지배적이었는데 일반 시민들은 흰 피부를 우지하기 위해 화장을 하는 것 이외에 입술과 볼에 루즈를 사용하는 것은 부도덕한 표시처럼 여겨 눈화장 위주로 연하게 하는 화장법이 유행하였다.

5) 현대

(1) 20세기

20세기 화장 문화는 대중사회와 대중매체를 기본으로 변화하였다. 산업화, 도시화, 과학화라는 세계적인 흐름에 따라 제품의 다양화와 세분화에 따른 질적 향상이 새로운 화장 문화를 형성해 가고 있다.

산업화에 따른 화장품의 대량생산과 다양한 대중매체의 발전으로 인해 누구나 쉽게 미용정보를 공유할 수 있으며, 도시화에 따른 여성들의 사회활동 기회의 증가로 인하여 화장 문화는 더욱더 발전하게 되었다.

20세기에 나타난 현대사회의 특징으로 대중사회를 이끄는 다양한 대중매체로 인하여 메이크업과 관련된 패션산업, 문화예술산업, 광고산업, 영상산업, 이벤트산업 등 많은 분야에서의 메이크업 역할이 크게 대두되고 있다.

① 1900~1909년 : 메이크업의 색채가 풍부해지고 화려하고 진하며 밝은 색을 선호.

[그림 10-11] 베로의 밤의 미녀들

② 1910~1919년 : 활동적이며 실용적인 모습으로의 변화, 다양한 색조제품 등장 보브스타일, 퍼머넌트 웨이브(테다 바라 & 폴라 네그리)

[그림 10-12] 폴라 네그리

[그림 10-13] 룰루뤼 루이즈 브로크

③ 1920~1929년 : 베이비룩 메이크업(클라라 보우 & 코렌 모레 & 글로리아 스완슨)

④ 1930~1939년 : 현실 도피 심리적 현상으로 성숙하고 세련되며 신비로운 분위기 연출 메이크업 유행-피부색은 강한 커버력 파운데이션, 눈썹은 가늘고 길게 다듬어 그린 아치형, 입술은 짙은 색상(그레타 가르보 & 마를린 디트리히)

[그림 10-14] 그레타 가르보

[그림 10-15] 덧머리 이용한 머리스타일

⑤ 1940~1949년 : 밀리터리 룩, 덧머리를 사용한 머리 스타일과 금발 염색(비비안 리 & 리타 헤이워스 & 베로니카 레이크)

⑥ 1950~1959년 : 귀족적이며 과감한 알파벳 스타일의 아이라인을 진하고 두껍게 그려 눈꼬리 강조, 입술은 붉게 칠하여 여성스럽고 인위적인 메이크업(오드리 헵번 & 마릴린먼로)

[그림 10-16] 오드리 햅번

[그림 10-17] 트위기

⑦ 1960~1969년 : 젊음의 새로운 감성과 의식 중시 자유롭고 기괴, 반항적이고 관능적인 모습(브리지드 바르도 & 엘리자베스 테일러 & 소피아 로렌 & 트위기)

⑧ 1970~1979년 : 자연스러우며 유니섹스 스타일 유행(파라 포셋 & 카뜨린느 드뇌브)

⑨ 1980~1989년 : 모더니즘, 건강하고 강인한 아름다움의 여성인기(브룩 쉴즈 & 제인 폰다)

⑩ 1990~1999년 : 복고메이크업 → 환경 친화적(기네스 펠트로)

4 우리나라 메이크업의 역사

선사시대부터 우리 민족은 미화의 목적 이외에도 자신들의 종족이나 계급을 표시하기 위해 얼굴이나 몸에 화장을 하였다. 또한 토속신안을 숭상하였던 우리나라는 신에게 제를 올릴 때 역시 주술적인 의미로 화장을 하였다.

만주 지방에 살고 있는 읍루인들은 추위에서 몸을 보호하기 위하여 돼지고기를 즐겨 먹었는데, 고기를 먹고 난 후 남은 돼지기름을 몸과 얼굴에 발랐으며 그 후엔 이 기름이 추위를 막아주는 역할 뿐만 아니라 피부에 부드러움을 주고 동상을 방지하는 목적으로 사용되었다.

삼국시대는 벽화에서 여인의 눈썹과 뺨이 화장되어 있는 모습을 통해 삼국시대 화장 문화를 짐작할 수 있다. 뿐만 아니라, 일본 역사서에도 백제로부터 향장품과 그 기술을 배워왔다는 기록이 남아 있고, 신라의 스님이 일본에 건너가서 연분을 만들어 크게 상을 받았다는 기록이 있는 것으로 보면 신라, 백제시대의 발전된 향장술을 엿볼 수 있다.

그 후 고려의 태조 왕건 시대에는 국가에서 정책적으로 화장을 장려하고 화장법도 가르쳤다. 왕건은 교방을 만들어 여러 가지 교양과 몸매를 익히게 했으며, 아름다움을 창조하기 위한 화장법도 가르쳤다. 이 시대의 유행한 화장법은 얼굴에 분백분을 발라서 창백해 보일 정도로 피부를 희게 표현하였으며, 먹으로 눈썹을 반달처럼 가늘게 그리고 뺨과 입술은 연지를 칠하고, 머릿기름을 윤기 있게 발랐다. 이러한 고려의 화장법은 조선시대까지 이어져 갔다.

조선시대 화장 기술은 좀 더 발달되어 여인들의 연지, 분, 밀기름, 곤지, 참기름, 연분 등의 화장품과 비녀, 족집게, 참빗, 얼레빗, 수건 등 다양한 화장용구를 사용하여 화장을 하였음을 알 수 있다. 또한 조선시대 여인들의 필수 화장품인 분백분은 피부를 백옥처럼 희게 표현하기 위해 많이 사용되었는데. 이 백분에는 납 성분이 많이 함유되어 있어 그 후 잦은 부작용을 초래하기도 하였다.

1890년대 갑오경장으로 개화의 물결로 여성들 사이에 화장은 널리 퍼져 나갔다. 이 시기에 박승직이란 사람에 의해 "박가분"이라는 화장품이 제조되어 대중들 사이에서 선풍적인 인기를 끌었으며, 박가분은 그 당시 처음으로 관청에 등록을 한 국산 화장품 제1호라고 할 수 있다. 그리고 이 화장품은 일반인들에게도 널리 보급되어서 대중화를 이끌었다. 이러한 의미에서 박가분의 개발은 우리나라 화장 문화에 시발점이라 할 수 있다.

[그림 10-18] 삼국시대변화

BEAUTY
ART
THEORY

제11장

분장

1 분장의 이해

드라마, 연극 등의 극중 인물을 표현하기 위해 인물의 특징을 살리기 위해 화장을 하고 수염을 붙이고, 신발 등을 착용하는 것을 분장이라 한다. 모든 무대예술을 완성시키는데 있어서 가장 중요하고 기본적인 요소 가운데 하나가 바로 분장(Make-up)이다. 분장은 배우의 의사 전달 수단으로서 배우의 모습을 배역에 맞게 변화시켜 관객들로 하여금 필요한 성격적 사실들을 이해시키는 것을 말한다. 즉 인물의 창조나 재창조를 위한 변장이나 화장술, 두발 등을 총괄한다고 볼 수 있다. 오늘날 분장은 무대예술의 다양화와 더불어 매우 세분화, 전문화되고 있으며 영상매체(영화, TV 등)의 발전으로 인하여 급속한 발전이 이루어지고 있다.

분장(扮裝)이라는 말은 한자로 나눌 분(扮 + 갖출 장(裝) 분장(扮裝)으로 이루어져 있다. 이는 서로 나누어진 것을 만든다(갖춘다), 이루어진다, 나누어진 것을 알맞게 온전히 갖추어지도록 한다로 풀이 할 수 있다. 영어로는 Make-up이라 하며, 만들어내어 자체의 조합을 이루어 상승효과를 주는 일을 통칭할 수 있겠다.

분야별 구분은 일반 메이크업을 하는 뷰티 메이크업과 방송 광고 영화작품의 메이크업을 연출하는 영상매체분장, 오페라, 연극, 뮤지컬 등 메이크업을 연출하는 무대분장분야, 작품의 특수효과를 요구하는 특수분장 등으로 구분되어진다.

2 분장의 유래

1) 고대의 분장

분장의 발달은 고대 원시 사회의 종교 의식에서 주술적인 효과를 내기 위해 가면이나 채색을 이용한 것이 원시적 분장술에서 유래되었다고 볼 수 있다. BC3200년경 이집트 종교의식에서 백납을 이용하여 얼굴을 착색하고 검은색과 파란색의 아이섀도를 사용한 벽화 유물 등을 통해 발견할 수 있다.

2) 중세의 분장

중세 암흑시기에는 기독교 국가에서 연극 공연이 공식적으로 금지되었으나 9~10세기부터는 종교 교육의 일환으로 분장이 발전하게 되었다. 그 당시에도 배우들은 남자들로만 구성되어 있었으므로 극중 인물 표현을 위해 가면이 사용되었다. 르네상스 시대부터 무대 예술은 다양화되기 시작했으며, 고전 양식의 부활로 인하여 이탈리아에서는 오페라와 발레가 발전되었다. 또한 코미디 어텔라르테(즉흥가면희극)이 생겨났다. 이때에도 희극 배우들은 가면을 사용하였다.

3) 근세의 분장

19세기에는 동서양의 활발한 교역으로 인해 동양의 전통극이 서양에 많이 소개되었다. 일본 연극 중 가면음악인 "노"와 여장 남자 배우가 등장하는 "가부끼"가 소개되었으며, 분장한 얼굴의 색채 등으로 성격이 표현되는 중국의 경극이 소개되었다. 또한 19세기 초 무대조명이 촛불과 석유에서 가스로 대치되었고, 다시 19세기말 전기로 대치되면서 더욱 밝아진 무대조명에 맞추어 배우들의 분장에도 큰 변화를 가져오게 되었다. 자연과학의 발달로 인하여 분장 용품의 발달이 가속화 되면서 주인공의 성격 묘사를 더욱 사실적으로 표현할 수 있는 방향으로 분장술이 발전하게 되어 오늘날의 무대 분장의 형태를 갖추게 되었다.

4) 현대의 분장

20세기 미국을 중심으로 발전한 현대무용은 이사도라 던칸(Isadora Duncan), 루쓰 세인트 데니스(Luth St.Denis)와 테드 숀(Ted Shawn), 마사 그레이엄(Martha Graham) 등의 위대한 안무가를 배출했을 뿐만 아니라 무용 공연 시 기존과는 다르게 색다른 분장술(고대 이집트 분장이나 아시아인 분장)을 도입하여 공연의 질을 한층 높였던 것을 볼 수 있다. 오늘날까지도 많은 작품들이 장기 공연되고 있으며, 이에 따라 각 공연에 어울리는 독특한 분장술 예를 들면, "캣츠"에서의 고양이 분장, "오즈의 마법사"에서의 사자분장 등이 그 좋은 예라 할 수 있다. 20세기 들어 미래주의자들이 시도한 새로운 형태의 "퍼포먼스"란 공연 예술이 등장하면서 바 페인팅 등 특이한 분장술이 좀 더 발전하게 되었다.

3 분장의 분류

1) 무대 분장

무대분장이란 어디에서 어디까지를 무대 분장이라고 구분을 지을 수는 없겠지만 영상매체를 통하지 않고 관객과 무대가 함께 하는 극을 무대극이라고 하며, 무대극에서 이루어지는 분장작업을 무대분장이라 할 수 있다. 무대극의 예로는 연극, 오페라, 뮤지컬, 마당극, 창극 무용극, 종교극, 가장행렬 등이 있다. 이러한 무대분장을 할 때는 영상매체인 TV 나 영화와는 달리 과장시켜 주어야 한다. 그러나 왜 어떻게 과장시켜 주어야 하는가를 묻는다면 전문가들조차 쉽게 답하지 못하는 실정이다. 물론 쉽게는 극장의 크기에 따라 분장을 과장시켜 주어야 한다고 할 수 있다.

즉, 무대분장이란 한마디로 말한다면 "관객의 위치 중심이다." 무대분장은 배우와 관객과의 거리가 형성되므로 관객의 위치가 어디에 있느냐에 따라 분장의 강약을 조절해야 한다.

(1) 무대극의 유형별 분류

① 창작극 : 우리의 순수 창작품

② 창 극 : 국악(창)으로 하는 작품(심청전, 춘향전, 놀부전 등)

③ 번역극 : 외국 작품을 번역, 각색한 작품(레미제라블, 죄와 벌, 햄릿, 수전노 등)

④ 아동극 : 어린이를 대상으로 한 작품(어린 왕자, 콩쥐팥쥐 등)

⑤ 오페라 : 음악, 무용, 연기 등이 있는 종합극이다. 무대가 웅장하고 화려하며 분장, 의상들도 화려하고 깔끔해야 한다.

⑥ 마당놀이 : 풍자와 해학이 있고 체육관이나 야외 공연장 같은 곳에서 특별한 무대배경 없이 연기자와 관객이 함께 어우러져 벌이는 놀이극(배비장전 등)

⑦ 악 극 : 민족의 암울했던 시대(개화기→근대 이전)에 한의 표현, 발산되는 극의 형태(굳세어라 금순아, 번지 없는 주막)

⑧ 종교극 : 종교와 관련된 내용을 극화시킨 작품으로 성극이나 불교극이다(예수의 일생, 석가모니, 모세의 기적 등).

⑨ 무용극 : 현대, 고전의 무용 발표회 등

⑩ 음악회 : 전문화되어 가는 현대에서는 의상 발표회나 음악회가 많다.

⑪ 이벤트 : 거리 행사, 가장행렬, 공개행사 스포츠 마케팅 등에 범위가 확대되어 활성화되어 있다(Face Painting, Body Painting, Pager Painting 등).

※ 기타, 행위예술, 가장행렬 등도 넓은 의미의 무대극으로 분류할 수 있다.

(2) 무대형태의 분류

① 대극장(약 1,000석 이상) : 국립극장

② 중극장(약 500~1,000석) : 국립극장(소극장)

③ 소극장(약 500석 이하) : 일반 소극장

(3) 무대의 효과

① 준비된 대본 속에 시간
② 지정된 공간속에 무대
③ 한정된 관객과 일정한 거리
④ 사실적인 관중의 만남
⑤ 묘사된 조명, 음향 효과
⑥ 인간에 대한 신뢰와 개성 추구
⑦ 행위적 표현과 예술성추구

2) 특수분장

(1) 특수분장

특수분장이란 것은 하나의 종합예술이다. 분장 내적인 측면에서는 조각가의 손놀림과 화가의 색감이 필요하며 분장 외적으로 미술, 조명, 촬영, 특수효과, 컴퓨터 그래픽 등이 뒷받침되어야 한다.

특수분장을 하기 위해서는 전문재료의 특성파악과 이용법, 특수공구, 특수기계, 쾌적한 작업실 등의 조건을 갖추어야 하며, 온도, 습도의 변화까지도 작업일지에 기록함을 습관화하여 정확한 데이터와 통계수치에 의한 작업이 이루어져야 한다.

(2) 특수분장 예

① **상처 분장**(총상)

㉠ 표현하고자 하는 피부부위에 라텍스나 프라스토 왁스 등을 바르고 모델링하여 해라로 총알 구멍을 만들어 구멍 속에 작게 휴지나 솜을 넣는다. 그 부위에 라텍스를 발라 건조한 다음 그러데이션하여 빨강, 검정, 라이닝컬러 등을 이용하여 입체감을 표현할 수 있도록 컬러링 해준다.

[그림 11-1] 상처분장

㉡ 라이닝컬러로 인조 혈색을 만든 다음 총상구멍에 피가 고여 흐르는 듯 효과를 낸다.

② **칼자국**

㉠ 표현하고자 하는 피부에 프라스토왁스를 자연스럽게 그러데이션하여 입힌다.

㉡ 헤라로 중앙부분에 홈을 그려 그 사이에 솜을 말아 넣는다.

㉢ 사이에 넣은 솜을 검정색 파운데이션이나 그리스페이트로 인조 혈색과 상처를 표현해준다.

㉣ 아쿼아제품이나 페인트, 라이닝컬러 등 제품으로 전체피부를 붓으로 질감을 자연스럽게 표현해 준다.

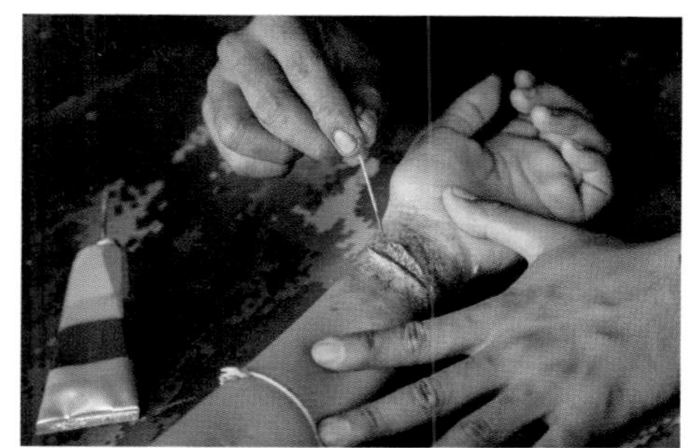

[그림 11-2] 칼자국 분장

③ **타박상**

㉠ 눈 주위 광대뼈 부위 등 멍이 쉽게 드는 부위를 설정한 다음 블루, 빨강, 노랑, 흰색, 회색 등 라이닝 컬러제품 등으로 부위를 둥글게 상처를 표현해주며 상처 안쪽 부분은 붉게, 바깥쪽은 푸르게 해준다.

㉡ 바깥상처 부분에는 흰색 라이닝컬러로 하이라이트를 넣어준다.

㉢ 브러시나 스펀지로 인조피를 찍어 불투명하게 그러데이션해준다.

㉣ 작업 시에는 반드시 초기, 중기, 후기를 고려하여 표현과 피부질감을 유도한다.

[그림 11-3] 타박상 분장

④ **기타 특수분장**

㉠ 여드름 : 피부에 여드름 표현

㉡ 환자 : 병원에 입원한 환자, 병에 걸린 사람

㉢ 화상 : 피부 화상

㉣ 동맥절상 : 정맥, 동맥 절단 표현

㉤ 대머리 분장 : 대머리 표현

[그림 11-4] 기타 특수분장

4 분장 재료

1) 기본재료

(1) 파운데이션(Foundation)/도란

① 3색 컬러의 유성 스틱

형과 용기형으로 스펀지나 손을 이용하여 펴서 사용한다.

② 유성일 경우 옷 등에 묻지 않게 주의하고, 가격과 제품종류도 다양하므로 용도에 맞게 사용하여야 한다.

[그림 11-5] 기본재료

(2) 팬케이크(Pancake)

① 물 묻은 스펀지를 사용하여 펴 바르고, 건조상태가 빨라(수성)사용하기가 편리하다.

② 도란이나 크림같이 번지지 않아 파우더를 바를 필요없이 하이라이트와 섀도 작업을 바로 할 수 있다.

[그림 11-6] 팬케이크

(3) 케이스(Case)

① 기본재질은 플라스틱이며 제품별로 다양한 사이즈와 용도에 맞는 양면, 단면, 거울부착형 등이 있다. 기본 도랑이나 라이닝 컬러, 립스틱 등을 순서별, 컬러별로 담아 분장 작업 시 사용한다.

② 열에 약하므로 보관 시 주의하고, 이물질이 들어가지 않도록 관리해야 한다.

[그림 11-7] 케이스

(4) 라이닝 컬러(Lining Color)

① 분장용 유성컬러로 붓이나 스펀지 또는 손으로 펴서 사용한다. 색깔은 선명하지만 잘 묻어나므로 파우더 사용을 겸해야 한다.

② B/P, F/P, 동물분장, 이미지 분장, 무대분장 시 혈색 및 볼터치, 수염자국 등에 사용한다.

[그림 11-8] 라이닝 컬러

(5) 스펀지(Sponge)

① 라텍스(Latex)를 화학 처리하여 부드럽게 부풀린(Form) 것으로 제품의 종류와 가격에 따라 품질의 차이가 많다.

② 도란, 파운데이션을 펴줄 때 사용하고 깎아 쓰는 타입과 씻어 쓰는 타입이 있다. 스펀지는 종류와 용도에 맞게 관리하고 항상 청결을 유지해야 한다.

[그림 11-9] 스펀지

(6) 블랙스펀지/곰보스펀지(Black/Stipple Sponge)

① 벌집 형태의 구조로 이루어진 나일론제 스펀지로, 상처, 수염 자국, 얼굴의 질감 표현에 이용된다 (기미, 주근깨).

② 연결고리를 잘 끊어 벌집 원형모양이 표출되지 않도록 하고, 용도에 따라 다양한 크기와 형태가 있다.

(7) 분/파우더(Powder)

① 가루타입의 고착제로 분장 중이나 분장작업 완료 후 마무리 작업에 사용하며 얼굴의 색 보정을 위해 투명파우더, 컬러파우더, 방수파우더, 샤이닝파우더, 스타파우더, 골덴탄파우더, 베이비파우더 등 여러 종류가 쓰여진다.

② 2가지 이상의 색상을 섞어서도 사용이 가능하며, 습기에 노출 되면 눅눅해지므로 보관에 유의한다.

(8) 파우더 퍼프(Powder Puff)

① 대개 면소재로 파우더를 바르는데 사용되는 스펀지로 분첩모에 특수처리된 것도 있다. 분첩의 두께와 크기에 따라 구분 지어 사용하도록 한다.

② 자주 세척하여 청결을 유지하고, 세척 시 분첩모가 엉키지 않도록 유의한다.

(9) 컬러 섀도(Color Shadow)

① 유성타입, 펜슬타입, 크림타입 등이 있고, 일반형은 가루 상태를 고압으로 눌러 고형화시킨 것이다.

② 충격을 가할 경우 파손이 쉽고, 고습, 고온을 피해야 하며, 눈에 들어갈 경우 염증을 유발할 수 있다.

(10) 붓(Brush)

① 기본 메이크업이나 각종 페인팅 작업에 사용되며 돈모, 족제비, 여우, 인공털 등으로 재료에 따라 용도가 다르며, 가격도 다양하다.

② 볼터치 붓, 섀도 붓, 수정 붓, 무대분장 시 라이닝 붓, 아이 라인 붓, 접착제용 붓으로 부드럽고 탄력이 있어야 한다. 사용중이나 사용 후 보관에 주의하고, 세척에 유의한다.

(11) 컬러 펜슬(Color Pencil)

① 제품마다 색상과 무르기가 다르며 섀도 펜슬, 립 펜슬, 에보니 펜슬, 다용도 콤비 펜슬 등이 있다. 콤비 펜슬의 경우 얼굴의 눈썹을 그리고 주름선, 검버섯, 부분적인 셰이딩 작업에 사용된다.

② 열에 약하고, 가벼운 충격에도 잘 부러지므로, 사용 시 유의한다.

(12) 인조 속눈썹(False Eyeashes)

① 무대공연이나 기본 메이크업, 신부화장 시 눈매를 돋보이게 하는데 쓰인다. 대극장용, 소극장용, 무용용, 일반용, 패션 쇼(Fashion Show)용과 컬러 속눈썹 및 심는 속눈썹 등이 있으며, 종류에 따라 가격차이가 많다.

(13) 찍구(Tique)

① 분장용어로써의 찍구(포마드)는 쪽머리 작업 시 헤어를 정리하는 데 쓰이며 일반적으로는 찍는 수염(곰보스펀지) 작업 시 쓰이는 스틱형 도란을 이르는 이름이다. 제품에 따라 찍구의 점도 및 색깔, 냄새가 다르다.

② 헤어찍구(사극)의 경우 강한 냄새로 사용에 주의를 요하며, 제거 시에는 중성세제로 여러 번 세척해야 한다.

(14) 아쿠아 컬러(Aqua Color)

① 수성, 유성 타입이 있고 수성은 물을 섞어 쓰는 고형의 페인트로 강한 색상의 다양한 컬러가 제조되어 있으며 F/P, B/P 등에 많이 사용된다.

② 땀이나 물에 약하므로 픽스 스프레이로 고정이 필요하고 건조 후 유성도란 보다 발색효과가 다소 떨어지며 두껍게 바르면 피부움직임에 따라 갈라지고 벗겨질 수 있는 단점이 있다.

(15) 수염 분장 재료

수염(생사, 인조사), 수염가위, 수염빗(쇠빗), 핀셋, 라텍스, 헤어스프레이, 가제수건, 물분무기, 앞 가리개, 스프리트 껌, 의학용 마스틱스 등

[그림 11-10] 생사

① **생사**

- 수염의 기본재료로 누에고치의 실로 만들어져 염색에 따라 다양한 색깔이 가능하다.
- 비가 올 경우나 물에 젖을 경우는 사용이 어려우며, 생기가 없어 인조사와 혼합 후 주로 사용한다.

② **인조사**

- 화학소재로 자연스러운 표현에 적당하고 용도에 맞게 색과 웨이브, 굵기 등을 조절하여 사용해야 한다. 다양한 색깔이 있고, 원소재는 너무 뻣뻣하고 윤기가 나서 어색하므로 손으로 비벼 부드럽게 한 후 사용하며, 가발제작, 뜬수염(망수염) 제작 시 사용한다.
- 직모 자체로는 사용이 불가능하므로 꼬아낸 후, 전자렌지에 적당하게 짜서 웨이브를 만들어 사용한다.

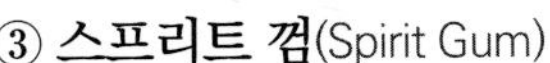

③ **스프리트 껌**(Spirit Gum)

- 99% 주정 알코올에 소나무액(송진)을 용해한 반투명 액체 상태의 접착제로 수염의 접착, 핫폼 작업, 눈썹 지움 등 분장 시 필요한 모든 접착작업에 사용하며 광택이 난다.
- 굳는 속도와 농도가 제품마다 달라 용도에 맞게 사용하고, 항상 적당한 농도가 유지되도록 보관해야 한다.

[그림 11-11] 스프리트 껌

④ **의학용 마스틱스**(Medical Mastix)

- 실리콘 접착제로써 인체에 무해하고, 스프리트 껌 사용 시 부작용이 있는 예민한 피부에 사용한다. 접착력은 약한 편이고 제거할 때나 희석 시에도 의학용 마스틱스 리무버만을 사용해야 한다.

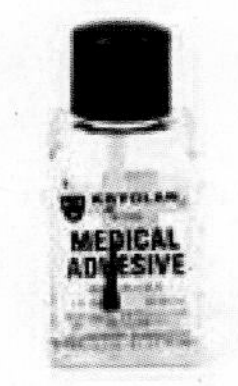

[그림 11-12] 의학용 마스틱스

⑤ **수염가위**(Scissors)

[그림 11-13] 수염가위

- 헤어, 눈썹, 코털제거용 및 분장용으로 가격과 용도에 따라 여러 종류가 있다.
- 가위는 수염작업에 많이 쓰이며, 길이와 재료 용도에 따라 수염가위와 일반가위를 구분해서 사용한다.

⑥ **수염 빗**(Comb)

- 수염의 정리작업에 많이 쓰이고 무리한 사용시 파손이나 비틀림이 생기기도 하며, 이물질이 붙지 않도록 청결에 유의해야 한다. 주로 쇠빗이나 알루미늄빗을 사용하는데 이는 정전기를 방지하기 위해서다.

⑦ **핀셋**(Tweeiers)

- 붙이는 수염분장 시, 수염의 방향을 정리하고 양을 고르는 데 사용한다. 그 외 라텍스 조각을 얼굴에 부착하고 섬세한 특수작업에 많이 쓰이는 도구이다.

(16) 특수 분장 재료

① **라텍스**(Latex)

- 암모니아수에 생강을 유화시킨 불투명 흰색의 액체로 얼굴의 상처, 긁힘, 핫폼 작업 등 특수분장 작업 시에 주로 쓰이는 재료로 제품마다 성질의 차이가 있고, 건조 후 투명해진다.
- 독성이 강하므로 얼굴에 다량 사용은 금한다.

② **왁스**(Wax)

- 인조 코 등 돌출부분에 입체감을 표현하는 왁스로써 노스퍼티, 플라스티치와 같은 종류이다.
- 유연성이 없으므로 입 주위, 볼 등 움직임이 많은 부분은 사용을 피한다(작업 전 손에 물과 제리를 묻혀서 사용하는데 왁스 재료가 손가락에 접착되는 것을 방지하기 위한 것이다).

③ **더마왁스**(Derma Wax)

- 얼굴부분을 변형시키기 위한 소프트 왁스다. 딱딱한 왁스는 얼굴뼈가 있는 부분에 연한 왁스는 눈썹을 뭉게는 데 사용하며 접착력은 조금 떨어진다.

④ **플라스토**(Special-Plasto)

- 반고체 상태의 물질로 굳기 정도에 따라 용도와 명칭이 달라 용도에 맞는 제품을 사용해야 한다.
- 칼자국과 같은 얼굴의 상처, 눈썹지우기, 메우기, 가루수염의 접착 시에 사용한다.
- 저온인 겨울, 야외작업 시는 굳어 딱딱해지므로 체온으로 충분히 주물러 녹여 작업해야 되고, 여름엔 단단한 여름용을 사용한다.

⑤ **스킨 젤**(Skin Gel)/**젤릭스 스킨**(Gelix Skin)

- 화상이나 상처를 표현하는 재료로, 젤가루를 반고체 상태로 정형화한 뒤, 사용 시에 뜨거운 물에 봉투째 넣어 녹여서 사용한다.
- 굳는 속도에 따라 작업이 빨리 진행되어야 하고 남은 재료는 재사용 가능하며 수입품은 고가이므로 주로 자가제조하여 사용한다(젤가루 + 물 + 글리세린).

⑥ **오브라이트**(Oblate)

- 녹말이 주성분인 의료용으로 가루약을 싸서 먹는 용도로 쓰인다.
- 분장 시는 주로 화상분장에 응용된다. 여러 겹을 구겨서 물을 분무하여 피부에 밀착시킨 후 파우더를 가볍게 바르고 원하는 베이스를 바른다.

⑦ **글라짠**(Glatzan)

- 용액 형태의 플라스틱으로 섬세한 볼드캡을 쉽게 만들수 있는 제품으로 플라스틱 머리 모형에 3~5번 정도 칠해 말린 다음 파우더로 위 표면을 처리한 후 떼어낸다.
- 글라짠으로 만든 볼드캡은 주름과 경계선이 없어 자연스러운 분장 표현이 가능하다.

⑧ T.P.M=R.M.G(Rubber Mask Grease)

- 볼드캡, 주름라텍스, 핫폼, 콜드폼 작업시 사용하는 유성의 불투명한 커버페인트로, 기본 베이스 색 외 여러 색상이 있다.
- 소량식 스펀지에 묻혀 혼색하여 사용해야 하고 덧바르면 탁해져 생명력이 부족해진다.

⑨ **게로스킨**(Kelo Skin/일본), **콜로디온**(Collodion/독일)

- 투명 상태의 액체이며 강한 냄새를 동반하는 피부 수축제로 상처 및 칼자국 표현에 사용된다. 여러 번에 걸쳐 바르고 건조 시킨 후 손으로 형태를 잡아 완성한다.
- 제거 시에는 전용 리무버를 사용해야 한다.

⑩ **실러**(Slealer) **- 밀봉제**

- 상처 분장 후 커버(Cover)작용 및 눈썹 지울 때 피부 질감 표현에 사용하는 젤 타입의 액상으로 살색과 투명색이 있다.
- 굳는 속도가 다소 늦고 접착력은 강한 편이 아니며, 뚜껑을 열어 오래 방치하면 굳어져 뭉친다.
- 피부에 무해하며, 제거액으로는 알코올, 아세톤을 사용한다.

⑪ **글리세린**(Glycerine)

- 투명 푸른 점액성의 액체이며, 무취이다. 흐르는 눈물 자국이나, 땀방울 표현에 사용한다.
- 눈동자에 들어가지 않게 주의하고 기본 베이스가 뭉칠 수 있으니 신중하게 처리해야 한다.

⑫ **블랙모아**(Black More)

- 가루 타입의 섬유조각으로 이루어진 모발 보충제로 대머리, 주변머리의 커버용으로 사용되며, 헤어 스타일을 완전히 잡아놓고 나무 빗이나 브러시 끝 부분으로 두드려 두피에 밀착시킨다.
- 기본컬러 외에 갈색, 진갈색, 회색 등이 있고, 바람이 불거나 스치면 가루가 떨어지는 문제점이 있으므로 헤어 스프레이로 고정시켜 준다.

⑬ **튜플레스트**(Tuplast)

- 튜브 안에 들어있는 액체 플라스틱으로 상처, 물집을 표현하는 데 사용한다. 튜브에서 짜내어 피부에 바로 부착시켜 준다.
- 민감한 피부는 사용 시 주의한다.

⑭ **블러드 페인트**(Blood Paint)

- 액체 타입의 피로 농도에 따라 여러 가지가 있으며 수입품이 많으나 컬러가 약하여(연한) 국내 분장사 들은 직접 제조하여 사용한다.
- 수입품은 방부제가 들어있어 변하지 않으나 자가 제조 시에는 상하기 쉬워 되도록 필요량만 제조하여 사용한다(알코올의 첨가).

⑮ **매직 블러드**(Magic Blood)

- 투명과 반투명의 2가지로 이루어진 콤비형 재료이며, A(1)형을 먼저 바른 뒤 B(2)형을 칼등에 묻혀 A(1)형 위에 그으면 그은 모양대로 피 색이 나타난다.
- 눈에 들어가는 것을 피하고 이 제품의 단점은 발색이 약하여 타이밍을 잘 맞추어야 한다는 것이다.

⑯ **캡슐 블러드**(Capsule Blood)

- 캡슐 속에 인조피 혹은 초콜릿, 체리시럽을 넣어 입에서 흐르는 피의 효과를 낸다.
- 타이밍을 잘 조절하도록 연습을 해야 하며 캡슐자체를 삼키지 않도록 유의한다(연기자의 이해 필요).
- 보통 피를 랩이나 얇은 비닐에 싸서 쓰기도 한다.

⑰ **블러드 파우더**(Blood Powder)

- 붉은 색을 내는 파우더로 붓을 사용하여 머리카락 속이나 피부에 소량을 묻힌 다음 그 위에 물을 분무하면 빠른 시간 내에 피가 망울져 흐르는 효과를 낸다.

⑱ **픽스 블러드**(Fix Blood) **- 튜브형**

- 짧은 시간에 건조되고, 유성으로 쉽게 지워지지 않는다.
- 엷은 색과 짙은 색이 있고 아세톤으로 제거한다.

⑲ **아이블러드**(Eye Blood)

- 액체 상태의 눈에 쓰이는 피로 충혈된 눈, 광기어린 눈 등을 표현할 때 사용한다.
- 적색, 검정색, 청색, 노란색이 있고 이 제품도 오래된 것은 상하며 다량을 자주 쓰면 좋지 않다.
- 사용 후 효과는 1~2분 정도만 지속된다.

⑳ **티어 스틱**(Tears Stick)

- 반투명 액체상태의 스틱으로 바르면 따끔거림으로 눈이 충혈되고 눈물이 난다.
- 눈동자에 직접 닿으면 안되므로 사용 시 주의하고 안티푸라민으로 대용하기도 한다.

㉑ **안약, 식염수**

- 초롱초롱한 눈동자 효과와 눈물효과를 낸다.
- 다량사용 시 충혈 등 부작용 발생우료가 있으니 적정 양을 사용한다.
  - ❋ 눈물표현의 방법은 100% 배우의 연기력이 우선되어야 한다. 안약(식염수)이나 티어스틱 등의 도움을 받아 흐르는 눈물은 사실감이 결여되어 보여 일부 분장사 들은 분장재료 품목에 이들 재료의 비치는 포기하는 경우도 있다.

㉒ **투스 에나멜**(Tooth Enamel)-Hahnlack

- 액체상태의 유색 물질로 치아에 색을 입히는 데 사용하며, 치아가 빠지거나 니코틴이 낀 상태, 그 외에 빨강, 브라운, 아이보리, 흰색의 컬러가 표현된다.

- 사용하고자 하는 부위의 수분을 완전히 제거하고 충분히 제품을 흔들어 사용하며 다시 건조시킨다. 장시간 지속되지 않고 벗겨지는 단점이 있으며, 무대분장 시는 유성매직, 검정펜슬, 검정테잎 등으로 임시 사용을 하기도 한다.

㉓ **헤라/스패출러**(Spatulas)

- 쇠 막대 혹은 나무, 플라스틱 등의 제품이 있으며 사용하는 곳은 도란이나 립을 용기에 덜어 담을 때와 붙이고, 긁어내고, 자르고, 바르고, 각종 조형작업이나 특수분장에 사용한다.
- 쇠로 된 헤라의 경우는 단단하나 차가운 느낌이 강해 겨울철 사용이 좋지 않고 나무헤라는 약하고 착색이 되기 쉽다.

㉔ **분장가방**(Make-up Box/Kit)

- 압축종이, 플라스틱, 금속형 등이 있으며 각종 분장용품을 담을 수 있는 Box로 야외촬영 시 파손에 주의하고, 깔고 앉거나 할 경우 형태에 변형이 오며, 압축종이일 경우는 비에 젖으면 모양이 변형된다.

(17) 기타 특수 재료

① **알지네이트**(Alginate)

네거티브의 석고틀을 뜰 경우에 쓰이는 재료

② **몰라즈**(Moulage)

석고상이나 석고를 떠내는 데 사용하는 재료로 알지네이트와 같은 성분이다.

③ **실리콘 MF**(Silicon)

두 가지 성분으로 네거티브 작업에 쓰이고 치과용이다.

④ **플라스틱 밴다지**(석고붕대)

네거티브를 강하게 하기 위한 깁스붕대

⑤ **깁스 알라바스터 깁스**

연하게 모델링을 할 수 있는 깁스 종류로써 간단한 폼 작업이나 네거티브를 강하게 할 때 사용한다.

⑥ **모델링 강한 깁스**

아주 강한 깁스로써 핫 폼 작업에 쓰인다.

⑦ **로마 플라스텔리나**

모델링에 쓰이는 유토(굳지 않은)의 한 종류이다.

(18) 그 외 재료

① **듀오**(Duo)

라텍스의 용도로 속눈썹을 붙이기 위한 전문재료이다. 굳기 전은 유색이나 굳고 나면 투명고체가 된다.

② **돈 피션**(Donpishan)

얼굴주름 작업, 뜬 상처 가장자리 그라데이션 하거나 붙이는데, 인조 속눈썹 접착에 사용한다. 개봉 후 장시간 사용할 때는 굳는 경우가 있어 항상 뚜껑을 닫아 두어야 한다.

③ **픽스 스프레이**(Fix Spray)

스프레이 타입의 고착제로 분사하면 얇은 보호막이 형성 되어 특수분장의 흡착이나 보디페인팅 고정 시 사용한다. 오래 사용하면 굳거나, 노즐이 막히기도 하며, 피부에 분사 후 흡착이 될 때까지 잘 건조시켜야 하고, 적당한 거리를 주어 뿌리되 많이 분사하면 광택이 날 수도 있다.

④ **컬러 스프레이**(Color Spray)

원하는 헤어 컬러 표현에 이미지 메이크업, 패션쇼 등에서 화려한 컬러를 낼 때 사용한다.

⑤ **헤어 스프레이**(Hair Spray)

정리된 헤어 스타일의 고착, 고형제로 현대극, 사극 등에 주로 쓰이고, 수염의 형태를 잡는데도 쓰인다.

⑥ **헤어 젤**(Hair Gel)

젤 타입의 헤어 고착제, 고형제로 하드(Hard)형과 소프트(Soft)형이 있으며 현대극에서 남녀 모두에게 사용한다.

⑦ **식용 색소**(Dye Color)

가루로 된 식용 발색제로 빨강, 파랑, 노랑, 녹색, 연분홍이 있고 인조피 제조 시에 많이 쓰인다(재래시장, 건어물 가게에서 구입).

⑧ **안료**

도란, 라이닝 컬러 제조 시에 색상 발색제로 쓰인다(화공 약품상에서 구입).

⑨ **크린싱 크림**(Cleansion Cream)

유성타입의 분장 제거제 왁스 작업 시 매끈한 표면 정리제, 화상 분장 시 글리세린과 혼합하여 고름 효과를 낼 때 사용한다.

⑩ **비누**(Soap)

고형의 세제로 눈썹 지우고, 머리 붙일 때(대머리) 라텍스 작업 중 붓을 씻기 위해 비누거품을 사용한다. 왁스(Wax)나 퍼티(Putty)의 대체용으로 물에 살짝 불려 사용한다.

⑪ **헤클**

나무소재의 브러시 판 위에 금속재의 긴 못을 박아 만들어진 브러시로 헝클어진 머리 생사, 인조사 수염, 가발을 빗어 정리하는 데 주로 사용한다(쇠 브러시라고 부른다).

BEAUTY
ART
THEORY

제12장

네일아트

1 네일의 유래와 역사

최초의 네일 관리는 BC 3,000년경에 이집트와 중국에서 시작되었다고 전해지며, 그 후 약 5,000년에 걸쳐 발전해 왔다. 고대 이집트인의 손톱 색상은 사회에서 신분의 상하를 표시하는 기능을 가지고 있는데, 높은 지위에 있는 남녀들은 손톱을 관목에서 나오는 헤나(henna)라고 하는 붉은 오렌지색 염료로 염색하였다고 하며, 미이라의 손톱에 색상을 칠하거나 태양신에게 바치는 제사에도 사용하였다고 한다. BC 3,000년 이집트 파라오 무덤에서는 금으로 만든 매니큐어 세트(manicure set)가 발견되기도 하였다. 또한 왕이나 여왕이 짙은 붉은 색으로 물들인 것에 비해 신분이 낮은 사람들에게는 옅은 색 밖에 허용되지 않았다.

고대를 지나 중세 시대에 접어들어 손톱에 색을 입히는 일은 더 이상 여성들만의 것이 아니었다. 유럽과 아시아에 걸쳐 수많은 전쟁이 일어나면서 전쟁에 나가는 군 지휘관들이 입술과 손톱을 같은 색을 칠함으로 용맹을 과시하며 승리를 기원했으며, 르네상스 시대에 귀족층에 의해 매니큐어가 번성되기도 하였다. 또한 섬세하고 화려한 치장으로 빠지지 않은 17C 인도의 여성들도 조모(매트릭스/matrix)에 문신 바늘로 색소를 주입하여 상류층임을 과시했다고 한다.

1830년 발 전문의 시트(sitts)가 외과에서 사용하는 기구와 도구에서 착안한 오렌지우드스틱을 네일 관리에 사용했으며, 1885년 네일 폴리시의 필름 형성제인 니트로셀룰로오스(nitrocellulose)가 개발되었다. 1892년에는 시트의 조카에 의해 네일 케어가 미국으로 도입돼 1900년에 금속가위와 파일을 이용하여 네일 케어가 행하여졌고, 1910년 이후부터 금속 네일 도구가 만들어지고 오늘날까지 많은 변화를 가져왔다. 1800년대 아몬드형 네일, 1900년대 스퀘어형 네일이 유행했다.

오늘날 사용되고 있는 네일 폴리시는 니트로셀룰로오스 래커(lecquer)에 속하는데, 1920년대에 니트로셀룰로오스 래커가 자동차 산업에서 이용되고 발전하면서 미용 산업 분야에 확대하기 시작한 후, 1930년 프랑스 Charles revson이 투명한 래커를 불투명한 색깔을 띠는 래커로 만들 수 있다는 사실에 착안하여 1932년 레블론(Revlon)사를 설립하여 현재의 매니큐어를 생산하게 되었다.

매니큐어(manicure)란 말은 라틴어의 마누스(manus/손)와 큐라(cura/관리)에서 파생되어진 단어로 네일의 모양 정리, 큐티클 정리, 손 마사지, 컬러링 등을 포함한 총괄적인 손의 관리(hand care)를 뜻한다. 네일 아트라 하면 긴 인조 네일에 댕글이나 큐빅으로 화려하게 치장하는 것이라고 생각하는 사람들이 많으나 자신의 손톱을 보다 더 자연스럽고 건강한 손톱으로 아름답게 꾸며 주는 것이 네일 아트와 케어의 참 의미일 것이다.

2 네일의 특성과 구조

고객에게 서비스를 하려면 손톱의 구조와 그 기능을 알아두어야 한다. 또한 네일의 상태가 어떤 상태인지를 파악하여 시술할 수 있는 상태와 시술할 수 없는 상태를 분별하여 시술이 불가능한 네일의 경우는 진료를 권하는 것이 좋다.

1) 손톱의 특성

손톱은 하루에 0.1mm~0.5mm씩 자라며 피부의 연장으로 표피가 변화되어 만들어진다. 케라틴 단백질로 만들어졌으며, 아미노산과 시스테인이 많이 포함되어 있다.

손톱의 경도는 손톱에 함유된 수분의 양이나 각질 조성에 따라 다르며, 조체/네일 보디에 15% ~ 18%의 수분을 함유하고 있으며, 땀을 배출하지 않는다. 조체/네일 보디는 산소를 필요로 하지 않으나, 조소피/큐티클과 조근/네일 루트는 산소를 필요로 한다.

건강한 손톱은 조상/네일 베드에 강하게 부착되어 단단하고 탄력이 있으며 매끄럽고 광택이 나며 반투명한 핑크빛을 띤 것으로 세균 등에 감염되어 있지 않아야 한다.

2) 손톱의 구조

손톱의 구조는 손톱자체, 손톱 밑의 피부조직, 손톱을 둘러싼 피부로 크게 나눌 수 있다.

(1) 손톱

① **조근/네일 루트**(nail root) : 손톱 성장이 시작되는 곳이다. 손톱 베이스 피부 밑 5mm 깊이에 위치한 얇고 부드러운 조직으로 새로운 손톱 세포를 형성한다. 오래되고 딱딱해진 세포들을 밀어내기 때문에 손톱이 자라는 것이다.

② **조체, 조판/네일 보디**(nail body, nail plate) : 육안으로 보이는 손톱 자체를 말하며 보호작용과 케라틴으로 되어 있다. 신경조직이나 모세혈관이 없으며 여러 개의 얇은 층으로 이루어져 있다.

③ **자유연/프리 에지**(free edge) : 네일 베드가 없는 손톱의 끝 부분이다. 뒤를 받쳐주는 부분이 없어서 수분이나 지방질이 적기 때문에 부러지기 쉽다.

④ **스트레스 포인트**(stress point) : 네일 보디가 베드에서 떨어져 나가기 시작하는 양단의 포인트, 가장 부서지기 쉽고 금가기 쉬운 곳이다.

(2) 손톱 밑

① **조모/매트릭스**(matrix) : 네일 루트 바로 밑에 있으며 모세혈관, 림프, 신경조직 등이 있어 손톱 각질세포의 생성과 성장을 조절시키는 역할을 한다. 아주 예민한 부분으로 손톱의 심장부라고 할 수 있으며 손상되면 손톱 성장이 멈추거나 장애가 오므로 각별히 주의하여야 한다.

② **조상/네일 베드**(nail bed) : 네일 보디 밑에 있으며 네일 보디를 받쳐준다. 신경조직과 모세혈관이 있어 손톱이 핑크 빛을 내도록 하는 역할을 한다.

③ **반월/루눌라**(lunula) : 네일 보디의 시작부에 있는 완전히 케라틴화 되지 않은 유백색의 반달모양의 여린 손톱을 말한다. 네일 베드, 매트릭스와 네일 루트를 연결해 준다.

(3) 손톱을 둘러싼 피부

① **조소피/큐티클**(cuticle) : 손톱부분을 덮고 있는 피부이다.

② **하조피/하이포니키움**(hyponychium) : 프리에지 밑부분의 피부, 손가락 끝살이다. 아크릴릭 시술 시 폼 접착작업을 할 때 이곳을 자극해 통증을 유발할 수 있다.

③ **상조피/에포니키움**(eponychium) : 표피의 연장으로 손톱의 베이스에 있는 피부의 가는 선을 말하며 루눌라를 부분적으로 덮고 있다.

④ **조구/네일 구루브**(nail grooves) : 네일 베드의 양 측면을 좁게 패인 곳을 말한다.

⑤ **조벽/네일 월**(nail wall) : 네일 그루브와 붙어있는 손톱의 피부를 말한다.

⑥ **조상연/페리오니키움**(perionychium) : 손톱 전체를 둘러싼 피부를 말한다.

⑦ **조주름/네일 폴드**(nail fold) : 네일 루트가 묻혀있는 손톱의 베이스에 피부가 접혀있는 것을 말하며 네일 맨틀(nail mantle)이라고도 한다.

3 기본 매니큐어

1) 매니큐어 시술에 필요한 도구와 기구

매니큐어 시술에 필요한 제품 및 도구, 기구 등의 올바른 사용법을 익혀 고객에게 정확한 시술을 행한다.

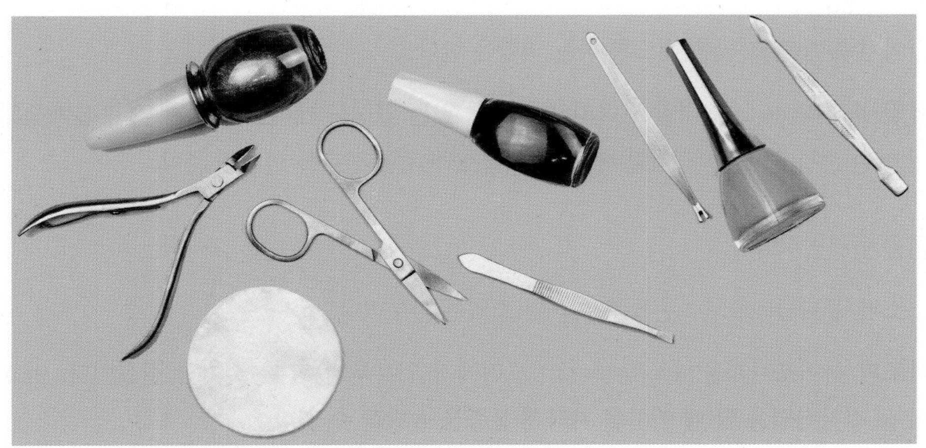

[그림 12-1] 메니큐어 도구

(1) 도구 및 기구

매니큐어 시술에 사용되는 도구와 기구는 반드시 소독 처리 과정을 거쳐야 하며 일부는 일회 사용으로 폐기해야 하는 것도 있다.

- **작업 테이블**

  테이블은 화학제품에 부식이 없는 재질을 선택하고, 제품과 도구를 구비할 수 있는 충분한 공간이어야 한다. 또한 네일 재료를 보관할 수 있는 서랍이 부착된 것이 좋다.

- **의자**

  고객용 의자와 시술자 의자 모두 폴리시 제거가 용이한 것으로 선택하며 시술에 편한 높이를 선택한다.

- **재료 정리대**(Supply tray)

  네일 서비스에 사용되는 용품들을 정리할 수 있는 적당한 크기의 받침대를 정리한다.

◆ **핑거 볼**(Finger bowl)

습식 매니큐어(Regular manicure) 시술 과정에서 미지근한 물을 사용하여 큐티클을 부풀릴 때 사용하는 것으로 다섯 손가락을 담글 수 있는 크기의 것을 선택한다.

◆ **습식소독기**(Wet sanitizer)

습식 소독이 가능한 도구 및 기구의 살균 · 소독을 위해 소독 액을 일정량 부어 놓은 것으로 사용할 때는 뚜껑을 열어서 사용하고 사용하지 않을 때는 뚜껑을 닫을 수 있는 것을 선택한다.

◆ **오렌지우드스틱**(OWS : Orange Wood Stick)

나무 자체에 천연 항균 처리가 되어 있는 오렌지 나무로 만들어졌다고 해서 명명되어진 것으로, 1인 1회 사용으로 폐기되는 도구이다.

큐티클을 밀어내는 푸셔의 기능, 네일 밑의 이물질을 제거하는 기능, 네일 주위에 묻은 폴리시를 제거하는 기능, 글루(Glue)를 네일 위에 얹을 때 고루 묻혀주는 기능을 다양하게 상용되는 도구이다.

◆ **푸셔**(Pusher)

큐티클을 밀어 올릴 때 사용하며 메탈 푸셔(metal), 스톤 푸셔(stone), 오렌지 우드스틱 등이 주로 사용된다.

푸셔는 연필 잡는 식으로 잡은 상태에서 45°각도로 세워서 사용한다. 가볍게 밀고 빼내는 동작을 반복하며, 지나치게 힘을 주어 사용하거나 매트릭스까지 깊게 사용하면 자연 네일이 기형적으로 형성되게 된다.

◆ **큐티클 니퍼**(Cuticle nipper)

네일 주위의 거스러미나 굳은살을 정리할 때 사용하는 것으로 거스러미가 올라오지 않도록 한 줄로 이어서 정리한다. 잘못된 매니큐어 시술로 인해 감염을 옮길 수 있으므로 다른 도구보다도 철저한 위생 처리가 필요하다.

◆ **클리퍼**(Clipper)

자연 네일과 실크, 팁의 길이를 조절하는데 사용하며, 양옆이 굽어져 있지 않은 일자 클리퍼를 사용한다.

◆ **팁 커더**(Tip cutter)

클리퍼와 함께 팁의 길이를 조절하는 데 사용하는 도구이며, 팁과 팁 커터의 각도를 90°로 하여 한 번에 잘라주어야 한다. 팁 커터의 사용각도에 따라 팁의 형태를 조정할 수 있다.

◆ **파일**(File, Emery board)

네일의 길이를 조절하고 표면을 다듬을 때 사용하는 것으로 거친 정도를 그릿(grit)으로 표기한다. 그릿의 번호가 높을수록 부드러운 파일이며, 파일은 거친 파일에서 부드러운 파일 순으로 사용한다. 일반적으로 자연 네일은 180~220그릿을 사용하며 한쪽 방향으로 파일링하여야만 네일의 건조로 인한 갈라짐을 방지할 수 있다.

◆ **쓰리 웨이 버퍼**(3Way buffer)

버퍼(buffer) 하나에 3가지 관리시스템을 넣은 것으로 굴곡이 있는 네일 표면(nail body, plate)을 갈아주고 정리한 후에 네일 표면에 광택을 낸다.

- 1차 사용버퍼 : 네일 표면을 갈아주어 굴곡을 매끄럽게 정리한다.
- 2차 사용버퍼 : 네일 표면을 정리한다.
- 3차 사용버퍼 : 네일 표면에 광택을 낸다.

◆ **샌딩 버퍼**(Sanding buffer)

- 샌딩 버퍼의 종류는 화이트 샌드(white sand), 블랙 샌드(biack sand)가 있다. 화이트 샌드(white sand) : 자연 네일의 표면을 정리하거나 유분을 제거하는 데 사용한다. 파일을 사용한 후, 네일 밑의 거스러미를 제거할 때 사용한다.
- 블랙 샌드(black sand) : 표면이 거칠어서 주로 인조 팁의 표면을 정리하거나, 팁 표면의 매끄러움을 없앨 때 사용된다.

◆ **라운드 패드**(Round pad, Disk pad)

거스러미를 제거하거나 자연 네일을 버핑을 할 때 사용한다.

◆ **더스트 브러시**(Nail brush, Dusty brush)

매니큐어 시술 동안에 네일 위의 먼지를 털어 내고 찌꺼기를 제거할 때 사용한다.

◆ **실크 가위**(Silk scissors, Wrap scissors)

네일 위에 랩핑(wrapping)을 하기 위해 사용되는 실크(silk), 파이버 글라스(fiber glass)와 같이 천을 재단할 때 사용하는 가위이다.

◆ **아크릴릭 브러시**(Acrylic brush)

아크릴릭 파우더(acrylic powder)와 리퀴드(liquid)를 떠서 네일 위에 올릴 때 사용되는 브러시이다.

◆ **일러스트 브러시**(Illustrate brush, Art brush)

핸드 페인트(hand paint) 시술에 사용되는 브러시이다.

◆ **에어 브러시**(Air brush)

네일 위에 원하는 모양의 스텐실을 올려놓고 그 위에 에어 브러시를 이용해 물감을 분사시키는 도구이다.

◆ **스텐실**(Stencil)

에어 브러시 아트(air brush art)를 할 때 쓰는 도구로 네일 위에 올린 후 에어 브러시로 작업한다.

◆ **리무버 디스펜서**(Remover dispenser)

폴리시 리무버(polish remover)를 담아 놓는 통으로 아세톤과 같은 화학 물질에도 녹지 않는 재질을 사용한다.

◆ **고객용 손 받침**(Cushion)

고객의 손목 또는 팔의 편안함을 주기 위해 사용되는 것으로 화학제품에 잘 지워지는 재질을 선택한다.

◆ **타월**(Towel)

매니큐어 시술 전에 테이블 위에 타월을 깔아 놓아 먼지 제거가 용이하도록 하며, 마사지 시술을 마친 후 따뜻한 타월로 고객의 손을 닦아줄 때 사용한다.

◆ **코튼 컨테이너**(Cotton container)

솜을 보관하는 용기로 솜을 꺼내서 사용하기 편한 것으로 준비한다.

◆ **폴리시 건조기**(Nail dryer)

폴리시를 바른 후, 건조 속도를 빠르게 하기 위해 사용하는 기계이다. 바람을 이용하는 팬(fan)과 유브이 광선 건조기(UV light dryer)가 있다.

◆ **스패출러 & 무슬린**

제모(waxing) 서비스 과정 중 허니 왁스를 덜어내어 피부에 발라줄 때 사용되는 것이 스패출러이며, 발라진 허니 왁스 위에 붙이는 것이 무슬린 천(광목)이다. 스패출러와 무슬린 천은 일회 사용 후 폐기한다.

◆ **앞치마**

시술 과정에서 생긴 먼지와 화학제품으로 인한 얼룩을 방지하기 위해 사용한다.

◆ **연습용 손**

◆ **보호 안경**

네일 서비스를 행할 때 화학제품으로부터 눈을 보호하기 위해 사용한다.

◆ **비닐장갑**

핫 크림 매니큐어, 파라핀 매니큐어와 같은 서비스를 행할 때 보온 · 보습 작용을 돕는 역할을 한다. 또한 다음 시술에 사용되는 전기 장갑에 이물질이 묻지 않도록 도와주며, 전기 장갑을 끼울 때 부드럽게 들어가므로 사용이 용이하다.

◆ **안전 마스크**

네일 서비스를 행할 때 화학제품으로부터 얼굴을 보호하기 위해 사용한다.

◆ **네일 박스**(Nail box)

매니큐어 서비스에 필요한 제품과 도구들을 정리해 놓는다.

(2) 재료

◆ **폴리시**(Polish, Color, Lacquer, Enamel)

일반적으로 폴리시, 컬러, 락커, 에나멜 등의 용어로 혼용되어 사용되고 있다. 얇게 2회 정도 발라주며, 건조시킬 때는 천천히 말리면서 솔벤트의 증발을 조절하는 것이 높은 광택을 얻을 수 있다. 만약 급격한 바람이나 열을 가하게 되면 폴리시의 클랙(crack)이나 수축(shrinkage)의 원인이 된다.

◆ **베이스 코트**(Base coat)

폴리시 또는 화학 성분으로 인한 네일 보호 및 착색을 방지하며 폴리시의 색상이 오래 지속되도록 도와준다.

◆ **톱 코트**(Top coat)

폴리시를 바른 후 사용하는 것으로 보통 2~3일에 한 번씩 폴리시 위에 덧 발라주면 폴리시의 광택과 색상을 지속시킬 수 있다.

◆ **큐티클 오일**(Cuticle oil)

큐티클을 정리하기 전에 큐티클 주위에 바르는 것으로 네일 전체에 유·수분을 공급하는 작용을 하며, 큐티클을 유연하게 해주어 불필요한 거스러미 제거를 용이하게 한다. 비타민 E(토코페롤), 호호바, 배아, 아보카도유 등의 성분으로 만들어져 있는 순 식물성 오일로 인체에 무해하며, 옷에 묻어도 얼룩이 남지 않는다.

◆ **네일 블리치**(Nail bleach)

20volume의 과산화수소 또는 구연산 성분을 함유하고 있는 것으로 변색된 네일에 사용한다. 화학 성분으로 인해 피부 손상을 가져올 수 있으므로 피부에 닿지 않도록 주의한다.

◆ **네일 에나멜 띠너**(Nail enamel thinner)

폴리시 굳은 것을 묽게 해주기 위해 사용하는 제품이다. 2~3방울 정도만 넣어서 양손 바닥으로 돌리면서 혼합한다.

◆ **네일 강화제**(Nail strengthener, Hardener)

네일이 약한 고객을 시술할 때 사용하며, 베이스 코트를 사용하기 전에 발라준다.

◆ **네일 아트 페인트**(Nail art paint)

핸드 페인팅에 사용되는 제품으로 다양한 색상이 있다.

◆ **로션**(Lotion)

손과 발마사지를 할 때 사용되는 전용로션을 사용한다.

◆ **알코올**

70%농도의 알코올로 고객의 손 · 발과 기구 및 도구를 소독할 때 사용한다.

◆ **안티셉틱**(항균 소독제 : Antiseptic)

시술자의 손과 고객의 손과 발에 사용하는 손독제이다.

◆ **젤 글루**(Gel glue)

팁(tip)을 붙일 때 주로 사용되며, 랩핑(wrapping), 익스텐션(extension), 팁핑(tipping) 등의 마무리 과정에서 네일 전체에 젤 글루를 발라 코팅을 해주어 네일을 보다 단단하게 하는 역할을 한다.

◆ **라이트 글루**(Light glue)

랩핑, 익스텐션, 팁핑 등에 사용되며 필러 파우더와 함께 사용한다. 주로 접착의 기능과 코팅의 기능을 한다.

◆ **필러 파우더**(Filler powder, 5-second nail filler)

찢어졌거나 깨진 네일을 매꿀 때 사용하거나 익스텐션과 같은 관리 서비스에서 라이트 글루(light glue)와 함께 네일의 두께를 만드는데 사용한다. 필러 파우더를 많이 사용하면 네일에 기포가 생길 수 있으므로 적당량을 사용하도록 한다.

◆ **글루 드라이어**(Glue dryer)

엑티베이터(activator)라고도 하며 글루를 빨리 건조시키고자 할 때 사용하는 냉각용 제품이다. 인화성이 강하므로 화기에 노출되지 않도록 조심하며, 사용할 때는 10~15cm 정도 떨어진 거리에서 분사하여야 한다.

◆ **랩**(wrap)

약한 네일을 보강하기 위해서 또는 네일 익스텐션을 하기 위해 사용되는 것으로 랩에 사용하는 종류로는 실크(silk), 린넨(linen), 화이버 글라스(fiber glass) 등이 있다.

◆ **인조 팁**(Tip)

플라스틱, 아세테이트, 나일론 등의 소재로 된 인조 네일로 네일을 길게 연장하여 손을 아름다워 보이게 한다.

◆ **리무버**(Remover)

아세톤(aceton)과 논 아세톤(non aceton)이 있으며, 주로 폴리시 색상 제거, 팁 제거, 아크릴릭 제거 등에 사용한다.

◆ **댕글**(Dangle) **& 댕글 드릴**(Dangle drill)

드릴을 이용해 인조 네일 끝을 뚫은 후 매달아 붙이는 네일 액세서리의 일종이다.

◆ **워터 데칼**(Water decal)

물에 불린 후 네일에 붙이는 스티커의 일종이다.

◆ **브러시 클리너**(Brush cleaner)

아크릴릭 브러시(acrylic brush)를 씻는 용액이며, 3D 작업에서 모양을 만들 때 파우더의 용해액으로 사용되기도 한다.

◆ **아크릴릭 리퀴드**(Acrylic liquid)

아크릴릭 파우더와 혼합해서 쓰는 용액으로 의치상(義齒床)이나 관절 보철 접착제로 널리 사용되는 에틸 메타크릴레이트(ethyl methacrylate)모노머로서 에틸 글리콜 디메타크릴레이트(ethyl glycol demethacrylate) 성분으로 되어 있다.

◆ **아크릴릭 폼**(Acrylic form)

스컬프처(sculpture) 시술에서 사용되는 일회용 종이로 뒷면에 접착제가 발라져 있다. 종이 외에도 재사용이 가능한 알루미늄, 플라스틱 폼도 있다.

◆ **프라이머**(Primer)

메타크릴산(methacrylic acid : 외과용 합성수지)이 주성분으로 아크릴릭 네일에 잘 붙도록 도와주며, 세균 번식을 막아주는 약품이다. 피부에 닿았을 때는 베이킹 소다 연고를 바른 뒤 5분 이상 흐르는 물에 씻어내야 한다. 가능한 프라이머 고정 홀더를 사용하는 것이 안전하게 사용할 수 있는 방법이다.

◆ **아크릴릭 파우더**(Acrylic powder)

폴리에틸 메타크릴레이트(polyethyl methacrylate, pema)가 주성분이며, 아크릴릭 네일에 사용하는 분말 상태의 파우더이다. 파우더는 네일 색상과 차이가 없는 클리어(clear)타입에서 여러 가지 디자인을 나타낼 수 있는 색상까지 다양한 색상의 파우더가 있다.

◆ **파일링 기계**(Failing machine)

스컬프처(sculpture) 서비스를 행할 때 사용하는 것으로 아크릴릭의 두께와 네일 서비스의 용도에 맞는 기계를 바꿔가며 사용하는 것이 효과적이다.

◆ **지혈제**

매니큐어 서비스 과정 중 상처를 입게 되어 피가 나올 때 바르는 것으로 소독과 지혈 효과가 있다.

◆ **종이 타월**(Paper towel)

매니큐어 시술 전에 테이블 위에 종이 타월을 깔아 놓아 거스러미와 먼지 제거가 용이하도록 하며 고객의 손을 닦아줄 때 사용된다.

◆ **솜**(Cotton)

폴리시를 제거, 손과 발 소독, 부분적으로 네일을 정리할 때 오렌지우드스틱에 감아 사용한다.

2) 손톱의 모양

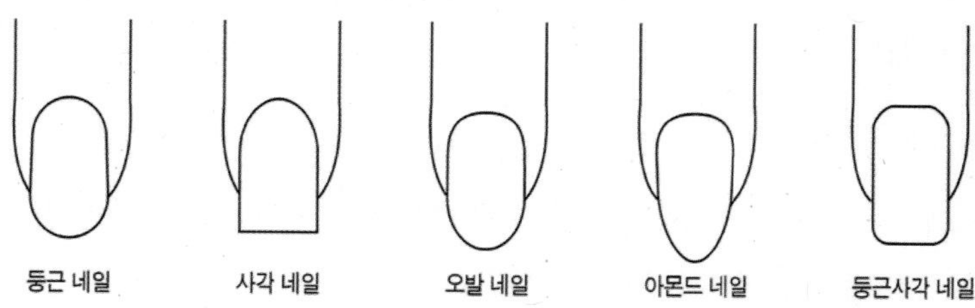

[그림 12-2] 손톱의 모양

(1) 둥근 네일(Round nail)

네일 전체를 각이 없게 둥글게 만든 형태이다. 평범하고 일반적인 형태로 파일을 45°각도로 쥐고 다듬는다.

(2) 사각 네일(Square nail)

네일과 파일의 각도가 90°로 다듬어진 것으로 네일의 양끝 모서리 부분이 사각으로 만들어진 형태이다. 네일 끝을 많이 사용하는 활동적인 직업을 갖은 고객에게 적당하다.

(3) 오발 네일(Oval nail)

손이 길고 가늘어 보여 여성스러운 느낌을 주는 형태이다. 파일의 각도를 15°로 쥐고 다듬는다.

(4) 아몬드 네일(Almond nail, Point nail)

손이 길고 가늘게 보이는 장점이 있으나 끝 부분이 좁아져서 부러지기 쉽다. 파일의 각도를 180°로 완전히 눕혀서 수평으로 갈아주고, 다시 파일을 이용하여 양쪽을 사선으로 갈아 네일의 끝을 뾰족하게 만든 형태이다.

(5) 둥근 사각 네일(Round square nail)

사각 네일과 같은 방법으로 다듬어 주고 마지막에 양 모서리 부분만 둥글게 돌려서 다듬는다. 일반적으로 많이 사용되는 형태이며, 사각 네일보다 부드러운 느낌을 준다.

3) 폴리시 바르는 방법

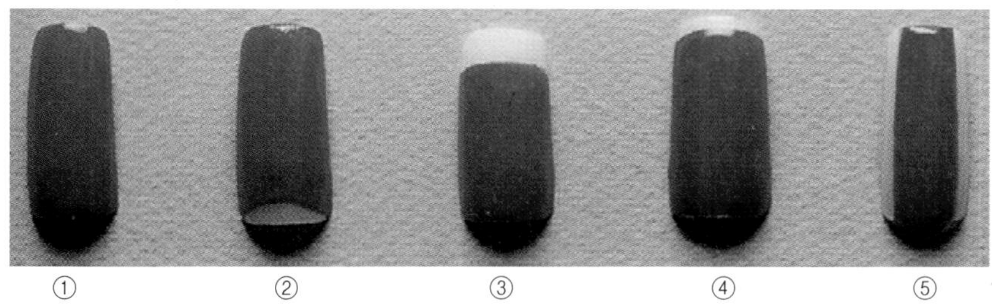

① ② ③ ④ ⑤

[그림 12-3] 폴리쉬 바르는 방법

① **풀 코트**(Full coat) : 손톱 전체를 칠하는 방법이다.

② **하프문**(Half moon or Lunula) : 손톱의 반달부분(루눌라)을 남겨놓고 바르는 방법이다.

③ **프리에지**(Free edge) : 물건을 잡거나 일을 했을 때 가장 벗겨지기 쉬운 프리에지 부분에 에나멜를 바르지 않는 방법이다.

④ **헤어라인**(Hairline) : 프리에지 코트와 같은 이유이며 전체 코트한 후 1.5mm 닦아주어 파손을 사전에 방지하는 방법이다.

⑤ **슬림라인**(Slimline) : 손톱이 좁고 가늘게 보이게 하는 방법이며 손톱의 양옆을 1.5 mm 정도 남기고 바르는 방법이다.

❹ 네일아트(Nail art)

네일 아트(nail art)는 네일 케어 완전히 독립된 기술이 아니다. 이는 네일 케어의 토대 위에 예술성을 살린 평면은 물로 입체적 디자인을 창조하는 모든 기술을 말한다.

1) 핸드 페인팅(Hand painting)

네일 전용 물감을 이용하여 손톱에 다양한 그림을 원하는 곳에 아트를 할 수 있다.

2) 라인 스톤(Rhine stone) : 인조 보석

라인 스톤은 매우 작은 인조 다이아몬드로 네일 아트에 가장 많이 사용되며 여러 종류의 모양과 색상, 크기로 사용되고 있다. 사용하는 방법은 오렌지우드스틱 끝에 약간의 톱 코트를 묻혀 폴리시가 아직 마르기 전에 네일 표면의 원하는 곳에 놓으면 붙은 상태로 마르게 된다. 그리고 마르고 난 다음에 톱 코트를 바르고 3~4일에 한 번씩 톱 코트를 발라 줌으로써 더욱 오래 붙어 있고 빛을 발하게 된다. 라인 스톤을 제거할 때는 아세톤을 사용하고 제거한 라인 스톤의 색상이 변하지 않았다면 재사용이 가능하지만 만약 뒷면의 은색 받침이 떨어졌으면 빛을 반사해 주지 못해서 재사용이 불가능하다.

3) 댕글(Dangle)

손톱 끝에 다는 장식용으로 여러 가지 모양과 크기가 다른 종류로 되어 있다. 손톱 끝 가장자리 안쪽에 펀치나 드릴을 사용해서 구멍을 내고 달아준다.

4) 워터 데칼(Water decal)

이미 완성된 그림이 스티커로 판매되고 있으므로 이것을 물 속에 담근 후 분리시켜 손톱에 그림만 붙여 주는 것이다. 사용방법은 색상이 완전히 마르면 원하는 그림을 오려서 물 속에 2~3분 정도 담근 후 얇은 비닐로 된 디자인을 종이 위로 밀어 올려 분리시켜 손톱 표면의 원하는 부위에 붙여 준다. 워터 데칼을 손톱 표면에 밀착시키기 위하여 톱 코트를 바른다.

5) 사선 테이프(Stripe tape)

사선 테이프는 여러 가지 색상으로 나와 있는데 그 중 금색, 은색, 검은색을 주로 많이 사용하고 있다. 테이프의 뒷면은 끈끈한 접착제로 되어 있어 색상이 마른 후 손톱 표면의 원하는 장소에 붙여 주면 되는데 테이프를 네일에 붙인 후 테이프의 끝을 큐티클로부터 약 2mm 정도 자르는데, 니퍼나 작은 가위를 사용하여 깨끗하게 자른다.

만약 더 길면 테이프가 말리고 떨어지는 요인이 된다. 그 위에 톱 코트를 바른 후 3~4일 마다 톱 코트를 다시 바르면 오래간다.

6) 마블(Marble)

(1) 입체 마블(에나멜 마블)

네일 표면 위에 두 가지 이상의 색을 바른 후 오렌지 우드스틱이나 마블 스틱을 사용해서 모양을 내며 혼합한다. 완전히 마른 후 톱 코트를 바른다.

(2) 워터 마블

물 위에 두 가지의 색상을 떨어뜨려 마블 스틱이나 오렌지우드스틱을 이용하여 모양을 만든 다음 손톱 표면을 담근 후 물기를 제거하고 톱 코트를 바른다.

7) 3D art

Three-dimension의 약어. 인조 보석, 글리터, 또는 아크릴릭을 사용하는데 입체 조형물을 의미하며 손톱 위에 펼쳐 보이는 입체 디자인으로 여러 종류의 모양과 디자인을 만들어 손톱 위에 올려놓는 작품이다.

8) 에어 브러시(Air brush)

에어 브러시는 콤프레셔(compressor)의 공기 압력을 이용하여 건(gun)을 통해 물감을 스프레이 타입으로 분사시켜 원하는 아트를 하는 것인데 붓으로 그린 것과는 다른 세련된 멋을 보여준다.

에어 브러시는 보통 두 가지 작동 방식을 가지는데 기본 작동법은 간단하다. 조정키를 누르면 공기가 나오고 조정키를 당기면 물감이 나온다. 물감을 분사할 때는 보통 스텐실(stencil)에 미리 디자인된 것을 사용하여 아트를 할 수 있고 네일 아티스트가 생각한 모양을 만들어서 손톱 표면에 대고 물감을 분사할 수 있다.

대부분은 수성 물감(water based paint)을 사용하기 때문에 반드시 톱 코트로 보호해 주어야만 물에 지워지지 않는다. 또한 에어브러시는 색상이 바뀔 때마다 건(gun)을 청소해야 하는 번거로움과 시간 낭비가 되기 때문에 엷은 색상부터 시작하고 만약 여유가 있다면 2개의 건을 가지고 작품을 하면 훨씬 쉽게 할 수 있다.

9) 프로트랜스(Pro-trans)

잡지에 나오는 예쁜 그림이나 좋아하는 연예인 사진 등을 손톱에 올려 자기만의 개성을 독특하게 표현할 수 있는 것으로 프로트랜스 전용액으로 사용된다.

BEAUTY ART THEORY

BEAUTY
ART
THEORY

제13장

화장품학

1 화장품의 정의

화장품을 뜻하는 'cosmetics'는 희랍어 cosmeticos에 어원을 두고 있는데, 이는 '잘 정리한다, 잘 감싼다'라는 의미로 'cosmos'에서 유래되었다고 한다. 희랍어로 'cosmos'는 'the order of universe(우주의 명령)'라는 뜻을 지니고 있어, kosmeticos는 '우주의 명령을 받아 아름다운 것을 더욱 아름답게 가꾸어 보기 좋게 하는 기술'이라는 의미가 담겨져 있다.

현재 국내 화장품법에 의한 화장품의 정의를 살펴보면, 화장품은 인체를 청결·미화하여 매력을 더하고 용모를 밝게 변화시키거나 피부·모발의 건강을 유지 또는 증진하기 위하여 인체에 사용하는 물품으로서 인체에 대한 작용이 경미한 것을 말한다(화장품법 제2조 제1항).

따라서 화장품은 바르거나 뿌리거나 또는 이와 유사한 방법으로 피부나 모발에 사용하는 제품으로서 아름다움을 가꾸고 청결을 유지하는 제품이며, 질병의 치료, 경감 및 예방하는 약리적인 영향을 주는 것은 포함되지 않는다.

화장품에 대한 법적인 정의는 국가별로 조금씩 차이가 있지만 기본적인 것은 인체를 청결히 하고 아름답게 가꾸며 건강하게 유지시켜 주기 위한 것이라는 사실이다.

2 화장품의 역사

화장품이 언제부터 사용되었는지에 대해 역사적으로 그 시기를 단정하는 것은 어렵다. 다만 알타미아 동굴 벽화나 토우 등의 유물 및 여러 문헌 등의 기록을 통해 볼 때 구석기 무렵부터 인류는 화장을 시작한 것으로 추정되며, 인류 문명의 발달과 함께 인간의 자아를 표현하는 하나의 방법으로 발전하여 왔다.

화장은 그 시대에 따라 사용 목적을 달리하였는데 초기에는 자연이나 외부의 공격으로부터 신체를 보호 또는 위장하기 위해 사용되었다. 또한 신분, 계급, 종교적인 목적으로 사용되었을 것이라 추정된다.

화장품의 사용이 일반화 된 것은 19세기 말 이후부터이다. 그 후 점차 수요가 확대되어 제2차 세계대전 후 산업이 발전하면서 새로운 화장품 기술의 발전과 원료의 개발이 이루어지게 되었다. 또한 화장품이 인체를 청결하게 하고 미화한다는 단순한 기능에서 좀 더 젊고 건강한 피부를 유지하는 제품으로 개발되면서 요즘에 와서는 일상 생활에 있어 생활 필수품으로 자리 잡게 되었다.

③ 화장품의 성분

피부의 가장 바깥 부분인 각질층은 약산성의 얇은 기름막이 감싸고 있어서 수분의 증발을 막아주고 세균의 발육을 억제할 뿐 아니라 알칼리성 물질에 접촉되었을 때 중화시켜 피부를 보호해준다. 이 기름막은 피지선에서 나온 피지(유성성분)와 한선에서 나온 땀(수성성분)으로 구성되어 있어 천연 피지막 또는 천연 보호막이라고도 하는데 우리가 사용하는 화장품이 추구하는 이상이자 목표가 바로 이 천연 보호막의 역할이라 할 수 있다. 따라서 화장품을 구성하고 있는 성분들 중의 대부분은 천연보호막의 성분들과 같이 물과 기름 성분, 즉 수성성분과 유성 성분들이다. 때문에 무엇보다도 우선적으로 이들 원료에 대한 일반적인 특징을 이해하는 것이 중요하다.

1) 수성성분(Aqueous phase)

(1) 정제수(De-ionized water, purified water)

화장품에 있어서 물은 가장 흔하게 사용하는 원료로서 피부를 촉촉하게 할 뿐 아니라 화장수, 로션, 크림의 기초 물질로 사용되는 훌륭한 용매이다. 그러나 세균에 오염된 물은 피부 손상을 야기하며 금속이온이 함유된 물은 제품의 분리 또는 점도의 변화로 품질저하의 원인이 된다. 따라서 화장품에서 사용하는 물은 이온 교환수지를 이용하여 정제한 이온 교환수를 자외선 램프에 비추어 멸균한 물을 사용하고 있다.

(2) 에탄올(ethanol, ethyl alcohol)

에탄올은 술로서 예로부터 사람들과 친숙한 물질이다. 휘발성이 있어 피부에 시원한 청량감과 가벼운 수렴효과를 부여하며 살균 작용과 향을 녹이는 용매로 사용된다. 화장수, 아스트린젠트, 헤어토닉, 향수, 네일 에나멜 등에 주로 사용된다.

(3) 보습제(moisturizer)

피부의 보습은 화장품의 기능에 있어서 중요한 기능 중의 하나이며, 보습제는 피부의 건조를 막고 피부에 수분을 공급하는 성분의 총칭이다.

화장품에서 사용되는 보습제는 글리세린(glycerin), 프로필렌글리콜(propylene glycol), 소비톨(sorbitol) 등의 다가 알코올이 가장 많고, 피롤리돈카르본산염(sodium PCA)이나 젖산염(sodium lactate) 등의 천연 보습인자(NMF) 성분이 있으며 고분자 보습제로 대표적인 히아루론산(sodium hyaluronate) 등도 사용되고 있다.

2) 유성성분(Oil phase)

유성성분은 지용성 성분으로 피부 표면으로부터 에멀션 상태의 피지막을 형성하여 피부의 수분증발을 막고 피부 및 모발의 유연성과 윤활성을 부여하며, 자외선 흡수제, 비타민류 및 색소 등과 같은 특수성분의 용매로서 작용하기도 한다.

(1) 오일

화장품에서 오일은 피부에 유분막을 형성하여 각질층의 수분 발산을 억제하는 효과를 가지고 있으며 천연물에서 추출한 천연오일과 화학적으로 합성하여 만들어진 합성오일이 있다.

천연 오일에는 식물성 오일, 동물성 오일, 광물성 오일로 구분된다. 식물성 오일에는 호호바 오일(jojoba oil), 아몬드 오일(almond oil), 피마자유(caster oil), 아보카도 오일(avocado oil) 등이 있으며, 동물성 오일에는 밍크오일(mink oil), 스콸렌(squalane), 에뮤오일(emu oil) 등이 있다. 광물성 오일은 대부분 석유에서 추출되는데 냄새가 없고 무색 투명한 것이 특징이며, 대표적인 것으로는 유동 파라핀(Liquid paraffin), 바셀린(Vaseline) 등이 있다.

합성오일은 주로 고급 지방산과 저급 알코올 간의 에스테르화 반응을 통하여 얻어지므로 합성 에스테르유(synthetic ester oil)라고도 하는데 천연 오일에 비해 사용감과 화학적 안정성이 좋다.

(2) 왁스(Wax)

왁스는 고급 지방산과 고급 알코올의 에스테르 화합물로서 기초 화장품과 색조화장품의 굳기를 증가시켜 주는 고형의 유성성분이다. 립스틱을 비롯한 크림, 탈모 왁스 등에 널리 사용되는데 크게 식물성 왁스와 동물성 왁스로 나눌 수 있다.

식물성 왁스는 열대식물의 잎이나 종자에서 추출하여 얻어지며 카르나우바 왁스(carnauba wax), 칸델릴라 왁스(candelilla wax) 등이 있고 동물성 왁스는 벌집과 양모 등에서 얻어진 밀납(bees wax)과 라놀린(lanolin) 등이 있다.

3) 계면활성제(sulfactants)

계면활성제란 화학구조상 한 분자 내에 물을 좋아하는 친수성기(hydrophilic group)와 기름을 좋아하는 친유성기(lipophilic group)를 함께 가지는 물질의 총칭이다. 따라서 이러한 구조적 특징 때문에 물과 기름의 경계면(inter face), 즉 계면의 성질을 변화시킬 수 있는 특징을 가진다.

계면활성제는 친수성기의 이온성에 따라 양이온성, 음이온성, 비이온성, 양쪽성 계면활성제로 구분된다. 양이온성 계면활성제는 헤어 린스 등의 모발화장품에서 정전기 방지제, 컨디셔닝제로 사용되며, 음이온성 계면활성제는 세정력이 우수하며 화장 비누, 샴푸, 보디 클렌져 등에 사용된다. 양쪽성 계면활성제는 피부자극이 음이온성 계면활성제에 비해 비교적 적은 편이므로 저자극 샴푸, 베이비 샴푸 등에 사용되며, 비이온성 계면활성제는 피부자극이 가장 적은 편이어서 주로 기초 화장품, 메이크업 화장품 등에 이용된다.

4) 색소(Colorants)

화장품에는 내용물에 적당한 색상을 부여하기 위해 기초 화장품은 물론 메이크업 화장품에 이르기까지 다양한 색소를 사용하고 있다.

화장품에 사용하는 색소는 크게 염료와 안료로 구분된다. 염료는 물 또는 오일에 녹는 색소로 기초 화장품과 모발화장품에 주로 사용되고 있다. 반면 안료는 물과 오일에 모두 녹지 않는 것으로 무기질로 된 것을 무기 안료, 유기물질로 된 것을 유기안료라 한다. 특히 수용성 염료에 알루미늄, 마그네슘, 칼슘염을 가해 물과 오일에 녹지 않게 만든 것을 레이크(lake)라고 부른다. 안료는 주로 메이크업 화장품에서 색상을 부여하는 목적으로 사용되고 있다.

5) 방부제(Preservatives)

화장품의 원료로 사용되는 대부분의 원료들에는 각종 영양분들이 들어 있어 공기에 노출되거나 불순물이 침투하게 되면 미생물의 작용으로 부패하게 되는데 방부제는 미생물의 증가를 억제하여 제품의 변화를 방지하는 목적으로 사용한다.

화장품에 첨가되는 대표적인 방부제로는 파라옥시안식향산메칠(methyl paraben), 파라옥시안식향산프로필(propyl paraben) 등과 같은 파라벤류와 이미다졸리디닐우레아(imidazolidynyl urea) 등이 있다.

6) 기타

(1) 산화방지제(Antioxidant)

화장품을 구성하고 있는 성분들 중에는 유성성분 즉 기름성분이 많이 존재한다. 때문에 장기간 보관하거나 사용하는 과정에서 공기 중에 노출되면 화장품 성분에 존재하는 기름성분이 공기 중에 있는 산소(O_2)와 반응하여 산화되게 된다. 때문에 이러한 산화를 방지하기 위해 첨가하는 것이 산화방지제이다.

화장품의 품질을 유지하고 안정성을 확보하기 위해 주로 사용하는 산화방지제로는 비타민C와 비타민E, BHT(Dibutyl hydroxy toluene) 등이 있다.

(2) 추출물(Extracts)

화장품의 컨셉 원료들로서 오랜 사용경험을 통해서 또는 실제적인 실험을 통하여 그 효과를 인정받고 있는 동물 또는 식물 추출물들이 많이 사용되어 오고 있다.

오늘날에는 여러 가지 소비자들의 인식의 변화에 따라 동물 추출물의 사용량은 급격히 줄어들고, 대신 미생물에서 얻은 성분과 식물 추출물들이 주로 사용되고 있는 추세이다.

또한 이들 물질들은 미용효과와 약리효과가 있는 것이 특징이어서 각종 추출물들을 함유한 기능성 화장품이 수없이 개발되고 있는 실정이며, 그 부가가치 또한 크기 때문에 차세대 화장품 원료 성분으로서 주목 받고 있다.

4 화장품의 분류

1) 기초 화장품

기초 화장품이란 피부를 청결히 하고 건강하게 유지시켜주기 위해 사용하는 화장품이다.

(1) 세안 화장품

피부에서 분비되는 피지와 땀 등의 생리적 분비물과 먼지, 메이크업 성분 등이 피부를 덮은 채로 오랜 시간이 경과하게 되면 서서히 산패되거나 분해하여 피부를 자극하게 되고 피부의 생리 기능을 저하

시킨다. 따라서, 피부관리를 위해서는 피부에 부착된 오염물을 깨끗이 세정해야 하는데, 물만 사용해서는 잘 지워지지 않는 유성의 더러움을 지우기 위해 적당한 세안 화장품을 선택하여 사용해야 한다.

세안 화장품은 간단한 수상의 더러움을 씻어내는 타입의 계면활성제형과 용제나 유성성분이 함유된 크림의 용해작용을 이용한 닦아내는 타입의 두 가지 타입이 있다.

세안 화장품은 사용하는 사람의 피부의 상태와 어떤 메이크업을 했느냐에 따라 적절한 세안 화장품을 선택하여 사용해야 세안이 잘 이루어질 수 있다. 예를 들면, 진한 화장을 지울 때는 클렌징 오일이나 클렌징 크림이 적합하고, 옅은 화장을 지울 때는 클렌징 워터나 클렌징 로션 등 이 적합하다.

[그림 13-1] 세안 화장품

제형	용도	종류
씻어내는 타입 (계면활성제형)	피지, 땀, 먼지 등의 간단한 수상의 더러움 제거	클렌징 폼 페이셜 스크럽
닦아내는 타입 (용제형)	메이크업과 같은 유상의 더러움 제거	클렌징 크림, 클렌징 로션, 클렌징 워터, 클렌징 젤, 클렌징 오일

(2) 화장수(Skin lotion)

세안 후 약알칼리성으로 변한 피부에 피부의 pH 밸런스를 맞추어 주고 충분한 수분을 공급하기 위해 사용된다.

예전에는 유연 및 수렴 등의 목적에 따른 성분의 첨가로 유연화장수와 수렴화장수로 나누었지만 요즘은 피부 타입에 따라 건성용, 중성용, 복합성, 민감성 등으로 나눈다.

[그림 13-2] 화장수

(3) 로션(lotion)

화장수와 크림의 중간적 성격을 가지며 크림에 비해 비교적 유동성을 가지고 있다. 부족한 수분과 유분을 공급하여 유·수분의 균형을 회복시켜 매끄럽고 탄력있는 피부로 가꾸어 준다. 제품 마다 유분의 함량이 다르므로 자신의 피부 타입에 맞는 것을 선택해야 하며, 피부 타입에 따라 건성 피부용, 중성 피부용, 복합성 피부용, 민감성 피부용 등으로 구분된다.

[그림 13-3] 로션

(4) 크림(cream)

세안 후 피부가 당기는 느낌은 세안으로 인해 피부의 표면을 덮고 있던 천연 보호막이 씻겨 제거되었기 때문이다. 이때 소실된 천연보호막을 일시적으로 보충해서 외부의 자극으로부터 피부를 보호해주는 인공 보호막이 바로 크림의 역할이다.

[그림 13-4] 크림

즉, 크림의 사용목적은 피부를 외부 환경으로부터 보호하고, 피부의 생리기능을 도와주며, 피부의 문제점을 개선하는 것이다.

크림은 로션과 비교하여 안정성의 폭이 넓고 유분, 보습제 등을 다량 배합할 수 있어 피부의 모이스처 밸런스를 일정하게 유지시켜 줄 수 있으며, 피부의 보습, 유연기능을 갖게 한다. 크림은 사용부위나 대상에 따라 아이 크림, 핸드 크림, 보디 크림, 베이비 크림 등으로 구분될 수 있으며 사용효과나 함유 성분에 따라 모이스쳐 크림, 에몰리언트 크림, 화이트닝 크림 등 다양하다.

(5) 에센스(Essence)

흔히, 미용액 또는 컨센트레이트(Concentrate), 세럼(Serum)이라고도 하는 기초화장품으로 미용 성분을 고농축으로 함유하여 보습효과가 우수하고 영양물질을 공급하여 피부를 가볍고 매끄러운 상태로 유지시키는 화장품이다. 주요 효과는 보습, 피부보호, 영양공급이라고 볼 수 있으며, 제형에 따라 스킨타입, 로션입, 크림타입, 젤 타입 등으로 나눌 수 있다.

(6) 팩(Pack)

팩이란 패키지(Package) 즉 포장하다, 또는 둘러싸다란 듯에서 유래된 말로 일반적으로 얼굴에 적당한 두께로 발라 일정시간 방치해 건조시킨 후 제거한다. 그 과정에서 피부에 적당한 긴장감을 주고 외부로부터 공기를 차단하여 영양성분의 흡수를 용이하게 하며 피부의 온도를 높여 혈액순환을 촉진시킨다. 또한 피부 표면의 오염물, 죽은 각질세포를 제거시킴으로써 피부를 청결하게 해주는 화장품이다.

제거 방법에 따라 필-오프(peel-off) 타입, 워시-오프(wash off) 타입, 티슈-오프(tissue off) 타입 등이 있으며, 사용 편리성을 고려한 패치(patch) 타입이나 물에 개어 바르는 분말타입 등이 있다.

2) 기능성 화장품

기능성 화장품은 화장품과 의약품의 중간적인 성격을 갖는 제품이라 볼 수 있다. 즉, 기능성 화장품이란 일반 화장품과는 달리 피부에 대한 효능, 효과를 강조한 화장품을 말하며, 보통의 일반 소비자들이 생각하는 범위와는 조금 차이가 있긴 하지만 2000년 7월 이후 시행되고 있는 화장품법에서는 기능성 화장품을 ① 피부의 미백에 도움을 주는 제품 ② 피부의 주름개선에 도움을 주는 제품 ③ 피부를 곱게 태워주거나 자외선으로부터 피부를 보호하는데 도움을 주는 제품으로 정의하고 있다(화장품법 제2조 2항).

(1) 미백 화장품

피부의 멜라닌 색소 침착을 방지하거나 착색된 멜라닌 색소의 색을 엷게 하는 화장품을 말하며, 비타민 C 유도체(마스네슘 아스코빌 포스페이트, 아스코빅애시드 글루코사이), 알부틴, 유용성 감초 추출물, 닥나무 추출물 등의 성분을 이용하고 있다.

(2) 주름 개선 화장품

피부에 탄력을 주어 주름을 완화 또는 개선하는 화장품으로 비타민A 유도체(레티놀, 레티닐팔미테이트, 폴리에톡시레이티드 레틴아마이드 등)와 아데노신, 코엔자임 Q10 등이 포함된 다양한 화장품들이 있다.

(3) 자외선 차단 화장품

피부에 유해한 자외선을 차단 또는 산란시켜 자외선으로부터 피부를 보호하는 기능을 가진 화장품이다. 선스크린(sun screen), 선블록(sun block)이란 명칭으로도 부르며, 일반적으로 로션이나 크림 형태이나 최근에는 메이크업 제품과 겸한 새로운 제형들이 많이 출시되고 있다.

파우더 성분들의 물리적인 산란 작용으로 자외선의 피부 침투를 차단하는 자외선 산란제와 화학적인 흡수작용으로 자외선을 소멸시켜 자외선의 피부 침투를 차단하는 자외선 흡수제를 적당히 혼합하여 자외선의 침투를 막는 화장품이다.

자외선 B에 대한 차단지수는 SPF(Sun Protection Factor)로 자외선A에 대한 차단지수는 PFA(Protection factor of UV-A)로 표시하고 있으며 측정방법은 국가마다 각기 다르며, 측정결과도 다르다.

(4) 태닝 화장품

UV B를 차단하는 성분을 배합하여 피부가 빨갛게 되면서 화끈거리는 선번(sun burn)이 일어나지 않은 상태로 자외선에 의해 서서히 멜라닌 색소의 생성량이 늘어나 피부를 예쁘게 그을리게 하는 화장품이다. 즉, 선탠 오일이 그 대표라고 할 수 있다.

3) 메이크업 화장품

메이크업 화장품은 외모를 아름답게 변화시켜 피부를 아름답게 보이게 할 목적으로 사용하는 화장품으로 흔히 색조화장품이라고 한다. 얼굴 전체의 피부색을 균일하게 정돈하거나 기미, 잡티 등 피부 결점을 커버하여 아름답게 보이도록 하기 위한 베이스 메이크업(base make up) 화장품과 입술, 눈, 볼이나 손톱 등에 부분적으로 사용하여 혈색을 좋게 하고 입체감을 부여하여 아름답고 매력적인 외모로 보이도록 하는 포인트 메이크업(point make up) 화장품으로 분류할 수 있다.

(1) 베이스 메이크업 화장품

① **메이크업 베이스**(Make up base)

기초 화장품을 사용한 후 파운데이션을 바르기 전에 사용하는 화장품이다. 파운데이션이 직접 피부에 흡수되는 것을 막고 파운데이션의 퍼짐성과 밀착감을 좋게 해주어 화장의 지속성을 높여준다.

② **파운데이션**(Foundation)

피부의 결점을 보완하고 원하는 화장의 피부색을 만드는 화장품으로 부착력, 커버력, 광택력이 좋아야 하며 기미, 잡티, 흉터 등의 피부 결점을 커버해 주어 피부색을 균일하게 하고 입체감을 주어 윤곽을 수정하여 건강하고 깨끗한 피부로 보이게 한다.

현재 많이 사용되는 것은 가벼운 화장에 맞는 리퀴드 파운데이션(Liquid foundation), 크림 타입의 크림 파운데이션(Cream foundation), 커버력이 좋은 스틱 파운데이션(Stick foundation)과 스킨 커버(Skin cover), 컨실러(Concealer) 등과 파우더 파운데이션(Powder foundation), 트윈케이크(Twin cake) 등이 있다.

종류에 따라 색상, 커버력, 감촉, 사용 효과 등이 다르므로 피부의 색이나 피부 상태, 사용 목적에 맞게 선택하여야 한다.

[그림 13-5] 메이크업 베이스

[그림 13-6] 파운데이션

③ **파우더**(Powder)

파우더는 땀과 피지에 의해 화장이 번지거나 지워지는 것을 막고 빛을 사방으로 난반사 시켜 얼굴을 밝고 화사하게 보이게 하기 위해 사용하는 메이크업 제품이다. 특히 파운데이션의 유분기를 제거하며 파운데이션의 지속성을 높이기 위해 사용한다.

가루 타입의 루즈 파우더(Loose powder)와 성형 압축한 고형분인 콤팩트 파우더(Compact powder)가 있다.

(2) 포인트 메이크업 화장품

① **아이 메이크업 화장품**

눈의 결점을 커버하고 눈 부위를 또렷이 보이게 하며 눈썹과 눈썹모양을 입체적으로 보이게 하여 눈을 더욱 생동감 있고 아름답게 표현해 주는 화장품이다. 아이 메이크업 화장품의 종류에는 아이 브라우 펜슬(eye blow pencil), 아이섀도(eye shadow), 아이 라이너(eye liner), 마스카라(mascara) 등이 있다.

② **립 메이크업 화장품**

입술 부위의 메이크업을 위한 화장품으로 입술 점막에 사용되는 제품이므로 안전성에 더욱 유의하여야 한다. 립 라이너(Lip liner), 립스틱(Lip stick), 립글로스(Lip gloss) 등이 있다.

③ **블러셔**(Blusher, Cheek color)

볼 부위에 도포하여 얼굴색을 건강하고 밝게 보이게 하며 윤곽에 음영을 주어서 얼굴을 입체적으로 나타내게 하는 메이크업의 마무리 단계에 사용되는 화장품이다.

④ **네일 메이크업 화장품**

네일 메이크업 화장품은 손톱에 광택과 색채를 주어 아름답게 할 목적으로 사용하는 화장품이다.

네일 에나멜 화장품에는 흔히 매니큐어(manicure) 또는 네일 락카(nail lacquer)라고 하며 광택과 아름다운 색상으로 손톱을 장식하는 네일 에나멜(nail enamel), 네일 에나멜의 밀착성을 좋게 하는 전처리 제품인 베이스코트(Base coat), 네일 에나멜 위에 덧발라서 광택과 내구성을 도와주는 톱코트(top coat) 그리고 네일 에나멜의 피박을 용해하여 제거하는 에나멜 리무버(Nail remover) 등이 있다.

4) 모발 화장품

모발용 화장품에는 세정용, 트리트먼트용, 양모용, 퍼머넌트웨이브용, 컬러링 효과와 스타일링 효과 및 탈모와 제모용의 다양한 제품이 있다.

(1) 세정용 화장품

두피와 모발에 있는 노폐물과 오염물질을 제거하여 청결한 상태로 유지하기 위해 사용한다. 대표적인 것으로는 헤어샴푸(hair shampoo)와 헤어린스(hair rinse)가 있다.

(2) 정발제(스타일링제)

모발을 원하는 형태로 만드는 스타일링(styling)의 기능과 모발의 형태를 고정시켜주는 세팅(setting)의 기능을 하는 화장품이다. 정발제의 종류에는 헤어오일(hair oil), 포마드(pomade), 헤어크림(hair cream), 헤어로션(hair lotion), 세트 로션(set lotion), 헤어무스(hair mousse), 헤어 스프레이(hair spray), 헤어젤(hair gel), 헤어 리퀴드(hair liquid), 헤어 왁스(hair wax) 등이 있다.

(3) 헤어 트리트먼트

모발이 손상되는 것을 예방하고 손상된 모발을 복구하는 것을 목적으로 사용되는 화장품이다. 헤어 트리트먼트 제품의 종류로는 헤어 트리트먼트 크림(hair treatment cream), 헤어 팩(hair pack), 헤어 블로(hair blow), 헤어 코트(hair coat) 등이 있다.

(4) 양모제

양모제는 모발의 탈모현상을 예방하고 두피와 모발의 정상기능을 돕는 제품이다. 양모제에는 비듬이나 가려움을 억제하고 영양을 공급하는 스캘프 트리트먼트제(scalp treat- ment), 모발에 윤기를 주며 손상된 모발을 보호하는 헤어 컨디셔너(hair conditioner), 두피의 혈액순환을 도와주는 헤어 토닉(hair tonic) 등이 있다.

(5) 퍼머넌트 웨이브 제품

과거 열퍼머로 인한 심각한 모발 손상의 문제점을 해소하기 위해 열을 가하지 않고도 웨이브를 만들 수 있는 콜드 웨이브액이 시초가 된 퍼머용 제품이다.

현재 퍼머넌트 웨이브 로션은 티오글리콜산(thioglycolate acid)과 시스테인(cysteine)을 주성분으로 하는 두 가지 종류가 주류를 이루고 있다. 주로 많이 사용되고 있는 것은 티오글리콜산으로 티오글리콜산의 함량을 변화시킴으로써 웨이브의 강약을 조절할 수 있다. 반면 시스테인은 티오글리콜산에 비해 냄새가 적고 모발을 적게 손상시키는 장점이 있으나 웨이브 효과가 20~30% 정도 약한 것이 단점이다.

(6) 염모제

염모제는 염색 효과의 차이에 따라 영구 염모제, 반영구 염모제, 일시 염모제로 구분할 수 있다. 영구 염모제는 색소 형성 물질이 모발 내부의 모피질(cortex) 또는 모수질(medulla)층까지 침투하여 화학변화를 일으켜 불용성 색소를 형성하는 것으로 염색효과가 장기간 지속된다. 반면 반영구 염모제는 모피질이나 모발 표면의 큐티클 층에 침투하여 물리적으로 흡착된 것으로 샴푸 시마다 색소가 조금씩 빠져 나와 영구 염모제에 비해 염색 효과가 낮다. 또한 일시 염모제는 색소를 모발의 표면인 큐티클 층에만 흡착시킨 것으로 대개 일회용으로 사용된다.

(7) 탈모 및 제모제

탈모제와 제모제는 혼용되어 사용하는데 피부의 털을 제거하는 방법에 있어 일반적으로 물리적으로 제거하는 것을 탈모제(epilatory), 화학적으로 제거하는 것을 제모제(depilatory)라고 한다. 겨드랑이와 종아리 등의 잔털을 제거하는 연고제나 크림 타입의 제형이 있고, 그 외에 가온하거나 차가운 왁스를 접착시키는 방법으로 사용하는 것이 있다.

BEAUTY ART THEORY

BEAUTY
ART
THEORY

제14장

아로마테라피

1 아로마테라피란?

아로마테라피(Aromatherapy)는 향기 나는 각종 식물의 꽃, 잎, 열매, 줄기, 뿌리 등에 서 추출한 휘발성 물질을 사용하여 심신을 건강하게 하는 요법을 말한다. 아로마(aroma)는 그리스어 향신료(spice)에서 파생된 말로, 오늘날 아로마는 일반적으로 향을 의미하고, 테라피(therapy)는 치료의 개념을 가진 트리트먼트(treatment)라는 뜻을 가지고 있다. 따라서 아로마테라피(aroma therapy)는 향, 즉 나무, 뿌리, 꽃, 잎 등 자연의 힘을 이용해 몸과 마음에 긍정적인 효과를 얻어내는 생활 치료법이며, 전인 치료법이라 할 수 있다.

2 Essential Oil의 활용법

1) 흡입법(Inhalation)

에센셜 오일의 효능을 가장 쉽게 즐길 수 있는 간단한 방법으로 향로를 사용하는 것이 가장 일반적인 방법이다. 간단하게는 오일 병을 통해 직접 향을 맡거나, 티슈, 손수건에 1~2방울 떨어뜨려 냄새를 맡아도 좋으며 잠들기 전에 베개에 1~2방울 떨어뜨려 편안한 수면을 취할 수도 있다.

❁ 아로마 향로(Aroma Diffusesr)

에센셜 오일을 직접 공기 중으로 증발시켜 확산시키는 방법으로 여러 가지 모양의 향로가 이용된다. 이러한 방법은 공기를 정화하고, 박테리아를 억제하는 효과가 있으며, 육체적, 정신적 건강 증진에 도움을 주며 집안이나 사무실에서 다양한 무드를 조성하는 데 사용한다. 여러 종류의 에센셜 오일과 시너지 오일들을 취향이나 효능에 맞추어 사용한다.

※ 시중에 다양한 향로가 시판되고 있다. 향로 구입 시 물이 담기는 용기의 크기, 그리고 용기와 촛불과의 거리가 매우 중요하다. 초가 다 연소된 후에도 소량의 물이 용기에 남아 있는 것이 좋다.

2) 증기 흡입(Steam Vapor Inhalation)

기관지염, 기침, 감기, 독감, 목 아픔이나 코 막힘 등과 같은 호흡기 증상에 아주 좋은 방법으로 김이 날 정도의 뜨거운 물에 2~3방울의 오일을 떨어뜨린 후, 머리 위에 수건을 덮고 눈을 감은 채로 얼굴을 물 가까이 대고 수 분간 깊게 숨을 들이마신다. 김이 빠져나가지 않게 수건으로 양옆을 잘 감싼다.

3) 스프레이(Spray Mist/Air Fresher)

스프레이 용기에 100~150ml의 정수된 물을 채운 후, 용도와 취향에 따라 선택한 에센셜 오일을 15~20방울 넣고 잘 흔들어 공기 중에 분무한다. 이러한 분무 방법은 집 안이나 사무실뿐만 아니라 인간의 에너지장(Auric Energy Field)을 정화시킨다.

4) 목욕(Bath)

아로마테라피의 효능을 가장 효과적으로 즐길 수 있는 방법 중 하나로 뜨거운 물에 몸을 담고 있으면, 에센셜 오일의 입자가 점차 우리 몸으로 흡수되고 그 향기는 코를 통해 유입되어 이중적인 효능을 얻을 수 있다. 욕조에 따뜻한 물을 채우고 선택한 오일을 6~ 10방울 떨어뜨린 후 잠시 욕실 문을 꼭 닫은 채로 욕실 안에 향기가 가득 차도록 한 후 입욕하여 몸을 담고 약 10~15분 가량 숨을 깊이 들이마시면서 편안히 이완한다. 욕조에 들어가기 전에 몸을 씻는 것이 좋으며, 입욕 후에는 물기만을 제거한다.

5) 발목욕(Foot Bath)

발 목욕법은 피곤하고 지친 하루에 쉽게 사용할 수 있는 방법이다. 대야에 따뜻한 물을 붓고 에센셜 오일 2~3방울 떨어뜨린 후, 10~15분간 발을 담근다.

6) 좌욕(Sitz Bath)

여성에게 아주 좋은 방법이다. 여성들은 생리, 임신, 출산 등으로 비뇨 생식기에 많은 문제를 일으킬 수 있는데 에센셜 오일은 이러한 문제를 해결하는데 많은 도움을 준다. 좌욕하는 물에는 라벤더(Lavender), 티트리(Tea Tree), 파촐리(Patchouli), 미르(Myrrh), 버가못(Bergamot) 등의 오일을 1~2방울 넣어 사용한다.

7) 습포법(Compress)

삐거나 근육이 뭉쳤거나 멍이 들었을 때 사용하면 좋은 방법으로 냉 습포와 온 습포가 있으며 뜨거운 물(또는 냉수)에 에센셜 오일을 3~5방울 떨어뜨린 후 수건을 적셔 물기를 짠 후, 환부에 덮어준다.

8) 마사지(Massage)

마사지는 에센셜 오일의 치유적 효과를 뛰어나게 발휘할 수 있는 방법으로 에센셜 오일의 미세한 입자는 피부를 통해 깊숙히 침투하여 우리의 육체, 정신 모두에 영향을 발휘한다. 또한 코를 통한 향 입자의 흡입 역시 매우 즉각적인 효과를 나타내며 정성이 담긴 부드러운 마사지는 이러한 효능을 더욱 배가 시켜 준다. 에센셜 오일은 대단히 진한 농축액이므로 단지 몇 방울의 사용만으로 충분하여 원액은 피부에 자극을 줄 수 있으므로 마사지 시에는 반드시 희석하여 사용하며 희석제로는 주로 식물의 씨앗에서 추출한 식물성 오일을 사용한다. 이러한 식물성 오일은 마사지할 때 손에 윤활제의 역할을 할 뿐만 아니라 그 자체에 비타민, 미네랄 등 풍부한 영양분을 가지고 있어 피부를 매우 윤택하게 가꾸어 준다. 희석농도는 약 1.5~2.5%(식물성 오일 100ml당 에센셜 오일 50방울의 비율)이며 어린이나 노약자, 민감한 피부를 가진 분들은 1~1.5% 유아의 경우에는 농도를 더욱 낮추어 사용해야 한다. 식물성 오일에는 호호바(Jojoba), 스위트 아몬드(Sweet Almond), 살구씨(Apricot), 아보카도(Avocado), 그레이프시트(Grapeseed), 헤이즐넛(Hazelnut), 올리브(Olive)오일 등이 좋다.

블랜딩(Blending)

별도의 용기에 에센셜 오일을 먼저 방울 수에 맞춰 조심스럽게 떨어뜨려 잘 섞은 후, 캐리어(식물성) 오일을 첨가하여 다시 잘 섞어 준다. 오일을 섞는 요령은 양손의 가운데에 오일 병을 끼워서 두 손바닥으로 병을 돌리면서 비벼주어 오일이 좌우로 회전하면서 섞이도록 하는 방법이 가장 좋다.
복합적이고 다양한 성질을 가진 아로마 에센셜 오일은 그들이 가지고 있는 특유의 성질로 인해 각각의 오일을 블렌딩 했을 때는 한 종류만 사용했을 때에 비해 시너지 효과가 월등하다. 아로마 에센셜 오일을 이용할 때 적당한 배합은 치료효과와 직접적인 관련이 있을 만큼 매우 중요하다.
향기요법에서 말하는 시너지 효과란 두 가지 이상의 에센셜 오일을 섞어 사용할 때 생기는 상승효과를 말한다. 예를 들어 버가못에 티트리를 함께 쓰면 여드름피부와 방광염에 효과적이고, 라벤더를 혼합하면 정신적 안정과 근심걱정, 스트레스에 효과적이다. 또 로즈마리와 혼합하면 피로를 없애주고, 쟈스민의 경우에는 항우울, 신경계통 문제에 시너지 효과를 볼 수 있다.
블렌딩은 향기요법에서 가장 중요한 요소로, 개인의 상황에 따라 직관과 연습을 통해 균형을 이룰 수 있다. 향은 휘발성과 성질에 따라 상향(top note), 중향(middle note), 하향(base note)으로 분류한다. 향기요법은 치료 효능을 극대화 할 수 있는 에센셜 오일들을 혼합해서 사용할 때 훌륭한 처방이라 할 수 있는데, 좋은 향을 만들고 향기의 지속력을 유지시키기 위해서는 이 세 가지 향을 균형 있게 혼합하는 것이 중요하다.

③ 에센셜 오일의 작용기 전

에센셜오일이 우리 몸의 어떠한 경로를 거쳐 작용하는지를 알아보자. 아로마테라피가 어떻게 정신과 신체에 영향을 미쳐 정신적, 신체적 건강에 도움을 줄 수 있는지 과학적 작용기 전에 대해 알아본다.

오일은 코의 후각이나 호흡기, 피부 등을 통해 흡수된다. 후각 신경은 다른 감각들보다 예민하기 때문에 후각신경을 통한 오일의 흡수 속도도 가장 빠르다. 피부를 통해 흡수된 오일의 성분은 진피층까지 흡수되어 모세혈관과 임파 순환을 통해 전신에 전달되는데, 친화력을 가진 특정 기관에 머물러 질병을 치유한다. 먹는 방법도 있으나 이 방법은 아직까지 대부분의 나라에서는 법적으로 금지하고 있다.

1) 코 – 후각

에센셜 오일 → 흡입 → 코 → 후각신경 → 뇌의 변연계 → 신경전달 물질·자율 신경계·내분비계·면역계

2) 호흡 – 폐

에센셜 오일 → 흡입 → 폐 → 혈액순환 전신효과

3) 피부

에센셜 오일 → 피부 → 혈액순환 전신효과, 국소효과

④ 아로마와 스킨 케어(Skin Care)

에센셜 오일의 우수한 피부 투과력과 피부에 대한 효능은 이미 정평이 나 있다. 에센셜 오일은 늘 사용하는 클렌저(Cleanser), 토너(Toner), 로션(Lotion), 크림(Cream) 등과 혼합하여 누구나 손쉽게 피부에 활력과 탄력을 부여할 수 있으며 얼굴에 증기를 쐬거나 사우나를 할 때도 에센셜 오일을 사용할 수 있다(로션, 크림 등 30ml당 에센셜 오일 4~6방울의 비율).

① **정상피부** : 제라늄(Geranium), 라벤더(Lavender), 네놀리(Neroli), 로즈(Rose) 등

② **건성피부** : 캐롯시드(Carrot Seed), 캐모마일(Chamomile), 네놀리(Neroli), 팔마로사(Palmarosa), 로즈(Rose), 샌달우드(Sandalwood) 등

③ **지성피부** : 버가못(Bergamot), 시다우드(Cedarwood), 사이프러스(Cypress), 제라늄(Geranium), 라벤더(Lavender), 레몬(Lemon) 등

④ **민감피부** : 캐모마일(Chamomile), 자스민(Jasmine), 네놀리(Neroli), 로즈(Rose) 등

⑤ **노화피부/주름** : 캐롯시드(Carrot Seed), 프랑킨센스(Frankincense), 자스민(Jasmine), 네놀리(Neroli), 팔마로사(Palmarosa), 패출리(Patchouli), 로즈(Rose) 등

⑥ **튼살** : 벤조인(Benzoin), 캐모마일(Chamomile), 제라늄(Geranium), 로즈(Rose), 샌달 우드(Sandalwood) 등

5 아로마와 헤어 케어(Hair Care)

에센셜 오일은 두피의 건강을 증진시키고 모근에 자극을 주어 튼튼하게 하는데 크게 기여한다. 샴푸나 컨디셔너 혹은 린스 30ml에 7~10방울의 에센셜 오일을 혼합하여 사용하며 두피와 모발에 보다 적극적인 트리트먼트를 원한다면 주 일회 10ml의 호호바(Jojoba) 오일로 두피와 모발을 정성껏 마사지한 후, 약 30분 후 샴푸한다. 혹은 샴푸 후, 500ml 정도의 따뜻한 물에 15ml의 식초와 에센셜 오일 5~6 방울을 넣고 린스한다.

① **건조하고 손상된 모발** : 제라늄(Geranium), 샌달우드(Sandalwood), 일랑일랑(Ylang Ylang) 등

② **지성모발** : 로즈마리(Rosemary), 시다우드(Cedarwood), 라벤더(Lavender), 클라리 세이지(Clary Sage) 등

③ **모발의 성장촉진** : 시다우드(Cedarwood), 클라리 세이지(Clary Sate), 로즈마리(Rosemary), 일랑일랑(Ylang Ylang) 등

④ **비듬제거** : 시더우드(Cederwood), 파촐리(Patchouli), 로즈마리(Rosemary), 티트리(Tea Tree) 등

✽ 패치 테스트(Patch Test)

마사지법, 습포법 등의 방법으로 에센셜 오일이나 블랜딩 된 오일을 피부에 직접 바를 경우에, 먼저 소량의 오일을 겨드랑이나 귀 뒤에 24시간 동안 상태를 지켜본다. 특별한 이상이 없을 경우에는 사용이 가능하며 이상이 있을 경우에는 전문가와 상담한다.

6 에센셜 오일의 효능

에센셜 오일	주요 효능	주의점
그레이프 후르츠 (Grapefuit)	스트레스, 비만, 체액정체, 셀룰라이트 분해	감광성
네롤리 (Neroli)	우울증, 생리장애, 세포재생, 건성피부	정신집중만을 목적으로 할 때는 사용을 금함
니아울리 (Niaouli)	집중력, 면역증진, 감기, 여드름	임산부와 어린이 사용 시 주의 피부에는 국소 사용
라벤더 (Lavender)	불면, 고혈압, 세포재생, 항염증, 화상, 두통	임신 초기 주의 저혈압인 경우 감각 둔화
레몬 (Lemon)	스트레스, 면역증진, 각질제거, 비염, 집중력, 살균, 미백, 지성피부	감광성
레몬 그라스 (Lemongrass)	근육통 해소, 여드름, 모공수축, 항우울	피부에 소량 사용
로즈 (Rose)	진정, 여성호르몬 조절, 노화, 건성피부, 불면증, 스트레스, 염증	얼굴에 소량사용 임신 중 사용금지
로즈마리 (Rosemary)	기억력, 두통, 감기, 통증완화, 정신적 피로, 저혈압 치료	임신 초기, 고혈압, 간질 사용 금지
로즈우드 (Rosewood)	우울, 만성적 피부질환, 수분공급, 스트레스 완화	
마조람 (Marjoram)	불면, 통증완화, 고혈압, 혈색완화	과량 사용 시 졸음 유발
만다린 (Mandarin)	소화촉진, 원기회복, 임신 시 사용 가능	감광성
멜리사 (Melissa)	진정, 심장강장제, 생리장애, 알레르기, 가려움증, 소화불량	임신 초기 주의 졸음 유발
멀 (Myrrh)	기분고양, 폐질환, 항염증, 피부궤양, 설사	
바질 (Basil)	집중력, 두통, 호흡기 장애, 위경련	임산부, 민감성 피부 사용 금지
버가못 (Bergamot)	우울증, 비뇨기 장애, 지성피부, 소화촉진	감광성

에센셜 오일	주요 효능	주의점
베티버 (Vetiver)	근육통, 비뇨기, 집중력, 원기회복, 심혈관 질환	고농도로 사용금지
사이프러스 (Cypress)	정맥류, 모공수축, 부종, 셀룰라이트, 치질	임신 중 사용금지
샌달우드 (Sandalwood)	긴장이완, 호흡기 장애, 건성피부	우울증시 사용주의
시나몬 (Cinamon)	호흡기장애, 소화기장애, 벌레 물린데	임신 중 사용금지
시다우드 (Cedarwood)	명상, 호흡기장애, 지성피부, 두피관리	임신 중 사용 금지 고농도 사용 시 피부 자극
오렌지 스위트 (Orange Sweet)	스트레스, 감기, 발한작용, 정서안정	감광성
유칼립투스 (Eucalyptus)	알레르기성 비염 등의 호흡기 장애, 해열	고혈압, 간질 사용금지 저농도로 사용
일랑일랑 (Ylangylang)	최음, 고혈압, 비뇨기. 여드름	저농도로 단기적 사용 염증성 피부 사용 금지
쟈스민 (Jasmine)	자신감, 자궁수축, 건성피부, 최음	임신 중 사용 금지
제라늄 (Geranium)	스트레스. 피지분비조절, 감정조절, 호르몬 조절	임신 중 사용 금지 민감성 피부에 자극을 줌
쥬니퍼베리 (Juniperberry)	이뇨, 독소제거, 지성피부, 여드름, 정신적 진정	신장환자에게는 사용 금지
진저 (Ginger)	류마티스, 소화기 장애, 가온효과	민감성 피부에 자극을 줌
캐모마일 로만 (Chamo. Roman)	진정, 생리장애, 통증완화, 민감성 피부	과다 사용 시 피부 자극
코리앤더 (Coriander)	무기력, 소화기 장애. 통증완화	다량 사용 시 마비 증세
클라리세이지 (Clary Sage)	긴장, 생리장애, 세포재생 항염증	졸음 유발 임신 중 사용 금지
클로브 버드 (Clove Bud)	기억력, 통증완화, 방부작용, 치통	피부 및 점막을 자극하므로 1~ 2% 이하로 희석

에센셜 오일	주요 효능	주의점
타임 (Thyme)	집중, 인후염, 류마티스, 소화	피부 자극이 강함 고혈압, 임산부 사용 금지
티트리 (Tea Tree)	살균, 소독, 면역, 감기, 무좀, 여드름	민감성 피부 사용 금지
파인 (Pine)	피로회복, 알레르기성 비염, 호흡기 질환	민감성 피부는 자극적이므로 소량 사용
파출리 (Patchouli)	두뇌회전, 체액정체, 거친 피부, 수렴효과	다량 사용 시 정신 혼미
팔마로사 (Palmarosa)	안정, 소화 장애, 수분 밸런스, 여드름	민감성 피부에 자극을 줌
펜넬 (Fennel)	셀룰라이트, 주름방지, 갱년기 장애, 식욕조절, 감기	신경계, 간질환자, 임신 중 사용 금지
페퍼민트 (Peppermint)	피로회복, 감기, 소화, 통증 완화, 기분전환	저농도 사용 간질, 신경질환자 사용금지
프랑킨센스 (Frankincense)	명상, 호흡기 장애, 노화피부, 피부재생	
히솝 (Hyssop)	슬픔, 저혈압, 피부염, 호흡기, 소화기, 근육통	과다 사용 시 마취효과

7 모발관리와 아로마테라피 사용 예

건강한 두피와 모발관리를 위해 아로마 오일을 첨가하거나, 블랜딩하여 사용한다.

아로마오일의 효능을 이해하고, 브랜딩 방법을 개발 연구한다면 아로마테라피가 모발, 두피관리에 꼭 필요한 분야가 될 것이다. 에센셜 오일을 첨가함으로써 다음과 같은 효과를 얻을 수 있다.

① 에센셜 오일이 Hair Follicle, Shaft까지 깊숙이 침투하여 산소와 영양을 공급한다.
② 혈액순환을 촉진시킨다.
③ 피지 분비에 균형을 잡아주어 윤기 있는 머리카락을 갖게 한다.
④ 머리카락의 성장을 촉진하고 탈모를 방지해 준다.
⑤ 에센셜 오일의 자연 향이 오래 남아 신선한 느낌을 준다.

1) 정상적인 모발

(1) 도움이 되는 에센셜 오일

Geranium, Lavender, Lemon, Roman Chamomile, Rosemary

(2) 사용방법

① **샴푸** : 샴푸 50ml에 Geranium과 Rosemary를 또는 Lavender와 Rosemary를 합해서 10~15d을 혼합하여 사용한다.

② **린스** : 30ml 과일 식초, Rosemary 2d, Geranium 2d을 1리터의 물에 섞어서 사용한다.

③ **트리트먼트** : 약 50ml의 Base Oil에Lavender 10d, Rosemary나 Rosewood 10d를 혼합하여 사용한다.

2) 지성모발

두피의 피지선이 과도한 피지를 만드는 상태로 기름기를 없애기 위해 합성 샴푸로 자주 감으면 두피에 있는 Natural Oil을 없애버려 후에 더 많은 피지 생성을 자극하게 된다.

(1) 도움이 되는 에센셜 오일

Bergamot, Lavender, Rosemary

(2) 사용방법

① **샴푸** : 50ml에 Rosemary 3d, Lavender 8d 또는 Bergamot 6d, Lavender 6d를 혼합하여 사용한다.

② **트리트먼트** : 50ml Base Oil에 Bergamot 8d, Lavender 8d, Cypress 8d 또는 45ml Base Oil에 Bergamot 12d, Lavender 13d, Jojoba oil 5ml를 혼합하여 사용한다.

3) 건성모발

머리칼에 보호 윤활제 역할을 하는 피지 생성이 결핍되어 외부자극(햇빛, 파마, 염색, 수영장의 물 등)에 쉽게 손상 받아 갈라지거나 빠질 수 있다.

(1) 도움이 되는 에센셜 오일

Geranium, Lavender, Rosemary

(2) 사용방법

① **샴푸** : 50ml에 Geranium과 Lavender를 합해서 20~25d를 혼합하여 사용한다.

② **트리트먼트** : 50ml Base Oil에 Lavender 15d, Geranium 10d를 혼합하여 사용한다.

4) 비듬

비듬(두피로부터 죽은 세포가 떨어지는 것) 자체는 정상이지만 항상 그 정도가 문제이다.

(1) 도움이 되는 에센셜 오일

Eucalyptus, Lavender, Peppermint, Rosemary, Tea tree

(2) 사용방법

① **샴푸** : 샴푸 5ml 5d의 Tea Tree 10ml에 Eucalyptus나 Tea Tree 2d, Rosemary 3d, Jojoba Oil 5ml 또는 10ml Jojoba Oil에 25d Tea tree를 혼합하여 사용한다.

② **린스** : 마지막 헹굼물에 Tea Tree를 몇 방울 넣어 잘 비빈다.

③ **트리트먼트** : 45ml Base Oil에 Eucalyptus나 Tea tree 10d, Rosemary 15d, Jojoba Oil 5ml를 혼합하여 사용한다.

5) 탈모

주로 중년의 남자에게서 유전적으로 나타나는 경우가 대부분이다. 뚜렷한 원인은 알 수 없으나 충분한 영양을 섭취하고 스트레스를 줄이고 염색이나 잦은 파마 등의 외부자극은 피하는 것이 예방법이다.

(1) 도움이 되는 에센셜 오일

Lavender, Roman Chamomile, Rose, Rosemary

(2) 사용방법

① **샴푸** : 50ml 샴푸에 Rosemary 10d, Lavender 10d를 혼합하여 사용한다.

② **린스** : 약 1리터의 헹굼물에 15ml 과일식초, Rosemary, Lavender, Yarrow를 각각 3d씩 넣어 혼합하여 사용한다.

③ **트리트먼트** : 25ml의 Jojoba Oil이나 Olive Oil에 10~12d의 Rosemary 또는 Lavender를 두피에 Lavender를 몇 방울 떨어뜨리고 마사지한다.

6) 손상된 모발

잦은 파마, 염색으로 인해 푸석푸석하고 머리 끝이 갈라지는 상태

(1) 도움이 되는 에센셜 오일

Geranium, Lavender, Rose, Rosemary

(2) 사용방법

① **샴푸** : 5ml 샴푸에 Geranium, Lavender, Rosemary를 1d씩 혼합하여 사용한다.
② **트리트먼트** : 45ml Base Oil에 Rosemary 15d, Geranium 5d, Lavender 5d, Jojoba Oil 10ml를 혼합하여 사용한다.

8 에센셜 오일의 특징

① 식물마다 각각 다르게 결합되어 독특한 에센셜 오일을 만들어낸다.
② 여러 식물에 똑같은 아로마 분자가 있는 경우도 있다.
③ 서로 전혀 다른 식물이 비슷한 성분을 함유해서 비슷한 냄새를 풍기기도 한다.
④ 대부분의 성분을 공유하고 있어도 냄새가 서로 다르게 나올 수도 있다.
⑤ 아로마 에센셜 오일의 화학 성분만으로 치료적 효능을 설명할 수 없을 수도 있다.
⑥ 극소량의 1~2개의 튀는 분자에 의해 치료적 효능 및 향이 좌우되기도 한다.
⑦ 같은 종, 같은 속에 속한 식물이라도 다른 아로마 분자를 생산하는 현상이 나타난다.

1) 에센셜 오일 사용 시 주의사항

① 원액의 사용을 피하고 반드시 희석하여 사용한다.
② 임신 중인 경우 반드시 사용 가능한 오일만 선택해서 정량을 준수하여 사용한다.
③ 에센셜 오일은 모든 피부와 점막을 자극하므로 주의해야 한다. 또한 눈에 들어가지 않게 주의해야 한다.
④ 민감성에 대한 테스트를 한다.
⑤ 감광성에 주의해야 한다.
⑥ 어린이에게 사용할 때는 성인의 1/4~1/2용량으로, 독성이 없는 오일로만 사용해야 한다.
⑦ 중환자에게 사용할 경우에는 반드시 의사와 상의를 거친다.

2) 에센셜 오일의 보관법

① 변질 방지를 위해 반드시 전용 용기에 보관한다(플라스틱, 합성수지류 금지).
② 아이들의 손에 닿지 않는 곳에 보관한다.
③ 용기를 세척할 경우 알코올을 사용한다.
④ 개봉 후 보존기간은 6개월에서 1년이다. 특히 감귤류는 보존기간이 짧다.
⑤ 열, 빛으로부터 차단한다.
⑥ 휘발성이 강하므로 사용 후 반드시 마개를 씌운다.

✽ 참고 문헌

강경희 외 7인, 미용공중보건학, 성화출판사

김기연 외 9인, 피부과학, 수문사

김명숙, 피부관리학 이론과 실제, 현문사

김문주 외 10인, 고급 피부학, 군자출판사

김영미 외 8인, 네일스타일북, 예림

김영미 외 9인, 헤어퍼머넌트웨이브, 청구문화사

김종대, 인체해부생리학, 고문사

김주섭 외 1인, 두피모발관리학, 북카페

김주섭 외 2인, 헤어컬러링메이트, 리그라인

김춘자 외 4인, 미용기기관리학, 훈민사

김해남, 기초피부관리학, 정담

김희숙, 한국과 서양의 化粧文化史, 청구문화사

박소정 외 4인, 메니큐어케트닉, 훈민사

분장, 여석기(발행), 서울 : 예니, 공연예술총서

블로우 드라이 & 업스타일, 광문각

블로우 드라이 & 헤어세팅 & 아이론, 훈민사

블로우 드라이 and 아이론, 청구문화사

사공정규·김양희 공저, 교과서 아로마테라피, gusas사

오지영 외 10인, 최신미용학개론, 훈민사

오홍근, 아로마테라피 헨드북, 양문

원윤경 외 1인, 피부미용기기학, 훈민사

이석환(발행), 서울 : 서우, 김세환, 한국 토탈 메이크업

이숙연 외 4인, 네일 케어 앤 디자인, 청구문화사

이정수 외 10인, 해부생리학, 현문사

이학재, 분장의 길, 서울 : 자유문학사

이혜영 외 4인, 피부과학, 군자출판사

장태수 외 9인, 미용학개론, 고문사
정년구 외 9인, 브로우드라이 and 아이론, 청구문화사
조성일, 두피 & 탈모관리학, 리그라인
최근희 외 9인, 모발과학, 수문사
피부관리학, 수문사, 김기연 외 4인
하병조, 화장품화학, 수문사
한국피부미용교육연구회, 미용사피부필기, 훈민사
황해정 외 2인, 미용사 피부, 크라운출판사
황현규, 황현규의 분장 이야기, 서울 : 넥서스
네이버 백과사전
르벨코스메틱, 교육부 교육자료
미용학개론, KMS
주)수안향장 연구실 연구자료